此专著为四川省社会科学后期资助项目
（项目编号SC17H024）最终研究成果

生态文化视阈下
老区振兴发展研究

SHENGTAIWENHUA SHIYUXIA
LAOQU ZHENXINGFAZHAN YANJIU

孙 杰 著

 四川大学出版社

责任编辑:袁　捷
责任校对:张伊伊
封面设计:墨创文化
责任印制:王　炜

图书在版编目(CIP)数据

生态文化视阈下老区振兴发展研究 / 孙杰著. —成
都:四川大学出版社,2018.5
ISBN 978-7-5690-1767-0

Ⅰ.①生…　Ⅱ.①孙…　Ⅲ.①生态环境建设-关系-
革命纪念地-区域经济发展-研究-四川②生态环境建设
-关系-革命纪念地-社会发展-研究-四川
Ⅳ.①X321.271②127.71

中国版本图书馆CIP数据核字(2018)第087620号

书　名	生态文化视阈下老区振兴发展研究
著　者	孙　杰
出　版	四川大学出版社
地　址	成都市一环路南一段24号 (610065)
发　行	四川大学出版社
书　号	ISBN 978-7-5690-1767-0
印　刷	郫县犀浦印刷厂
成品尺寸	170 mm×240 mm
印　张	17.25
字　数	306 千字
版　次	2018 年 5 月第 1 版
印　次	2018 年 5 月第 1 次印刷
定　价	69.00 元

◆ 读者邮购本书,请与本社发行科联系。
电话:(028)85408408/ (028)85401670/
(028)85408023　邮政编码:610065
◆ 本社图书如有印装质量问题,请
寄回出版社调换。
◆ 网址:http://www.scupress.net

内容提要

本书立足于我国当代最新发展理念，把生态文化理论融于革命老区振兴发展实践之中，通过对四川东部革命老区经济社会发展的实际调研，分析了川东革命老区生态文明建设取得的成效和存在的问题，并对推动川东革命老区生态城市建设和美丽乡村建设提出了具有一定借鉴意义的对策与建议。主要观点如下：

第一章：着眼于对生态文化的概念、内容、层次及特征进行阐述，并对生态文化及文化生态进行辨析，阐述了生态文化丰富的内涵，同时对我国生态文化的研究现状进行了分析。国内生态文化的研究，起步于改革开放后的 20 世纪 80 年代中期，从时间来看，大致可以分为四个时期：20 世纪 80 年代，为生态文化研究的初始阶段；20 世纪 90 年代，为生态文化研究的起步阶段；2000—2006 年，为生态文化研究的快速增长阶段；2007 年至今，为生态文化研究的深化发展阶段。本章还对生态文化的源流变迁，以及生态文化产生的现实根源、哲学根源、实践根源进行了论述。

第二章：立足工业文明到生态文明的发展，阐述了技术进步与人的异化。随着生产力的高度发展，人类产生了不断向自然无止境索取的人类中心主义的价值观，伴随人口剧增和新兴城市规模不断扩大，生活废弃物和工业废弃物堆积如山，直接排入河流等生态系统之中，从而严重污染了生态环境，导致了人与自然的矛盾加深，家园感丧失，文化理想或文化价值丧失，等等。接着，本章进一步分析了文化理想或文化价值丧失的背景：现代技术造成了人的异化，而异化导致了人的文化理想或价值的丧失，人的生命从而化为愚钝的物质力量；技术发展客观上造成了对传统文化的破坏，因此生态文明必将代替工业文明，这是一种必然的趋势。本章还结合世界生态环境的变化，分析了我国生态文明建设的背景与意义。

第三章：通过对中国传统文化中的生态思想，如儒家"天人合一"的生态哲学观，道家"道法自然"的生态哲学思想，佛家"众生平等"的生态哲学思想的分析，阐释了中国传统的生态文化。同时立足于西方文化中的生态思想，阐释了西方古典时期自然思想的发展，包括宇宙论自然观、神学自然观、机械论自然观、辩证唯物论自然观等诸多方面。本章还对当代西方环境伦理学的产生和发展进行了探索，阐述了从人类中心转向生态中心的转化过程和生态价值观的确立，从而厘清了生态文化产生的哲学基础。

第四章：主要论述了马克思主义的生态哲学思想，其主要内容有以下三个方面：其一，马克思恩格斯生态哲学思想。包括马克思主义生态哲学思想和国外学者对马克思生态哲学的研究。马克思主义生态哲学思想主要从马克思《1844年经济学哲学手稿》中蕴含的生态哲学思想、国内学者对《1844年经济学哲学手稿》中的生态哲学思想的研究述评、《德意志意识形态》中蕴含的生态哲学思想，以及国内马克思生态哲学研究综述等几个方面进行了论述。其二，论述了从毛泽东到习近平历代中国共产党领导人的生态环境思想以及在环境保护和生态文明建设中取得的巨大成就。其三，论述了中国特色社会主义生态文明建设。包括生态文明建设成为我国的国家发展战略、生态文明的制度体系逐步建立和完善、环境保护工作顺利开展，整体环境质量得到改善、生态文明建设取得的突出成就，以及我国生态文明建设存在的问题及主要原因。

第五章：将生态文化理论与实践有机结合，围绕生态文化建设与革命老区振兴发展诸多方面的问题，包括生态文化传播与老区公民生态道德的培育现状与途径、生态文化建设与老区城市可持续发展、生态文化与老区农村可持续发展等进行较为全面的分析，并对川东革命老区"美丽乡村"建设和农业特色产业发展提出了对策和建议。

第六章：立足于以生态文化理论推动老区振兴发展这一重大现实问题，以四川东部革命老区为例，分析川东革命老区振兴发展的困境及出路，具体分析了川东老区农业现代化面临的诸多问题，指出增强可持续发展支撑能力是老区摆脱贫困，走向永续发展的关键。

总之，本书将生态文化理论与实践有机结合，这是研究的一大创新。目前该领域大量的论文和专著，大多从理论层面对生态文化进行研究，而本书既有理论研究又有实践探索。同时，以川东革命老区为调研对象，通过对个案的研究，提出了以生态绿色理念为指导，注重老区公民生态意识培育，推动老区可持续发展等方面的建议，以期对政府决策有一定的参考价值。

但是，生态文化理论在国内研究时间较晚，实践研究才刚刚起步。将生态文化理论用于指导革命老区振兴发展，涉及的内容丰富，需调研的范围十分广泛，由于时间和精力等原因，导致调研不够充分，收集的资料不够完善，加之个人知识的局限性，可能对问题的研究不够深入，提出的对策和建议不够具体，需要在今后的研究中进一步加强。

目　录

第一章 导 论

第一节 生态文化的内涵

21 世纪是世界文明史上的大变革时代，也被称为"大转变"时代，其中世界信息化、经济全球化的高速发展，人类面临的生存问题日益凸显，被 E. 拉兹洛称为决定"21 世纪命运的选择"。拉兹洛指出，我们目前正面临着"进化的选择"和挑战，这种挑战是史无前例的。"在过去的几个世纪里，即使一个部落或村庄弄巧成拙，破坏了它周围环境的完整性，它的成员还可以继续前进，寻找未开垦的土地和新的资源。今天，我们生活在地球上所有可以居住的地方，与生物圈的承载能力相接近：已经没有什么地方可去了。再也没有可以为所欲为的安全区和受保护的后院了；一个人的所作所为会影响所有其他人。不再有纯粹的本地人和本地生态；各种互相依赖的关系把全球交织在一起。弄巧成拙可能导致地球上整个生命支持系统崩溃。生活在一个拥挤的和脆弱地平衡的经济、社会和生态系统中，我们不得不互相依赖，同时也依赖我们所居住的地球。"① 拉兹洛认为，21 世纪的挑战主要是"生物圈的承载能力"接近生存的极限和生态系统的崩溃。要了解生态文化，我们先梳理一下下面的几个概念。

一、生态与文化

什么是生态？现代环境哲学意义上的"生态（Eco）"主要是指生物及其群落在一定自然环境下的生存和发展的状态，其中包括他们与自身生存环境之间的各种相互关系。作为一个文化状态下的"生态文化"则源自现代西方的环境哲学，它研究环境生物圈及其生物群落之间的关系，逐渐成为一门独立的学

---

① ［美］E. 拉兹洛：《决定命运的选择》，李吟波、张军武等译，生活·读书·新知三联书店，1997 年，第 159 页。

科，并且和许多学科互相跨界融合，逐渐形成了生态经济学、生态伦理学、生态农业学、生态植物学、生态人类学、生态文学、生态美学以及生态哲学等多门学科范畴。对生物个体及生物群落之间整体关系的研究，就进入了生态环境的考察。人作为自然生物的一种特殊形式，自从人类能够使用工具和制造工具以来，就脱离了自然生物的形式，进入了真正的人类世界。一方面，自然环境对人类的发展起着重要的作用，人类必须依赖自然才能生存。一方面是环境对社会发展的决定作用。马克思论述过"劳动所受的自然制约性"以及人对自然的依赖。这是自然对人的制约或自然对人的统治。另一方面是人和社会对环境的决定作用。这是人对自然的作用，改变天然自然为人工自然或自然的人化，表现人对自然的调节和改造作用。"这种人与自然相互作用，即它们之间调节和制约的反馈作用，是人与自然关系发展的机制"，所以，"文化是人与自然关系的尺度"①。人与自然环境的关系问题，从本质上讲，就是人类的文化问题。

马克思在《1844年经济学哲学手稿》中对人与自然的关系的论述成为我们探索这一问题的一个重要的源头和文献资料。在这份手稿中，马克思在现代资本主义工业社会的背景下，考察了人与自然之间的异化关系。马克思指出："人靠自然界生活。这就是说，自然界是人为了不致死亡而必须与之处于持续不断地交互作用过程的、人的身体。所谓人的肉体生活和精神生活同自然界相联系，不外是说自然界同自身相联系，因为人是自然界的一部分。"马克思进一步指出，实践是人与自然相互作用的中介，"通过实践创造对象世界，改造无机界，人证明自己是有意识的类存在物，就是说是这样一种存在物，它把类看作自己的本质，或者说把自身看作类存在物。诚然，动物也生产。它为自己营造巢穴或住所，如蜜蜂、海狸、蚂蚁等。但是，动物只生产它自己或它的幼仔所直接需要的东西；动物的生产是片面的，而人的生产是全面的；动物只是在直接的肉体需要的支配下生产，而人甚至不受肉体需要的影响也进行生产，并且只有不受这种需要的影响才进行真正的生产；动物只生产自身，而人再生产整个自然界；动物的产品直接属于它的肉体，而人则自由地面对自己的产品。动物只是按照它所属的那个种的尺度和需要来建造，而人懂得按照任何一个种的尺度来进行生产，并且懂得处处都把内在的尺度运用于对象；因此，人也按照美的规律来构造"②。这是马克思早期关于人与自然关系的最著名的论

---

① 余谋昌：《生态文化问题》，《自然辩证法研究》1989年第4期。
② 中共中央马克思恩格斯列宁斯大林著作编译局编：《马克思恩格斯选集》第一卷，人民出版社，1995年，第45～47页。

断，"人按照美的规律"来改造自然和改造自身。自然既是人类生存的本源和基础，同时也不断地被人类生存的实践所改造。人类的实践生存对自然环境的改造或影响最大，从而产生了"人化的自然"。"人化的自然"这一概念本身就包含文化的气质和"美的规律"。马克思在《德意志意识形态》中仍然强调人化自然的过程中始终承认外部自然界的优先地位："这种连续不断的感性劳动和创造、这种生产，正是整个现存感性世界的基础，它哪怕只中断一年，费尔巴哈就会看到，不仅在自然界将发生巨大的变化，而且整个人类世界以及他自己的直观能力，甚至他本身的存在也会很快就没有了。当然，在这种情况下，外部自然界的优先地位仍然会保持着。而整个这一点当然不适用于原始的、通过自然发生途径产生的人们。但是，这种区别只有在被人看作是某种与自然界不同的东西时才有意义。此外，先于人类历史而存在的那个自然界，不是费尔巴哈生活其中的自然界；这是除去在澳洲新出现的一些珊瑚岛以外今天在任何地方都不再存在的、因而对于费尔巴哈来说也是不存在的自然界。"① "外部自然界的优先地位"可以看作是马克思生态思想的核心所在，这也是 21 世纪生态文化被重新认识和估价的逻辑起点，马克思这一重要的生态哲学思想长期被学术界忽略。在马克思看来，人与外部自然发生直接关系的是人类的劳动实践，也即是生产劳动，人既是自然存在物，同时又不同于其他自然存在物，因为人能够有意识地进行生产劳动，人类的实践具有"目的性"，人类能够通过不断的劳动实践获得必要的生存生活资料，从而支配着自然，改造自然，在这一点上，人和动物都是一样的。人和其他动物的不同之处在于，人通过劳动来作用于自然，通过不断地生产生活资料并消费生活资料而存在，马克思深刻地指出："历史并不是作为'产生于精神的精神'消融在'自我意识'中，历史的每一阶段都遇到有一定的物质结果、一定数量的生产力总和，人和自然以及人与人之间在历史上形成的关系，都遇到有前一代传给后一代的大量生产力、资金和环境，尽管一方面这些生产力、资金和环境为新的一代所改变，但另一方面，它们也预先规定新的一代的生活条件，使它得到一定的发展和具有特殊的性质。由此可见，这种观点表明：人创造环境，同样环境也创造人。"② 这是马克思生态思想的精髓。马克思从人类劳动实践的角度考察了人与自然的深层关系，人创造的环境和环境创造的人必然属于文化的范畴。

---

① 中共中央马克思恩格斯列宁斯大林著作编译局编：《马克思恩格斯选集》第一卷，人民出版社，1995 年，第 77 页。

② 中共中央马克思恩格斯列宁斯大林著作编译局编：《马克思恩格斯选集》第一卷，人民出版社，1995 年，第 92 页。

什么是文化？我们天天在谈论文化，但究竟什么是文化，却是很难用一句话来界定清楚的。我们实际上时时刻刻都生活在某种文化氛围之中，人类最基本的吃、穿、住、行形成了饮食文化、服饰文化、民居文化；而不同地域又有各自特色鲜明的地域文化。英国的马林诺夫斯基在《文化论》一书中把文化分为物质上的物质文化，精神上的精神文化、语言文化和社会组织的制度文化。马林诺夫斯基认为，"文化是指那一群传统的器物、货品、技术、思想、习惯及价值而言的，这概念实包容着及调节着一切社会科学"①。英国人类学之父泰勒在《原始文化》一书中认为文化是人类社会的自然产物，人类文化史是自然史的一部分，文化形态的多样性呈现为文化逐步发展的各个阶段，这些次第发展的各个阶段，把人类从最落后到最文明的民族文化连接为一个不可分裂的系列："文化，或文明，就其广泛的民族学意义来说，是包括全部的知识、信仰、艺术、道德、法律、风俗以及作为社会成员的人所掌握和接受的任何其他的才能和习惯的复合体。"泰勒的这个界定得到了很大程度上的认同，也被认为是文化的经典定义。还有从文化的媒介手段和表意功能方面界定文化的，如德国哲学家和文化学者卡西尔就认为，文化就是一种符号，他从符号的角度理解文化，令人耳目一新："人不再生活在一个单纯的物理宇宙之中，而是生活在一个符号宇宙之中。语言、神话、艺术和宗教则是这个符号宇宙的各部分，它们是组成符号之网的不同丝线，是人类经验的交织之网。人类在思想和经验之中取得的一切进步都使这个符号之网更为精巧和牢固。在某种意义上说，人是在不断地使自己被包围在语言的形式、艺术的想象、神话的符号以及宗教的仪式之中，以致除非凭借这些人为媒介物的中介，他就不可能看见或认识任何东西。人在理论领域中的这种状况同样也表现在实践中。即使在实践领域，人也并不生活在一个铁板事实的世界之中，并不是根据他的直接需要和意愿而生活，而是生活在想象的激情之中，生活在希望与恐惧、幻觉与醒悟、空想与梦境之中。正如埃皮克蒂塔所说的：'使人扰乱和惊骇的，不是物，而是人对物的意见和幻想。'"②卡西尔对文化的理解具有里程碑的意义，他认为文化是一种符号，他以人类文化（包括神话、宗教、语言、历史、科学、艺术等领域的人的活动）为依据来定义人存在，说它们是"人类本性之提示"，从而开创了文化符号学的新领域。这些对文化的界定主要还是从文化的价值、意义和功能等角度进行的。事实上，从不同的角度定义文化，都是有一定道理的，文化是

①　[英] 马林诺夫斯基：《文化论》，费孝通译，中国民间文艺出版社，1987年，第2页。
②　[德] 卡西尔：《人论》，甘阳译，上海译文出版社，1985年，第33页。

相当简单又相当复杂的一个概念，所以想对它下一个精确的定义，确实比较难。迄今为止，学者们呕心沥血想出了两百多条关于文化的定义，但没有一条是十全十美的。学者傅铿在《文化：人类的镜子》一书中，对西方文化理论做了一个比较全面的梳理。他认为，西方文化在研究中形成了两种风格各异，而又相互辉映和互相渗透的传统：一是人文主义传统，一是实证主义传统。人文传统以"文明民族的宗教、神话、文学、艺术、语言、历史和哲学思想等人文学科的领域为研究对象，以诗意的想象、隐喻、直觉式的把握和文化释义为其方法学的特色，并偏重价值和思想观念在人类创造历史过程中的作用，偏重于人创造文化和历史的过程，从而往往带有文化唯心主义的色彩，其代表人物是狄尔泰、斯宾格勒和汤因比"①。实证主义传统以文化人类学的田野考察为基础，以人类所创造的一切有意义的象征符号作为自己的研究材料，换句话说，他们要从人类遗存的全部生存资料，特别是从现存的原始部落的文化中，寻找人类文化的特征。他们考察了澳洲先民的图腾禁忌、美国平原印第安人寻找幻象的习俗和南太平洋群岛上的种种巫术制度，以及印度的圣牛崇拜和印度尼西亚当地居民的斗鸡习俗，等等，这些文化人类学关注的对象成为文化研究的重要领域。他们注重以象征符号表现出来的行为模式，注重研究现存的文化遗迹和田野实地考察，而实地考察的方法也是这个传统的根本标志。实证主义的代表人物包括杜尔克姆、马林诺夫斯基、本尼迪克特及美国的吉尔兹和马文·哈里斯。

下面我们简要地介绍几部现代西方文化研究名著。

1. 爱德华·泰勒《原始文化》(1871)：《原始文化》全书共十九章，第一章"关于文化的科学"提纲挈领地概括了文化人类学研究的目标、对象、方法和原则，提出了"文化"和"遗留"等重要概念。第二章讨论人类社会发展的阶段性，初步阐明文化进化论的基本思想。第三、四章阐述研究文化、遗留的意义，从各类民俗事项中追寻遗留产生的过程和在现代生活中的表现，进一步证明文化进化论。第五至十七章分别考察了语言和计数技术的起源、神话、巫术、宗教、民族民俗、仪式等。第十九章扼要总结人类社会文化进步的进化论思想。该书被称为文化人类学研究的开山之作。

2. 马林诺夫斯基《文化论》(1938)：《文化论》全书分为二十四章，全面阐述了作者对文化的基本观点，以及功能派的主要理论与分析方法。对于什么是文化，作者从物质、精神、语言、社会组织四个层面来界定，他认为，"文

---

① 傅铿：《文化：人类的镜子》，上海人民出版社，1990 年，第 2 页。

化是指那一群传统的器物、货品、技术、思想、习惯及价值而言的，这概念实包容着及调节着一切社会科学。我们亦将见，社会组织除非视作文化的一部分，实是无法了解的，一切对于人类活动，人类团集，及人类思想和信仰的个别专门研究"①，这些研究都必须与文化相联系才能得出正确的结论，因此可以"功能"为人类学的主要概念。作者将器物和风俗列为文化的两个基本方面。某一器物有不同的用途，遂有不同的文化布局，而不同的文化布局又包含着不同的思想，表现出不同的文化价值。

3. 本尼迪克特《文化模式》（1934）：《文化模式》是本尼迪克特的代表作，全书共八章，前三章依次阐述了"关于习俗的科学""文化的差异"和"文化的整合"，第四、五、六章则以三种不同的文化为例揭示了文化模式的不同选择在各个行为领域的表现。在第七章和第八章中，本尼迪克特讨论了"社会的本质"及"个体与文化模式"。在这部著作中，本尼迪克特强调一种文化的整体观和相对论。此外，她将个体心理学的概念运用于团体的分析，从而在文化人类学领域开创了集体心理学的研究。②

4. 莱利斯·怀特《文化科学》（1949）：怀特的文化理论可以简单归纳为"人—象征符号—文化科学"。怀特文化理论的核心是他关于人类象征活动能力的阐述，用今天的眼光来看，这也是他对文化研究最有价值的贡献所在。怀特首先晓喻他的人类学同行：人所创造的象征符号是解开一切文化秘密的魔术钥匙，并且是把动物转变为智人的魔咒，掌握了这把钥匙便可以理解所有神奇的文化奥秘，理解人之成为人的根本特性。那么象征符号究竟是什么？它是人所创造的，并赋以特定意义和价值的事物。语言、工具、服饰、建筑、宗教用品、法律和社会组织，等等，一切纯粹由人创造，或打上人的烙印的事物，都具有人所赋予的特定的意义和价值。这种意义和价值不是事物本身所固有的，甚至与事物的性质无关。③

5. 克利福德·格尔兹《文化的解释》（1973）：《文化的解释》分为五编共十五章，实际上是格尔兹文化研究的论文集，作者运用一整套学院式的概念和概念体系（文化、整合、理性化、符号、意识形态、民族精神、革命、认同、隐喻、结构、礼仪、世界观、功能等），展示自己的文化研究方法论及文化阐释理论的运作方式。格尔兹可以说是对文化解释的集大成者，他将文化对人的

---

① ［英］马林诺夫斯，《文化论》，中国民间文艺出版社，1987年，第2页。
② 王铭铭主编：《西方人类学名著提要》，江西人民出版社，2004年，第238页。
③ 傅铿：《文化：人类的镜子》上海人民出版社，1990年，第140页。

影响进行了考察，并重点考察了文化的成长与心智的进化、作为文化体系的宗教和作为文化体系的意识形态，从而将文化的解释理论推向了广阔的人类生活。

6. 大卫·里斯曼《孤独的人群：美国人性格变动之研究》（1950）：该书是里斯曼的成名作，书中全面而系统地研究了美国在走向后现代社会中的文化和社会性格。全书共分三篇。第一篇论述了 3 种不同类型的社会和三种不同类型的社会特性，分析了在不同社会中父母、教师、同辈群体、大众传播工具、职业等重要的社会化因素的不同作用；第二篇论述了在三种不同类型的社会中政治的作用和领导与被领导的关系；第三篇论述了人的自主性问题。在书的前面，还有里斯曼在 1961 年和 1969 年为它撰写的两篇序言。里斯曼认为，每一社会中的成员都具有社会特性。那么，处于不同地区、不同时代、不同群体中的人在社会特性方面有哪些差异呢？这些不同的社会特性形成以后又如何体现在人们的工作、游戏、参政和抚养子女等活动之中呢？社会特性的变化对生活中的某些重要领域有什么影响？这些就是《孤独的人群：美国人性格变动之研究》论述的主题。[①]

在我国，现代汉语中的"文化"一词来源于日语的意译。在中国古代历史上，文或纹，是一种自然美，主要指色彩交错，《礼记·乐记》中就有"五色成文而不乱"。同时，"文"还有文字、文采、华丽的意思，同时还指礼乐制度，如《论语·子罕》："文王既没，文不在兹乎？"古代学者甚至认为"文"的本质是一种规律，也是一种殊相。唐代李翱《李文公集·杂说》说："日月星辰经乎天，天之文也。山川草木罗乎地，地之文也。志气语言发乎人，人之文也。"李翱认为"人之文"是最重要的。在中国古代，"化"主要的意义是变化、改变、被感化、仿效的意思，文化一词，从表面的词义看，就是文治与教化。

在近代中国，真正从文化学角度思考和考察文化现象，是在 20 世纪二三十年代。近代以来的中国，经历了鸦片战争、洋务运动、戊戌维新和五四运动，在这一历史进程中，爆发了中西文化、新旧文化的关系问题，以及中国文化向何处去的等相关问题的大论战。据学者考证，"1924 年，李大钊在《史学要论》中，把经济学、政治学、哲学、伦理学等人文科学的综合视为文化学，首用'文化学'一词。同期，黄文山、陈序经、朱谦之、梁漱溟、阎焕文等人，热衷于文化理论和文化研究，推出了一批文化学论著，如黄文山《文化学

---

① 黄育馥：《特性与社会》，《国外社会科学》1987 年第 10 期。

论文集》、陈序经的《文化学概论》、朱谦之的《文化哲学》、梁漱溟的《东西文化及其哲学》、阎焕文的《文化学》，还有孙本文的《文化与社会》"①。这些论著开启了中国文化学研究的新天地和新领域，为文化研究在中国的奠基做出了重要贡献。如梁漱溟在《东西方文化及其哲学》中认为文化就是民族生活的种种方面，他认为人类的生活大致可以分为精神生活、社会生活和物质生活三个方面，所以文化也可以从这三个方面着手："所谓文化不过是一个民族生活的种种方面。总括起来，不外三个方面：（一）、精神生活方面，如宗教、哲学、艺术等是。文艺是偏重于感情的，哲学科学是偏重于理智的。（二）、社会生活方面，我们对于周围的人——家族、朋友、社会、国家、世界——之间的生活方法，都属于社会生活一方面如社会组织、伦理习惯、政治制度及经济关系是。（三）、物质生活方面，如饮食起居种种享用，人类对于自然界求存的各种方式。"② 梁漱溟由此考察了东西文化及其哲学上的差异，并产生了较大的影响。但国内早期的文化研究，更多的是精神文化的讨论，较少有学者从人与自然关系的层面展开丰富的论述。直到 20 世纪 80 年代，随着全球生态危机的加剧，人与自然的关系被重新思考和价值重估。20 世纪 80 年代末期以来，文化研究成为一股热潮，我国大多数学者认为，文化是一种观念，是人与世界各种关系的总和，文化包含这些内容：（1）人们全部生活方式。（2）个人从他的群体中获得的社会遗产。（3）思想、感情、信仰的方式。（4）积累起来的学问。（5）社会组织、政治制度及经济关系。（6）伦理道德、价值标准。（7）行为方式。（8）历史的积淀。"文化可说是人与自然、人与世界全部复杂关系种种表现形式的总和。文化是人在他的社会实践中创造出来的，文化反过来又创造了人，或者说，人按照他创造的文化来塑造他自己"③，这个界定是大多数学者比较认同的。

二、生态文化与文化生态

"生态文化"与"文化生态"是一个很容易引起混淆的概念，到目前为止，仍然存在争议。有的学者将其纳入同一个范畴，认为二者建立的理论应该纳入生态文化的同一体系。"生态文化"，"文化"是中心词，"生态"是修饰语，但反过来也说得通。"文化生态"这个词汇也面临同样的问题。我们认为，这两

---

① 萧杨、胡志明主编，《文化学导论》，河北教育出版社，1989 年，第 12 页。
② 梁漱溟：《东西文化及其哲学》，商务印书馆，1999 年，第 19 页。
③ 张汝伦：《文化研究三题议》，《复旦学报（社会科学版）》1986 年第 3 期。

者是有区分的。有学者研究认为，文化生态理论，就是借用生态科学的概念、理论、观点和方法研究文化现象的理论。生态学有两个视角，一个视角是研究生物与非生物（环境）之间的关系，另一个视角是研究生物与生物之间的关系。从国内外学术界来看，文化人类学和文化哲学的研究取得了丰硕的成果。美国学者马文·哈里斯的《文化人类学》就在生态学与人类生产模式、人口、经济交换、宗教、艺术等方面，展开了卓有成效的研究，日本的绫部恒雄主编的《文化人类学的十五种理论》概括出了包括文化进化论、文化传播主义、功能主义人类学、文化与人格理论、生态人类学、马克思主义人类学等有较大影响的文化人类学理论。美国学者斯图尔德的《深入理解生态学：理论的本质与自然的理论》《文化变迁论》等著作，影响巨大。在斯图尔德的影响下，20 世纪 60 年代末有三部重要的文化生态学著作问世，即 R. 内廷的《尼日利亚的山地农民》（1968）、R. 拉帕波特的《献给祖先的猪：新几内亚一个民族的生态礼仪》（1968）和 J. 贝内特的《北方平原居民》（1969）。他们属于第一代受斯图尔德影响的美国人类学家。20 世纪 70 年代，霍利对赞比亚的多加人继承模式的变化进行了研究，而哈里斯也提出"文化唯物论"。20 世纪 80 年代以后，国外文化生态学已基本成熟，影响日益扩大，从美国人类学家的狭小范围扩大到全世界和多学科领域。①

在国内，文化生态学研究著作和论文取得了丰硕的成果，从 1985 年至今大约有 15000 篇学术论文，这些论文从不同的学科领域，对文化生态展开了研究。《民族译丛》1985 年第 6 期发表了由张雪慧摘译自美国亚利桑那大学人类学教授 R. McC. 内亭出版于 1977 年的《文化生态学》一书的部分内容，这是国内较早译介文化生态学方面的文章。这篇译文将文化生态与生态文化相提并论，这可能是引发国内"文化生态"与"生态文化"论争的开端，因为该文明确认为："文化生态学角度的研究能直接探讨与当代利害相关的问题，如环境的恶化、能源供应、污染、社会秩序的杂乱无章等。""人类学中的生态学研究只是刚开始表明它的作用，而且生态人类学的研究并不是起于一种新的教条，其目的是努力使当前关于人的科学有更广阔的前景。"这其实就是生态文化关注的要义。司马云杰是国内学者中较早对文化社会学和文化哲学进行系统研究的学者，他出版有《文化价值论》《文化悖论》和《文化社会学》等著作，其中《文化价值论》获得 1987 年国家图书奖。黄正泉在《文化生态学》一书中认为：文化生态是社会存在的历史文化基础，文化存在重要的生态意义。人

---

① 徐建：《国内外文化生态理论研究综述》，《山东省青年管理干部学院学报》2010 年第 9 期。

是文化生态的存在者，人由自然性、历史性、社会性、自由性四因素构成。文化由人与自然、人与传统、人与社会、人与自我关系构成，两种关系诗意地契合，构成文化生态。东西方文化生态经历了不同的道路，文化生态与反文化生态的内在矛盾推动文化生态的发展。文化生态是人生存的精神家园，是人—社会—文化生态的三位一体。学者陈淳从考古学的角度来考察一个民族的文化生态，他把文化生态学的基本原理归纳为以下几个层面：第一，人类作为生物界的一员是整个自然界生命网络的一部分，但是人类并不像其他生物那样以自己的器官来适应环境，因为人类有超越自身机体的文化因素。第二，人类的文化特征不是遗传的，因此它们的变化和关系不能从生物学角度来解释。文化演变的探究是要了解人类社会对其环境适应的调节是否需要一种新的行为方式。第三，整个文化可以被看作是人类社会对特定环境相互作用的一种生存系统。构成文化的各种特征在生存系统适应中的作用是不同的。文化生态学主要是了解那些与环境作用关系最密切的文化特征。第四，不同环境中的文化可能会变得差异很大，这种变化主要是由技术和生存方式的重新适应造成的。第五，一种新的技术和文化特征的价值取决于社会发展水平、文化功能以及环境条件等潜因。第六，环境条件决定了原始社会的生存方式、群体大小和相互关系。他认为，考察文化生态主要涉及环境、资源、人口、遗址、聚落。① 我们认为，文化生态学主要涉及文化形成的各种生态环境的考察，是文化人类学的组成部分，通过田野调查，了解文化（包括衣食住行、宗教仪式、古迹遗存、语言、聚落等）演变、形成的历史风貌和形态。而生态文化，主要考察的是随着工业化程度的加深，所带来的环境问题、经济社会可持续发展等方面的问题。当然，"文化生态"和"生态文化"之间也有割不断的联系，特别是在现代学科领域中，"文化生态学"一开始就被纳入了跨学科研究的领域。文化生态学是20世纪形成和发展起来的跨学科研究领域。学者黄育馥指出："最初的文化生态学研究是由人类学家们进行的，主要探讨人类文化与其所处的自然环境之间的关系。90年代以来，文化生态学研究的领域有了重要扩展。来自人类学、生态学、工程学、社会学、教育学、信息和传播学、经济学等学科的学者共同合作，从多个角度分析由于信息技术革命造成的新媒体环境与文化之间的关系，呼吁社会关心文化生态，并创造一种与信息技术的发展相适应、可被称为'信息文明'的新文明。"② 高建明在《论生态文化与文化生态》一文中对二者

---

① 陈淳：《考古学文化与文化生态》，《文物集刊》1997年第4期。
② 黄育馥：《20世纪兴起的跨学科研究领域——文化生态学》，《国外社会科学》1999年第6期。

做了辨析："生态文化是有关生态的一种文化，即人们在认识生态、适应生态的过程中所创造的一切成果。由于对人而言，适宜的生态是以绿色为主要标志的，因而在某种意义上，生态文化也可称之为绿色文化。生态文化本身是一个系统，有其内在的结构，其组成部分主要包括如下几个方面：生态知识、生态精神、生态产品、生态产业和生态制度。""所谓文化生态是借用生态学的方法研究文化的一个概念，是关于文化性质、存在状态的一个概念，表征的是文化如同生命体一样也具有生态特征，文化体系作为类似于生态系统中的一个体系而存在。"[①] 文章认为，生态文化与文化生态有不同的含义，二者不可混淆。前者是文化的一个种类，后者是各种文化之间及其与环境的互动关系。但二者又有密切的关系，由于生态文化是文化生态的有机组成部分，研究文化生态不可避免地要研究生态文化；由于生态文化不是孤立发展起来的，而是在与其他文化的互动中形成发展的，研究生态文化也离不开文化生态的研究。由此可见，生态文化和文化生态都是文化研究的领域，互相之间没有明确的研究界限，只是二者的侧重点不同而已，研究文化生态，就不可避免地要研究生态文化，研究文化产生的生态环境，而对生态文化的研究也不可避免地跨越众多学科，研究文化生态的多样性和丰富性。

三、生态文化的内涵

20 世纪 80 年代以来的文化研究，逐渐把文化与生态结合起来进行考察，一方面是因为日益突出的环境问题威胁着人类的生存发展，环境问题越来越成为阻碍经济社会发展的制约性因素，同时，环境问题日益与社会经济发展问题、政治问题、社会文化生活等领域密切地联系在一起，环境问题从根本上来讲，其实就是人类的文化或文明问题。人类的文化在人类学会使用火和其他工具以改变环境的时候就开始了，正如美国的生态学家 E.P·奥德姆所说的那样："如果我们丰富多彩的文明世界要继续保存下去，那么，从整个人类的利益来考虑，就更加需要有关环境的理性知识，因为基本的'自然规律'并没有失去作用，而是随着世界人口的增长和人改变环境能力的增强，它们的性质和数量关系发生了变化。"[②] 在今天，自然已经不再是与人类无关的物理存在，而是一个充满了生命的、与人共存的整体。人类生存的生态环境在工业文明的腹胎中得到新的认识或者说得到了重新思考，生态环境的价值和对人类生存的

[①]　高建明：《论生态文化与文化生态》，《系统辩证学学报》2005 年第 3 期。
[②]　[美] E. P. 奥德姆：《生态学基础》，孙儒泳等译，人民教育出版社，1981 年，第 3 页

意义被重新得到理解和尊重。另一方面，生态文化的研究也受到了文化人类学的影响和启发。文化人类学认为，文化的异同很大部分来自于文化产生的自然生态环境。国内有学者在 20 世纪 80 年代末就十分注重文化与生态环境的关系："人在自然系统中的独特性，就在于他与自然系统所发生的是这样一种对象性的关系体系。这一关系体系不仅为人的存在和发展提供了一个可能性的空间，而且它也意味着，人已从过去的那个自然的进化的世界，进入了人的文化的世界。从此以后，人的一切活动及其产品无不是赋予这可能性空间以现实性，人的一切本质、能力、活动和产品也都一无例外地体现出这一对象性关系体系。所以说，这一对象性关系体系，不仅为人类所独有，而且也为人类所遍有，它实际上成了我们人类的形态丰富多彩的各种文化活动和文化产品的内在同一性的本质。这里我们可以概括地说，文化在本质上就是人与自然系统之间所发生的对象性的关系体系。"① 这种见解是深刻的，是国内的文化研究向生态文化研究转变的重要标志。

那么什么是生态文化呢？20 世纪 80 年代末期，国内较早进行生态文明研究的学者余谋昌先生就指出，生态文化是人与自然关系新的价值取向，"传统文化沿着人统治自然的方向发展，产生了威胁人和自然界的严重挑战。它使人类处于做出抉择的历史关头：当前文化上的熵危机（1）不能不给予解决，否则灾难太深重，（2）不能拖延解决，否则代价太大，到头来可供选择的途径越来越窄，（3）按照老规矩（用人统治自然的方法）解决不了；因而（4）它需要转变文化发展的方向。这是一次很深刻的文化转向或价值转向"；"这种'文化转向'或'文化性质的革命'必然形成的一种新的形式的文化。我把它称为'生态文化'。因为这是人与自然关系的发展所提出的，或者是关于文化与生态相互关系的问题。也就是说，文化的发展改变了生态，生态的发展推动文化的进化。现在，生态问题作为全球性问题成为当今世界的主题，引起社会文化的各个领域的巨大变化，推动社会文化的进步，并表现人们对生态文化的极大关注"②。这是国内比较早的，也是比较完整的对生态文化的认识与阐释，今天看来，也是正确而深刻的。余谋昌认为生态文化将成为人类 21 世纪的新文化，对于生态文化的含义，他认为"生态文化"的概念是从西方环境教育的角度提出来的："从狭义理解，生态文化是以生态价值观为指导的社会意识形态、人类精神和社会制度。如生态哲学，生态伦理学，生态经济学，生态法学，生态

---

① 萧杨、胡志明主编：《文化学导论》，河北教育出版社，1989 年，第 39～40 页。
② 余谋昌：《生态文化问题》，《自然辩证法》1989 年第 4 期。

文艺学，生态美学，等等；从广义理解，生态文化是人类新的生存方式，即人与自然和谐发展的生存方式。这一定义是从与传统文化比较中提出的。工业革命以来的文化，是以人类中心主义为指导的社会意识形态、人类精神和社会制度，是人统治和主宰自然的生存方式。生态文化是从人统治自然的文化，过渡到人与自然和谐发展的文化。"① 余谋昌先生在其专著《生态文化论》一书中，认为生态文化的结构主要表现在三个方面："①生态文化在它的制度形态的层次，如环境问题进入政治结构，环境保护制度化，环境保护促进社会关系的调整，并要求向新的社会制度过渡；②生态文化在它的物质形态的层次，主要包括社会物质生产的技术形式转变，能源形式转变，以及人类生活方式转变，使它的发展获得生态保护的方向；③生态文化在它的精神形态的层次，如环境教育、科学技术发展'生态化'、生态哲学、生态伦理学、生态神学，生态文学艺术等领域的发展。"② 简单地说，制度的层面就是国家为了保护生态环境而制定的法律和政策；精神层面就是人类抛弃人类中心主义的价值观，转而以生态价值观为核心；物质的形态就是人类为保护生态环境所展现出来的成就和能力，比如建立国家自然保护区、生态公园、生态博物馆等显的物质形态。穆艳杰、李忠友在《从哲学的视角解析生态文化内涵》一文中，从哲学的形而上视角解析生态文化内涵，使人们更加清晰地认识到生态文化内涵的意指、所指和能指，并成为指导社会主义生态文明建设的有益思想资源。他从本体论、价值论及伦理学层面对生态文化的理论蕴涵进行阐释，认为生态文化更加注重和强调人、自然与社会的有机统一，世界万物和谐共生的主体价值，对自然万物的仁爱之心。从本体论层面上讲，生态文化强调"人—社会—自然"的有机统一即生态文化的整体性视阈。从价值论层面上讲，生态文化强调"和谐共生的万物主体价值"。从伦理学层面上讲，生态文化推崇"对自然万物的仁爱之心"。从哲学整个视野考察："生态文化是以有机联系的系统论世界观为基础，以社会生态系统和自然生态系统作为生态主体的生态价值观为取向，以重视生命和挚爱自然的生态文明伦理观为原则，以寻求人与自然的共同发展为主旨的文化。它倡导从生态文化的深层，对生态文明的价值观和伦理观进行崭新的构建，从而成为人类走向未来的一种理性选择。"③

中国生态学会会长，全国政协人口资源环境委员会副主任江泽慧认为，

---

① 余谋昌：《生态文化：21世纪人类新文化》《新视野》2003年第4期。
② 余谋昌：《生态文化论》，河北教育出版社，2001年，第326页。
③ 穆艳杰、李忠友：《从哲学的视角解析生态文化内涵》，《东北师大学报（哲学社会科学）》2016年第4期。

"广义生态文化指人类在社会历史发展进程中所创造的反映人与自然关系的物质财富和精神财富的总和。它以人与自然相互关系以及由此而形成的文化现象为研究对象，其研究范围包括人类在与自然交往过程中，为适应自然环境，维护生态平衡，改善生态环境，实现自然生态文化价值，满足人类物质文化与精神文化需求的一切活动与成果。狭义生态文化指人与自然和谐发展，共存共荣的生态意识、价值取向和社会适应。它包括生态哲学、生态伦理、生态美学、价值观念，以及思维方式、生产方式、生活方式、行为方式、文化载体和生态制度。生态文化的本质要求，不仅涉及对天人关系的认知、感悟和'道法自然'的精神境界和发展理念，而且涉及促进人与自然和谐共荣的道德规范、行为规范和社会生态适应等"①。这是目前国内关于生态文化比较全面和完整的一次表述，既有对人与自然关系的完整表述，同时还涉及生态价值取向、中国古典哲学的生态观念、认知方式、现代发展理念，以及人与自然相处的道德行为规范。在 2013 年 6 月举行的第六届中国生态文化高峰论坛上，江泽慧在主旨报告中从多个方面阐释了生态文化的内涵，如文化与文明，文化与生态文化，生态文化的哲学意蕴，中国传统文化中的生态价值观，审美文化与生态文化，生态文明与国家的战略实践，自然生态与社会科学的融合，生态文化的制度建设，等等。在这次论坛上，议题众多，不同的学者从不同的学科领域阐释了生态文化在诸多领域的实践，如沙漠生态文化建设、森林文化的建设、发展都市型生态农业、生态哲学、马克思自然生态哲学的实践与创新、生态文化的主流思想建设，等等。可以说，这次高峰论坛集中展示了我国学者在生态文化建设方面的一些有深度的思考。

21 世纪的文化主流之一就是生态文化，同时，生态文化也被称为 21 世纪的新文化。我们认为，21 世纪的文化形式必然是多元化的，但人们将会对自身生存的环境倾注更多的思考和实践，这是肯定的。大多数学者认为，人类文化的发展经历了漫长的历史过程，必然会进入一种新的文化形态，而这种形态肯定不是原始文明、农业文明或者工业文明的文化风貌或形态。在原始文化中，人类依赖自然，适应自然，采集狩猎和图腾成为原始文化的象征。原始文化的重要特征是集体生活的社会性特征，"原始文化中的社会性特征是神话思维盛行于当时的根本原因，即为了强化个体与集体的同一性，异常寻求主体与客体间的同一性，神化人与自然现象间的互生关系，沟通生与死之间的情感联

---

① 江泽慧：《弘扬生态文化推进生态文明建设美丽中国》，《人民日报》2013 年 1 月 11 日，第 7 版。

系。因此，与现代思维方式相比，原始时代的神话思维具有更强烈的文化内涵"①。经过漫长的原始文化，人类学会了耕作和驯养动物，开始了农业文化。农业文化中，人类开始有目的的大规模利用工具和技术改造自然，人类逐步摆脱对自然的依附，进入了人类文明。进入文明社会之后，人类改造自然的技术手段成为我们考察文化的重要标志。"在社会生产力初步发展的推动下，植物种植技术和动物驯养技术得到了发展，人类逐渐结束了完全依赖于自然的游牧狩猎生活。稳定的农业社会的出现，展示了人类社会的光明远景。农业技术的发展，标志着人类社会取得了初步控制生存环境的能力，人类才真正进入文明社会。"② 在农业文化中，不同的生态环境形成了不同区域的文化特征，如以"天人合一"为核心的中华文化和以主客二分为基石的西方文化。以以蒸汽机的使用为开端的工业革命，开启了工业文明的大门。"相比于前文明时期人对于自然的敬畏，农业文明时期人对于自然的顺应，工业文明下的人类俨然以自然的征服者自居，最终导致了人与自然关系的严重失衡。人口爆炸、粮食不足、资源短缺、环境污染、气候变化的困境，就是人与自然矛盾激化的表现。由于人类对自身行为长期影响的忽视，过度的工业化不仅严重破坏了人类赖以生存的自然环境，也使人类自身的社会环境受到了伤害和冲击。这种异化现象的产生，深刻地暴露出了以工业为主体的社会发展模式与人类的环境要求之间的矛盾，以一种后现代的方式将人与环境的关系问题尖锐地提交给了全人类，也使新的文明形态酝酿于工业文明的母体中。"③ 这种新的文明形态就是生态文明，建设生态文明被很多国家列入了国家战略。

第二节　我国生态文化研究现状

随着人类进入工业文明时代，生态问题成为全球性的世界难题。在工业化的生产中，产生了大量的废弃物，城市人口膨胀，人类为了生活得"更美好"，大量使用化学物质，毫无节制地攫取自然资源，环境恶化，河流被污染，大自然不堪重负，最终导致了威胁人类生存的生态环境问题。世界各国人民和政府为此花费了巨大的财力和人力，但收效甚微。追溯其原因，根本在于工业文明的生产方式和生活方式。在现代世界，人与自然的矛盾日益突出，迫使人们不

---

① 聂运伟：《原始文化特征论》，《理论月刊》1992 年第 12 期。
② 叶朗：《论技术对文化的挑战》，《江苏社会科学》1993 年第 5 期。
③ 徐春：《对生态文明概念的理论阐释》，《北京大学学报（哲学社会科学版）》2010 年第 1 期。

得不对生态环境问题、对自身安全进行文化上的彻底反思，以人类生存的生态环境（自然）为中心，重新审视和重估人与自然的关系。

国内生态文化的研究，起步于改革开放后的 20 世纪 80 年代中期，从时间上来看，大致可以分为以下三个阶段。

一、20 世纪 80 年代：生态文化研究的初始阶段

第一个阶段为 20 世纪 80 年代，我们称为生态文化研究的初期阶段。这个阶段的生态文化主要是从文化人类学的角度展开的，学者们开始译介西方的文化生态学著作，从古代遗址考察古生态环境，关注民族社会的文化生态学，探索信息技术发展与文化生态、生态与人类文化的关系，探讨现代化发展与民族文化生态的适应问题。整个 20 世纪 80 年代，我国的工业化水平还很低，工业对环境的破坏性影响还不大，所以生态文化所关注的核心问题没有得到凸显，这是由现实环境决定的。据学者研究，我国著名生态学家叶谦吉先生在 1987 年首次明确使用生态文明这一概念。叶谦吉教授认为：所谓生态文明就是人类既获利于自然，又还利于自然，在改造自然的同时又保护自然，人与自然之间保持着和谐统一的关系。[①] 这是从生态学及生态哲学的视角来看生态文明的。1989 年 5 月，学者余谋昌在《自然辩证法研究》上发表了《生态文化问题》，这可以看作我国大陆最早公开发表的一篇生态文化学术论文，具有重要的学术价值。在这篇文章中，作者创造性地提出了"环境与发展"和"和平与发展"是当今世界发展的主题。这篇文章对文化的阐述，如"文化是人自然关系的尺度""世界环境退化是文化上的熵污染""熵污染是传统文化的必然后果""生态文化是人与自然关系新的价值取向"，等等，在今天看来，其预见性和思想的深刻性都是了不起的，这是一篇真正学术意义上的生态文化研究论文，不是一般意义上仅涉及生态文化研究前沿学术的文章。文章认为，整个现代文明（工业文明）就是在人统治自然这一思想的基础上发展起来的，人统治自然的哲学思想是现代哲学的主导思想；现代经济学以人为中心的价值取向，把经济增长作为唯一目标，"它只考虑经济增长，没有自然界的地位，不考虑自然界的变化，没有提出生态建设的任务；或者，仅仅把自然界作为取得资源的仓库，拼命地向自然界索取。这样的经济增长常常是以掠夺性开发自然资源和损害环境为代价。它导致环境质量下降和人与自然协调关系的破坏，随着生产发

---

① 徐春：《对生态文明概念的理论阐释》，《北京大学学报（哲学社会科学版）》2010 年第 1 期。

展形成人与自然前所未有的冲突"。对工业化发展带来的问题，该文作者认为："1) 不能不给予解决，否则灾难太深重；2) 不能拖延解决，否则代价太大，到头来可供选择的途径越来越窄；3) 按照老规矩（用人统治自然的方法）解决不了；因而，4) 它需要转变文化发展的方向。"① 这是一次很深刻的文化转向或价值转向。这种"文化转向"或"文化性质的革命"必然形成的一种新的文化形式，这就是"生态文化"。不仅如此，"环境问题进入政治结构，政治已经不仅要处理人与人的社会关系，而且要处理人与自然的生态关系"。② 作者考察了世界各国特别是发达资本主义国家，指出由于环境问题，造成了人民反对公害的斗争的兴起，20 世纪 60 年代开始的声势浩大的反公害斗争一直没有停止过，以保护环境为纲领的绿色和平运动，迅速崛起并成为一支重要的政治力量；国家直接参与环境管理，设立专门的国家机构，进行环境保护立法。生态问题成为全球政治问题，为解决环境问题，各国密切合作，单靠一个国家和一个地区的力量已经不能解决人类所面临的环境问题了。该文还涉及生态伦理和生态哲学，并有相当深入的阐述。余谋昌先生致力于生态文化研究，是国内生态文化研究的名家。其后还发表了一系列的学术论文，并出版了《生态文化论》等专著。

二、20 世纪 90 年代：生态文化研究的起步阶段

第二个阶段，即 20 世纪 90 年代，为生态文化研究的起步阶段。有两个重要的原因造成了 20 世纪 90 年代生态文化研究的热潮。一是文化研究的兴起，出现了"文化热"。20 世纪 90 年代，出现了大众文化、后现代文化、文化身份与地方性知识、比较文化和文化比较、文化与帝国主义、资本主义的文化矛盾、消费文化、技术与文化等论争，文化研究十分活跃，生态文化研究也开始起步。二是随着中国改革开放进程的加快和工业化程度的提升，环境问题开始成为经济社会发展的制约性因素，部分学者开始从人与自然的关系入手，借鉴西方生态文化研究的成果，思考我国经济文化发展的前景和所面临的环境问题。

首先，部分学者对西方生态文化著述进行了译介与评述，如秦典《现代生态文化思潮评介》。该文认为，"现代生态文化思潮的兴起，是人类思想文化史的一场变革。现代生态观念、生态意识，以及自然生态与社会生态协调主动和

---

① 余谋昌：《生态文化问题》，《自然辩证法研究》1989 年第 4 期。
② 余谋昌：《生态文化问题》，《自然辩证法研究》1989 年第 4 期。

平衡发展等思想的提出，对于自然观、历史观、社会发展观的革新，加强社会科学和自然科学的横向联合，解决当代世界面临的许多尖锐问题，具有极为重要的理论意义和现实意义"。文章把生态文化理论追溯到达尔文的进化论，拉策尔的文化地理学和格雷布内尔的文化圈学说。文章认为，现代生态文化从生态人类学发展到了生态文学的阶段，并逐渐成为生态文化研究的全球化趋势，"生态文化学是现代重要的综合学科，它的研究内容广泛涉及生物学、地理学、民族学、经济学、政治学、人口学、社会学、管理学、技术科学、地球学、未来学等。在生态文化学之下产生了许多分支学科和相关学科，诸如生态地理学、生态经济学、生态伦理学、生态法学、生态哲学、城市生态学、行政生态学、国际环境保护学、公害经济学等"。我们认为，对生态学外延的界定需要慎重，实际上，到目前为止，上文所提到的很多学科只有其名，还没有从理论形态的学说到达现实社会的实践层面，很多与生态有关的学科命名只是一种学科前沿讨论的问题，比如生态法学、行政生态学，等等，其具体内涵也还需要讨论。

其次，有部分学者从生态、科技、社会和文化的角度讨论了人与自然的关系。[①] 吴彤等人合著的《人与自然：生态、科技、社会和文化》一书，首先把科学技术对环境的影响纳入生态文化研究的领域，这是国内生态文化研究的重大突破。该书认为，科学技术是人与自然相互作用的中介与桥梁。人类依靠科学技术的进步，获取了日益增多的资源与能量，但也带来了污染、资源枯竭等问题，人类对科学技术的不恰当使用，又加重了这些问题，所以，作者认为科学技术不可能自动解决人与自然的矛盾，它既是这一矛盾的产物又是它的演化机制之一。这部书对科学所带来的环境问题的论述，在当时并没有引起理论界足够的重视，直到 1995 年再版，才为学术界注意。有学者认为该书"思想全新，结构独特；观念出新，自成体系；内容翔实、学术水平高"[②]。同时，陈立、王道国合著的《人与自然：从征服自然文化观到生态文化观》一书，指出近现代以来，随着西方工业文明的高度发展，科学技术发挥着越来越重要的作用，人类征服自然的欲望不断膨胀，逐渐形成了人类中心主义文化观和自然主义文化观。有关学者的研究表明，近现代西方主要形成了唯物主义的人类中心主义文化观和唯心主义的人类中心主义文化观。唯物主义的人类中心主义文化

---

① 秦典：《现代生态文化思潮评介》，《天津师范大学学报》1991 年第 3 期。
② 李德新：《〈人与自然：生态、科技、文化和社会〉评介》，《内蒙古大学学报（人文社会科学版）》1997 年第 2 期。

观的代表人物是培根和洛克；唯心主义的人类中心主义文化观的代表人物主要有笛卡尔、贝克莱、康德、黑格尔等。这两种观念都是片面的，而当代全球性的生态危机是征服自然文化观的必然后果。该文作者认为，从征服自然的文化观到生态文化观的变革中，找寻生态文化观（人，社会的生态化，生态的社会化）是克服生态危机的理想方案。①

在 20 世纪 90 年代生态文化研究的起步阶段，我国无论是社会、政治、经济和科学技术的发展，还是生态文化的研究，都还有很长的路要走。学者郇庆治在《文明的绿化：走向 21 世纪的生态文化学》一文中开始逐步认识到人与自然的关系必须得到新的阐释，自然的价值必须得到新的认识，自然的概念必须得到新的拓展，"生态文化学初始阶段的基本特点在于，它已将传统的思维方法与现实生活中的生态问题结合起来研究。但是，它对自己的研究对象的性质即生态问题对人类文化的影响还没有深刻的认识，因而对自己的研究任务即生态文化学所要实现的目标也就没有明确的理解，只想担当一个并不起眼的角色，这是十分自然的，因为它还缺乏全新的理论基础"。作者认为我国生态文化学主要还存在两个方面的问题：一是生态文化学的内涵还需要进一步确定边界，生态文化学的内涵还需要在更深的层面上取得广泛的认同；我们的生态文化学还处在大量借鉴西方的一些学术术语并在肤浅的层面进行研究的水平。二是生态文化学的理论基础还有待真正意义上的形成和发展。②

中国传统文化的生态思想也逐渐得到梳理，蔡正邦等发表的论文《我国生态文化的源流和发展》是较早讨论我国传统文化中的生态思想的学术研究成果。文章从《易经》《礼记》《国语》等文献典籍中探寻中华生态思想的内核，也从孔子、老子、孟子等古代先贤的著述中，寻找中国古代生态哲学思想的萌芽，这些都是极有意义的研究。③ 欧阳志远在《中国传统生态文化及其现代意义》一文中，深入研究中国传统生态文化，认为中国传统的生态文化观表现为邃密的天、地、人一体观，古代中国人在特定的地理和社会因素的作用下，形成了发达而牢固的农本经济，并促使古代中国人很早就对天、地和人的关系进行深入思考，产生了朴素的辩证自然观。这种朴素的辩证自然观早期集中体现在《周易》中，《周易》强调人与自然应当和谐相处，不可违背自然规律。《老子》说："人法地，地法天，天法道，道法自然。"古代中国人对人和自然关系

① 陈立、王道国：《人与自然：从征服自然文化观到生态文化观》，《武当学刊（社会科学版）》1993 年第 1 期、第 2 期。

② 郇庆治：《文明的绿化：走向 21 世纪的生态文化学》，《求是学刊》1994 年第 4 期。

③ 蔡正邦：《我国生态文化的源流和发展》，《四川环境》1994 年第 2 期。

的认识是朴素而辩证的，他们顺应自然规律，利用自然规律，创造了高度发达的农业文明。①

　　生态文化研究的领域在这一时期开始不断地扩大，城市生态环境开始受到学者的关注。在现代社会，城市具有重要的地位，讨论生态环境，城市是不能被忽视的。邓少君在《努力营造人文化生态化居住环境》一文中，对以往我国城市的居住环境与发达国家先进城市进行了比较研究，文章以美国、欧洲各国、日本与新加坡在改善城市人居环境的成功经验为例，指出这些发达国家居住环境的成功启示，"就是营造人工与自然、个体与群体、室内与室外，小区与大区相互融合、相得益彰的居住环境，合理利用和充分保护特有的地理地形、土壤植被、能源材料等自然资源，并留给子孙后代一个美好和广阔的居住发展空间"，而我国的城市人居环境在房屋结构、材料使用、设计施工、公共绿化、人文设施配套等方面的情况堪忧，随着大都市规划建设不断向外扩张，新建城区占了许多农田空地，自然环境变为人工环境，人为的干预超出了生态系统调节能力；企业短视行为更产生了严重的环境问题，大气污染、水质污浊、固体液体废弃物等使居住环境日益恶化：大气污染严重、城市水域污染严重、生活生产的固体废弃物日益增加、城市园林绿化水平低、住宅人文配套设施既不完善又不方便、住宅质量问题突出，我国人文化生态化发展任重道远。② 现在已进入 21 世纪，但这些问题仍然制约着中国城市的发展，有些问题更加突出，如大气污染——雾霾天气增多，交通拥堵，城市设计理念落后，等等。在中国，生态环境的恶化最直接的源头就是城市，所以生态文化的兴起最应该关注的就是城市生态。

　　生态哲学与可持续发展成为 20 世纪 90 年代生态文化研究中最具前瞻性的理论。余谋昌在《生态哲学与可持续发展》一文中认为，生态哲学是一种哲学范式的转向。生态哲学作为生态世界观是一种后现代世界观。关于它的结构，一是生态观的研究；二是生态方法的研究；三是人与自然关系的研究。生态世界观认为，世界是一个活的系统，地球是活的，是盖亚学说，即生态系统，生态哲学是整体论世界观。在生态系统中，不仅人是主体，生物个体、种群和群落也是生态主体。生态世界观认为，人、生命和自然界的内在价值与外在价值的统一，是主客统一的一个方面，它具有不可分割性。生态哲学指导人类实践

---

① 欧阳志远：《中国传统生态文化及其现代意义》，《自然辩证法》1995 年第 7 期。

② 邓少君：《努力营造人文化生态化居住环境》，《特区与港澳经济月刊》1998 年第 4 期。

转向，所谓"实践转向"，是从不可持续发展转向可持续发展①。

三、2000—2006年，生态文化研究快速增长阶段

21世纪为生态文化研究的稳步发展与深入阶段，其中，又以2000—2006年为一个阶段，2007年至今为一个阶段。我们先来看第一个阶段的情况。

根据有关学者的研究统计，2000—2006年是国内生态文化研究迅速发展的阶段，"2000年—2006年检索到文献293篇，是1989年—1999年检索文献56篇的5.2倍。年均发表文献41.9篇，是1989年—1999年年均5.1篇的8.2倍。这一时期的生态文化研究，在前十多年的基础上，不仅对原有的研究领域进行了深化，也在更多的方面扩展了生态文化研究的领域。生态文化的基础理论得到进一步深入的探讨，许多学者从不同的方面对生态文化的发展、概念、哲学基础有精辟的论述，在理论研究之外，更多的人开始在生态文化建设的实践和技术操作层面进行有益的探索，如生态文化建设的路径、策略、方法等"②。据不完全统计，这一时期的生态文化研究涉及的领域大致有生态文化与地方旅游发展、生态发展与教育、生态文化与民族文化发展、民族艺术与生态文化、生态伦理学与生态文化、生态美学、城市生态文化建设、中国传统文化与生态文化、自然景观保护与生态文化建设、生态文化与地方经济社会发展、地方生态文化建设战略、生态文化与生态文明、文学艺术与生态文化、大众文化与生态文化、生态文化建设的地方实践、生态文化与工农业生产、后现代文化与生态文化，等等。总之，这一阶段的生态文化研究，不仅研究领域在扩大，而且研究论文的数量也在迅速增长，根据中国知网检索到的论文可作如下统计：2000年发表与生态文化相关的论文100篇，2001年128篇，2002年172篇，2003年242篇，2004年309篇，2005年433篇，2006年达到了544篇。不仅如此，有关生态文化的专著也大量出现，比较有代表性的有张大勇等的《理论生态学》（2000），余谋昌的《生态文化论》（2001），赵羿、李月辉的《实用景观生态学》（2001），孙儒泳等的《基础生态学》（2002），何方的《应用生态学》（2003），李彦翻译的英国大卫·布林尼的《生态学》，钱俊生的《生态哲学》（2004），黄映玲的《生态文化》（2006），等等。

下面，我们选择一些有代表性的论文和专著予以评述。

（1）生态文化内涵方面的研究。王丛霞《生态文化内蕴的价值取向探析》

---

① 余谋昌：《生态哲学与可持续发展》，《自然辩证法》1999年第2期。
② 王胜平：《国内生态文化研究进展》，硕博论文库，2014年。

一文认为，价值取向的不同决定了主体的行为选择方式的差异。工业文化的"崇尚高消费，追求物质享受"的价值取向的弊端随着全球性生态危机的到来日益显现。生态文化的产生是社会发展的要求和必然，其"崇尚节俭，追求创造"的价值取向将是人与自然和谐相处的关键。① 陈红兵、亦辛《试论古代文化、现代文化与生态文化世界观和文化价值取向》一文认为，古代文化世界观是一种建立在直观体悟认识思维方式基础上的活力论世界观，其文化价值取向主要包含文化价值的自然取向和文化价值的整体性取向两方面；现代文化世界观是建立在近代物理学和数学基础上的机械论世界观，其文化价值取向主要是一种主体性文化价值取向，这种文化价值取向后来逐渐演变为一种人类中心主义；生态文化是对古代文化、现代文化的辩证发展，其世界观是建立在生态科学和系统科学发展基础上的自组织演化的世界观，其文化价值取向是对古代整体性文化价值取向和现代主体性文化价值的整合，强调人与自然、人与人、人自身的协调发展。② 陈红兵、栾贻信《生态文化热点问题探讨》一文切中肯綮地指出了生态文化的几个核心问题（热点问题）：第一，人与自然关系问题。人—社会—自然是一个相互关联、相互作用的有机整体，自然生态系统的存在状况、发展趋势直接制约着人的生存与发展，它要求从人与自然的本然性联系出发，规范人的认识、实践活动。第二，价值主体问题。人作为主体是自然生态系统进化发展的产物，人的价值的实现离不开自然；生物、生态系统的演化具有自然目的性，是潜在的价值主体。第三，人的主体性问题。文章在批判继承近现代主体性思想的基础上论述了生态文化主体性思想，强调人作为主体，"人与自然之间存在着相互作用、相互转化的关系，这种关系具体表现为人与自然的相互生成，一方面是自然向人生成，即自然的人化，也就是人按照自身的目的和需要，改造自然，在自然身上实现、体现自身内在的本质；另一方面是人向自然生成，即人的自然化，也就是在人的生存发展活动中，自然向人展露出自身的内在本质，表现出自身内在的德性"③ 王锐生把环境问题上升到文化哲学的高度来探讨，以更广阔的理论视野来把握生态环境问题。《文化哲学视野下的生态环境问题》在诸多深层次的理论问题中选择了两个具体问题进

---

① 王丛霞：《生态文化内蕴的价值取向探析》，《湖南科技大学学报（社会科学版）》2006年第9期。

② 陈红兵、亦辛：《试论古代文化、现代文化与生态文化世界观和文化价值取向》，《东岳论丛》2006年第3期。

③ 陈红兵、栾贻信：《生态文化热点问题探讨》，《山东理工大学学报（社会科学版）》2004年第3期。

行探讨。首先，文化哲学把生态文明看作继农业文明、工业文明之后的又一种文明。农业文明对应于自然占支配地位的社会；工业文明对应于社会历史因素占支配地位的社会；生态文明对应于后工业社会——社会历史因素占支配地位的工业革命破坏自然，生态文明则是在保持工业文明积极因素的前提下回归自然。由此人类历史将呈现为"自然—超越自然—回归自然"的螺旋状上升。其次，当前生态问题成为诸多价值观念冲突的场所，该文仅涉及三个观念冲突：市场价值观与人文价值观的冲突，类价值观与群体（国家、民族）价值观的冲突，绿色崇拜与为人的生态主义的矛盾。[①]

（2）消费文化与生态文化之关系的研究。樊小贤《试论消费主义文化对生态环境的影响》一文，是目前可以检索到的比较早的讨论消费文化与生态文化关系的学术论文，文章认为，随着全球化浪潮的推进，从20世纪60年代末期以来，消费主义理念在东欧、中欧、印度和中国等发展中国家和地区得到迅速的传播，由此导致全球消费浪潮的兴起和消费社会的到来，出现了诱惑性消费，在消费文化大潮下，"社会生产已不仅仅是产品的生产，同时也是消费欲望和消费激情的生产，是消费者的生产。被这种氛围熏染着的消费不再是消费者本来需求的满足，而是受消费文化诱使的消费"；象征性消费风靡一时，在消费文化的背景里，"人的目的及其意义的很多方面都被赋予到了物品上面，使物品的象征意义和文化功能得到越来越多、越来越广泛的体现，消费实质上是追求某种象征意义的、带有表演性的一种行为，是一种被异化了的消费"；浪费性消费成为时尚，消费文化的奢侈浪费严重地浪费了资源，需要生态环境付出沉重的代价，从而导致生态危机。作者为此发出了呼吁：消费不仅仅是生活问题、经济问题，也是关乎人类生存和长远发展，关乎我国现代化建设事业的大问题。[②]

（3）生态伦理与生态文化之关系的研究。根据有关文献的统计资料表明，仅在2006年就有近200篇公开发表的学术论文对生态伦理进行集中讨论。如讨论湘西傩文化的生态伦理追求、生态伦理与可持续发展问题、文化进步与生态伦理、中国传统文化的伦理思想、基督教环境伦理思想、生态农业与生态伦理、传统文化与现代生态伦理思想的建构、生态经济与生态伦理、生态伦理教育、中西生态伦理比较研究、马克思主义的生态伦理、绿色产业化与生态伦

---

①　王锐生：《文化哲学视野下的生态环境问题》，《北京林业大学学报（社会科学版）》2003年第3期。

②　樊小贤：《试论消费主义文化对生态环境的影响》，《社会科学战线》2006年第4期。

理，等等，生态伦理研究几乎涉及所有的生态伦理思想，令人叹为观止。如讨论中国传统文化生态伦理思想的文章，如徐玉凤、耿宁《中国古代哲学中的生态伦理观》一文，从《易经》中的"天地之大德，曰生"到孔子的"赞天地之化育，与天地参"，孟子的"仁民爱物"，老庄的"返朴归真"，再到张载的"民胞物与"等，无不包含着生态伦理观的合理思想，文章指出："《周易》中的阴阳八卦：乾、坤、震、巽、坎、离、艮、兑，代表着天、地、雷、风、水、火、山、泽八种物质现象。从卦象上看，全是自然界的生息变化，但从卦辞上看，却都是人世间的兴衰际遇、悲欢离合的世俗生活。讲人事离不开自然，讲自然又离不开人事，人与自然相互感应，不可分割，把包括人在内的整个世界处理成一个流变不息的整体。"在儒家的哲学思想中，爱人与爱物是统一的。人是自然界的一部分，"人受天地之中以生"，"天生""地养""人成"，"相互为手足，不可一无"。孔子主张"无为物成，天地之道"。从"无为"出发"赞天地之化育""与天地参"。儒家在研究和解决人与自然的矛盾时，立足于"天人一体"，但又坚持"无为"，即对自然不横加干涉，从而把人与自然的冲突转化到社会伦理层面上。① 在先秦时期，道家的生态哲学思想也非常突出，具有重要的地位。毛丽娅《道教的生态伦理思想及其现代价值》集中讨论了道家的生态伦理思想，值得我们关注。文章认为，道教在"天人合一"生态整体观的指导下，以"道"立教，以"道"化人，追求宇宙和谐、国家太平与个人长生不死、得道成仙的理想。特别是道教在人与自然关系问题上具有深邃的生态智慧，道教贵生，制定了各种戒律、功过格来规范人们的行为，不仅制定了一系列保护动物、森林植被、土地及水资源的戒律，而且道门中人身体力行，非常重视宫观内外环境的建设和维护，并有具体的植树造林等生态实践活动。道教形成了以"道""德"为核心内容的生态道德观，并且具体化为崇尚自然、尊重自然规律，物无贵贱、万物平等，善待万物、尊重生命，保护自然资源、维持生态平衡等一系列生态伦理原则。道教经文中所负载的生态伦理思想是道教留给人类的一份珍贵遗产，具有现代价值，值得人们批判继承。② 倪慧芳、李韬《生态伦理的文化渊源——兼论马克思自然理论对当代生态伦理学的启示》把中国传统的生态伦理思想与马克思的自然理论结合起来，在中国古代文化思想中积极发掘，力图从中找出与生态文化思想相通或相似的契合点，

---

① 徐玉凤、耿宁：《中国古代哲学中的生态伦理观》，《山东师范大学学报（人文社会科学版）》2005 年第 6 期。

② 毛丽娅：《道教的生态伦理思想及其现代价值》，《四川师范大学学报（社会科学版）》2005 年第 3 期。

为当下的生态文化建设提供传统文化的基础和理论渊源。另外，还有一些论文如余谋昌《古典道家的生态文化思想》、曾繁仁《中国古代"天人合一"思想与当代生态文化建设》，探讨了中国古代的"天人合一"思想是儒家、道家思想中的主要观点。蒙培元《从孔子思想看中国的生态文化》等论文从儒家和道家的思想中发掘生态文化的思想因素；鲁枢元《汉字"风"的语义场与中国古代生态文化精神》从语源学的角度探讨中国古代的生态文化精神；曹之《先秦诸子著作与生态文化》《刘向〈七略〉与生态文化》从文献学的视野对生态伦理思想进行了梳理。覃勇荣、刘旭辉、卢立仁《佛教寺庙植物的生态文化探讨》，胡筝《道教生态文化的理念与实践》，马明良《伊斯兰教生态文化与回族环保意识》等论文把着眼点放在中国的宗教文化上，从中国古代宗教思想中发现中国的宗教生态思想。这些研究成果极大地丰富了生态文化的研究领域和研究深度，具有很高的学术价值和学术水平。

这一时期，除了学术论文之外，还出版了一批生态文化的研究专著。我们选取了有代表性的两部著作予以重点介绍：

（1）余谋昌：《生态文化论》

余谋昌先生可能是我国最早的一批对生态文化进行系统研究的学者之一，并被称为中国环境伦理学的领军人物。余谋昌1935年出生于广东大埔，现为中国社会科学院研究生院教授、博士生导师、国务院发展中心国际技术经济研究所客座研究员、中国自然辩证法研究会理事，地学哲学委员会副理事长、中国环境伦理学研究会理事长。他主要的研究方向为环境哲学、生态哲学、生态伦理学，先后出版了《生态文化论》《生态学信息》《生态学哲学》等十余部专著。余先生的《生态文化论》于2001年由河北教育出版社出版，全书共分六章，内容包括生态环境问题、生态哲学、社会生态学、生态经济哲学、生态文化问题、生态道德问题等。余先生早在1979年就开始关注生态环境，这部著作是他关于生态文化研究的集中总结。该书从环境问题的哲学思考开始，逐步深入到生态道德建设，将生态文化的核心问题都做了比较充分和完整的阐释，这在21世纪初期，是难能可贵的。

（2）何方：《应用生态学》

该书由科学出版社于2003年8月出版，全书由生态学基础、资源、自然灾害和生态环境建设4篇共19章组成。作者运用生态学的理论和方法，将中国的环境、资源、灾害和生态环境建设，以及人力资源和人文资源融为一体，有机地组成了一个完整的生态学新体系。由于作者希望能全面综合地回答当前普遍关注的环境、资源、食物、人口问题，该书引用了相当多的资料，涉及面非常广，但部分研究不够深入。该书是作者大量研究成果的一次总结，其中的 20 余篇文章先后独立发表，多具有创新性：①人类社会演化历史；②生态学发展历程；③生态学分类和生态经济林经营模式；④生态资源观和建立生态型的国民经济体系；⑤黄土地的水土流失、荒漠化成因及其治理；⑥中国水情特点的分析及洪涝灾害的防治；⑦关于人力资本的论述；⑧关于人文资源的论述，即我国科技经济落后的原因；⑨中国自然灾害分类、原因及特点；⑩在国内首次以生态功能纵向地划分中国生态区并积极参与建立保护；⑩中国西部开发区生态环境建设，这部分研究是对西部开发建设系统的研究成果，反映了时代的特征。

四、2007 年至今：生态文化研究的深化发展阶段

2007 年 10 月，党的十七大报告中明确提出建设生态文明，这是生态文明建设首次出现在党的全国代表大会的报告中。这表明生态文明建设进入了国家战略的层面。报告指出："建设生态文明，基本形成节约能源资源和保护生态环境的产业结构、增长方式、消费模式。循环经济形成较大规模，可再生能源比重显著上升。主要污染物排放得到有效控制，生态环境质量明显改善。生态文明观念在全社会牢固树立。"2012 年 11 月，党的十八大报告首次单篇论述生态文明，首次把"美丽中国"作为未来生态文明建设的宏伟目标，把生态文明建设摆在总体布局的高度来论述，表明我们党对中国特色社会主义总体布局认识的深化，把生态文明建设摆在五位一体的高度来论述，也彰显出中华民族对后代、对世界负责的精神。

十八大报告中关于生态文明建设的主要精神可概括为以下几个方面：一、大力推进生态文明建设。建设生态文明，是关系人民福祉、关乎民族未来的长远大计。面对资源约束趋紧、环境污染严重、生态系统退化的严峻形势，必须树立尊重自然、顺应自然、保护自然的生态文明理念，把生态文明建设放在突出地位，融入经济建设、政治建设、文化建设、社会建设各方面和全过程，努力建设美丽中国，实现中华民族永续发展。二、坚持节约资源和保护环境的基本国策，坚持节约优先、保护优先、自然恢复为主的方针，着力推进绿色发展、循环发展、低碳发展，形成节约资源和保护环境的空间格局、产业结构、生产方式、生活方式，从源头上扭转生态环境恶化趋势，为人民创造良好的生产生活环境，为全球生态安全做出贡献。具体措施如下：（1）优化国土空间开发格局。（2）全面促进资源节约，节约资源是保护生态环境的根本之策。

（3）加大自然生态系统和环境保护力度，良好的生态环境是人和社会持续发展的根本基础。（4）加强生态文明制度建设，保护生态环境必须依靠制度。三、要把资源消耗、环境损害、生态效益纳入经济社会发展评价体系，建立体现生态文明要求的目标体系、考核办法、奖惩机制。十八大报告号召我们一定要更加自觉地珍爱自然，更加积极地保护生态，努力走向社会主义生态文明新时代。

党的十七大报告和十八大报告，是我国生态文明建设过程中的标志性事件，生态文明建设正式纳入我们的国家战略。十八大审议通过《中国共产党章程（修正案）》，将"中国共产党领导人民建设社会主义生态文明"写入党章，作为行动纲领。十八大以来，生态文明建设的顶层设计和战略部署密集推出：十八届三中全会提出加快建立系统完整的生态文明制度体系，十八届四中全会要求用严格的法律制度保护生态环境，十八届五中全会，提出"五大发展理念"，将绿色发展作为"十三五"乃至更长时期经济社会发展的一个重要理念，成为党关于生态文明建设、社会主义现代化建设规律性认识的最新成果。

2015年4月《中共中央国务院关于加快推进生态文明建设的意见》（下文简称《意见》）发表，《意见》指出，到2020年，资源节约型和环境友好型社会建设取得重大进展，主体功能区布局基本形成，经济发展质量和效益显著提高，生态文明主流价值观在全社会得到推行，生态文明建设水平与全面建成小康社会目标相适应。具体目标是：一、国土空间开发格局进一步优化。经济、人口布局向均衡方向发展，陆海空间开发强度、城市空间规模得到有效控制，城乡结构和空间布局明显优化。二、资源利用更加高效。三、生态环境质量总体改善。四、生态文明重大制度基本确立。基本形成源头预防、过程控制、损害赔偿、责任追究的生态文明制度体系，自然资源资产产权和用途管制、生态保护红线、生态保护补偿、生态环境保护管理体制等关键制度建设取得决定性成果。

据新华网报道，以习近平同志为核心的党中央遵循发展规律，顺应人民期待，彰显执政担当，将建设生态文明、推进绿色发展视为关系人民福祉、关乎民族未来的长远大计，融入治国理政宏伟蓝图。十八大以来，党和国家领导人习近平无论考察调研，还是重要会议，大江南北，国内国外，习近平总书记走到哪里，就把建设生态文明、保护生态环境的观念带到哪里："良好生态环境是最公平的公共产品，是最普惠的民生福祉。""保护生态环境就是保护生产力，改善生态环境就是发展生产力。""在生态环境保护问题上，就是要不能越雷池一步，否则就应该受到惩罚。""要把生态环境保护放在更加突出位置，像保护眼睛一样保护生态环境，像对待生命一样对待生态环境。""走向生态文明新时代，建设美丽中国，是实现中华民族伟大复兴的中国梦的重要内容。"①

2007 年以来，学者们把生态文化的研究同国家发展战略需要结合起来，生态文化的研究得到了极大的深化，其主要的内容有以下一些。

（一）生态文化与哲学研究

穆艳杰、李忠友《从哲学的视角解析生态文化内涵》一文认为：（1）本体论层面：生态文化强调"人—社会—自然"的有机统一。生态文化是对古代原始文化和近现代以来的人本文化的辩证发展，是整体性视阈的古代原始文化与主体性视阈的近现代以来的人本文化的有机结合。（2）价值论层面：生态文化强调"和谐共生的万物主体价值"。在价值论意义上，生态文化从系统论出发，将社会生态系统中的人和自然生态系统中的生物都看作主体，两者统称为生态主体。生态文化价值观启示人类要重新认识主体性的内涵，建构生态主体论，将人、社会、自然视作相互作用、协同发展的复合生态系统，结合社会生产方式考察人的价值和地位，使人类的生产方式以及建立在此基础上的社会文化促进"人—社会—自然"的协调发展。（3）伦理学层面：生态文化推崇"对自然万物的仁爱之心"。文章认为，"生态文化是以有机联系的系统论世界观为基础，以社会生态系统和自然生态系统作为生态主体的生态价值观为取向，以重视生命和挚爱自然的生态文明伦理观为原则，以寻求人与自然的共同发展为主旨的文化。它倡导从生态文化的深层，对生态文明的价值观和伦理观进行崭新的构建，从而成为人类走向未来的一种理性选择"②。

余谋昌先生从环境哲学的角度讨论生态文化的哲学基础，深化了生态文化的内涵。他的《环境哲学的使命：为生态文化提供哲学基础》一文认为，环境哲学以人与自然关系为基本问题，是一种新的世界观。他主张扬弃人与自然"主客二分"和人统治自然的哲学，高扬"人与自然和谐"的旗帜，建设人道主义和自然主义统一的社会，为人类新文化——生态文化的创造提供了一种哲学基础。20 世纪中叶，以全球性生态危机的爆发为标志，工业文化开始走下坡路，而一种新的文化——生态文化成为逐渐上升的人类新文化。生态文化作为人类新的生存方式，它包括人类文化的制度层次、物质层次和精神层次的重

---

① 新华社：《党的十八大以来加强生态文明建设述评》，2016 年 2 月 15 日，http：//news. xinhuanet. com/politics/2016－02/15/c _ 1118049087. htm。

② 穆艳杰、李忠友：《从哲学的视角解析生态文化内涵》，《东北师范大学学报（哲学社会科学版）》2016 年第 4 期。

大变革。这是 21 世纪人类建设新文化的选择，是人类发展的绿色道路。①

（二）生态伦理研究深入发展

生态伦理研究成为这个时期生态文化的热点，老子、孔子、孟子、荀子等中国古代思想家的生态伦理研究仍然是很多学者关注的焦点。李伟、翟澜杰《论周秦生态伦理文化及其当代价值》就讨论了我国先秦时期的生态伦理思想，文章认为，周秦时期特殊的自然地理环境以及当时频繁发生的各种自然灾害使当时统治者在生态治理上形成了特有的治理文化和方式，并对中国古代及后世生态伦理文化产生了重要影响。文章提取了先秦时期"因"的生态智慧思想，这种生态智慧思想是中华民族的根源性智慧。"因"的普遍性表现在：其一，它广泛应用于各个方面，因物、因民、因礼、因地等；其二，它是一种思维方式，跨越各个学派，是各家共同的主张。"因天""因天地之道"就是要遵从天地万物运行的总体过程和规律；"因时"就是顺应时令的变化，是切入自然、与自然相适应的一种方式，同时，也是一种"因天道"的形式。同时，统治阶级还制定了生态保护的政令和法律。先秦时期还形成了"生生"的价值取向、"天地万物为一体"的道德共同体、"天人合一"的信仰体系和道德境界、"应时而生"的道德行为准则。周秦生态伦理文化呈现出开创性、制度性和自觉性的基本特点，使周秦时期的生态保护思想一开始就有了对人与自然和谐共存的深远思考的价值取向和生态保护思想，它为周秦时期的生态保护与治理的政令法律提供了理论基础，这些不仅反映了周秦生态伦理文化思想较为成熟，而且也开创了中国古代生态伦理文化的先河。②

陈云云、周文娟的《生态伦理前沿热点问题研究进展与展望》对生态伦理的前沿热点问题进行了扫描，作者认为，近年来的生态伦理研究主要集中在六个方面：生态伦理的内涵研究、生态伦理理论渊源的研究、生态伦理流派的研究、生态伦理与当前我国发展热点问题关系的研究、生态伦理面临困境的研究、生态伦理发展路径的研究。作者还对生态伦理研究进行了展望：第一，生态伦理的研究范围和视阈需进一步拓展；第二，生态伦理的研究方法和范式需进一步创新。第三，生态伦理的研究思维和指导思想需进一步更新。③

---

① 余谋昌：《环境哲学的使命：为生态文化提供哲学基础》，《深圳大学学报（人文社会科学版）》2007 年第 5 期。

② 李伟、翟澜杰：《论周秦生态伦理文化及其当代价值》，《道德与文明》2016 年第 7 期。

③ 陈云云、周文娟：《生态伦理前沿热点问题研究进展与展望》，《生态经济》2016 年第 8 期。

（三）生态文明的内涵得到研究

生态文明理念是 20 世纪以来，人类为解决资源和环境的可持续发展问题而提出的理论成果和战略思想。党的十七大第一次把建设生态文明作为实现全面建设小康社会奋斗目标的新要求提出来。党的十七届四中全会进一步将生态文明建设提升到与经济建设、政治建设、文化建设并列的战略高度，标志着生态生活建设在国家发展战略中占有突出的地位。党的十七届五中全会把生态文明建设与可持续发展的科学发展观的要义结合在一起，成为科学发展观的基本要义。党的十八大以来，积极培育生态文化、生态道德，使生态文明成为社会主流价值观，成为社会主义核心价值观的重要内容。至此，生态文明建设成为国家五位一体的战略部署，处于国家经济社会发展的核心地位。

这一方面的研究，学者徐春的《生态文明在人类文明中的地位》颇具代表性。文章认为，从人类文明发展的过程来看，生态文明萌生于工业文明的母体中，是对工业文明的扬弃，它必将成为工业文明之后新的人类文明形态，"它和以往的农业文明、工业文明既有连接之点，又有超越之处。生态文明和以往的农业文明、工业文明一样，都主张在改造自然的过程中发展社会生产力，不断提高人们的物质和文化生活水平；但它又与以往的工业文明和农业文明有所不同，生态文明是运用现代生态科学的理论和方法来应对工业文明所导致的人与自然关系的紧张局面，强调的是人与自然的和谐共生以及建立在此基础上的人与人、人与社会关系的和谐"。文章认为，生态文明的内涵主要包含三个方面：第一，生态文明是一种积极、良性发展的文明形态。第二，生态文明是可持续发展的文明。这包括人类的可持续发展和自然的可持续发展，二者是相统一的。第三，生态文明应是一种科学的、自觉的文明形态。生态文明并不是对工业文明的完全否定和遗弃，而是对工业文明的扬弃，是对以往的农业文明、现存的工业文明的优秀成果的继承和超越。[①]

还有学者认为，走向生态文明，不但是人类文明可持续发展的必由之路，而且是扼制乃至消除生态危机的总对策。生态文明建设不但有赖于人的文化自觉，需要一个文化启蒙或思想解放的历史过程，而且必须整体谋划，作为系统工程协同推进。

---

① 　徐春：《生态文明在人类文明中的地位》，《中国人民大学学报》2010 年第 2 期。

（四）环境美学和生态美学成为生态文化研究的跨学科领域

随着生态文化研究的不断深入，生态哲学、生态美学等跨学科研究应运而生。生态美学的名家曾繁仁在其专著《生态美学导论》的"前言"里，认为生态美学在六个方面超越了传统美学：（1）美学之哲学基础的突破。人与自然的关系是最基本的哲学问题，生态美学的认识论基础首先突破的就是传统人类中心主义的认识论。（2）美学研究对象的突破。传统美学的研究对象是在人类中心主义文化观念中形成的艺术中心主义，艺术成为传统美学研究的核心范畴。在很多时候，美学被称为艺术哲学，生态美学研究对象超越了传统美学以艺术为核心的范畴，生态美学既包含了艺术，又包含了自然本身的审美价值和生活审美价值。（3）在自然审美上的突破。（4）审美属性的重大突破。（5）美学范式的突破。（6）中国传统美学地位的突破。曾繁仁在《生态美学的基本问题》一书中，把海德格尔的存在论、胡塞尔的现象学、中国传统美学的气本体生态生命等哲学理论加以融汇，提出了生态美学为生态存在论美学、生态审美本性论与生态美学、参与美学、生态语言学和生态审美教育等作为研究对象的基本场域。这样，生态美学就以"天人合一"与生态存在论审美观相会通；以"中和之美"与"诗意地栖居"相会通；以"域中有四大，人为其一"与"四方游戏"相会通；以比兴、比德、造化、气韵等古代诗学智慧与生态诗学相会通，等等①，所以生态美学可以称作汇通的美学。当然，生态美学还是一个正在建设中的新兴学科，很多理论和研究要点，需要进一步的讨论和斟酌。但生态美学的发展势头十分迅猛，特别是近十年的发展使生态美学正在走向成熟。

（五）农村生态文化建设和研究也有了初步的成果

农村生态文化建设主要包括农村生态文化与现代乡村旅游研究，西部大开发与新型城镇化建设中的生态文化研究，区域文化中的民间生态文化研究，环境友好型生态文化基础研究，生态文化与特色产业、休闲农业、康养产业的研究，等等。十八大以来，美丽乡村建设与生态文化建设互为促进，随着农业现代化的推进，农业基础设施的逐步改善，农业产业的逐步发展壮大，农村生态的日益修复，农村生态文化会展示出更深刻的内涵和更多的现实意义。

我国生态文化的研究还在不断地向前发展，研究领域还在不断地扩大，跨学科研究成为必然趋势。

---

① 曾繁仁：《生态美学导论》，商务印书馆，2010年。

第三节　生态文化的源流变迁

根据现有的人类考古资料和世界文明史的研究资料表明，人类文明大体上经历了三个阶段。

第一阶段是原始文明阶段（约前 170 万年—公元前 21 世纪），这个时期的社会形态被历史学家命名为原始社会，也是人类产生之后经历的第一个文明阶段。在原始文明阶段，人们只能依赖自然和顺应自然，其文明的主要特征是石器的使用、集体劳动，生产活动主要靠简单的采集渔猎。这个阶段极为漫长，大约经历了上百万年。原始文明阶段，人在自然面前还很渺小，人依靠采集和狩猎为生，自然对于人来讲，还是一个异己的力量，自然是人类的主宰，人类只能顺从自然，还要经常忍受疾病、饥饿和自然灾害，正如马克思在谈到古代人类和自然界的关系时指出的那样："自然界起初是作为一种完全异己的、有无限威力的和不可制服的力量与人们对立的，人们同它的关系完全像动物同它的关系一样，人们就像牲畜一样服从它的权力，因而这是对自然界的一种纯粹动物式的意识（自然宗教）。"[①] 元谋人是目前已知的中国境内最早的人类，北京人、山顶洞人、长江流域的河姆渡氏族和黄河流域的半坡氏族以及大汶口文化，都是原始文明阶段。

第二阶段是农业文明。农业文明的出现是人类社会发展的重要阶段，在这个阶段，人与自然的关系有了根本性的变化，工具的大量使用，促使人类开始了利用自然和改造自然的伟大历程。第一，人类经历了漫长的农业文明。第二，这个阶段人与自然关系最重大的事件是农业的出现。农业的出现标志着人与自然的关系迈进了新的文明时代，人类利用自然和改造自然的能力增强了，据学者研究，世界上最主要的农业起源中心有三个：第一个在西亚，就是现在的伊拉克及其周围地区。这个地方是小麦与大麦的起源地，也是绵羊和山羊的起源地。西亚的农业是有畜农业，这种农业发展到一定阶段，便产生了两河流域的文明，这种农业传到尼罗河流域，产生了古埃及文明；传播到印度河流域，产生了古印度文明。第二个是中国，中国是小米和大米的起源地。小米是指粟（一说为黍），主要起源于黄河流域，后来成为中国北方的主要农作物。中国的长江流域是稻作农业的起源地。因此，中国是两种重要农业的起源地，北方黄河流域是以小米为主的农业起源地，南方长江流域是以大米、稻作农业

---

① 马克思、恩格斯：《马克思恩格斯选集》第 1 卷，人民出版社，1972 年，第 35 页。

为主的农业起源地。第三个是在美洲,美洲是玉米的起源地。美洲的农业是无畜农业,它是以玉米为主体的农业。这三个农业文明中心都对后来古代文明的产生起了决定性作用。美洲有美洲文明,中国的文明代表了东方文明,它对周围的国家产生了非常大的影响。而两河流域、埃及和印度河流域的种种文明,后来发展为古希腊、罗马文明,这就是西方人的古代文明。① 农业文明对人类历史进程的影响是革命性的、划时代和全局性的,对后来的文明起源也有着巨大的影响。这个阶段最重要的特征是铁器等生产工具有了巨大的进步,人类开始定居生活,动植物得到驯化和种植,农业文明大致经历了一万年左右。

第三阶段是工业文明。工业文明阶段,首先是机器的广泛使用,人类对自然的"征服"能力不断加强,工业化的机器大生产使得大量的自然资源被开采出来,科学技术的不断进步使得资本主义生产方式得以产生,人类文明从由此进入了工业文明,人类进入高速发展的时期。是人类改造自然的方式发生了巨大的变化。大规模的机械化工具的使用,使得人类的生产方式和生活方式都发生了巨大的改变,人类摆脱了一定自然环境和自然条件的束缚,传统农产品不再过分地依赖季节,甚至可以按照市场的需要,突破气候对农业生产的限制进行生产。而计算机和现代生物技术的出现,彻底改变了人与自然的亲善关系。首先,人类逐渐远离大自然,逐渐生活在一个人工制造的世界中。其次,大规模的机械化生产,大量的自然资源被开垦,造成了环境的极度恶化。第三,出现了各种新的学科门类,创造了大量的财富,促进了社会生产力的飞速发展,人类在不到一百年的时间里创造了超过过去一切时代之和的财富。自然界不再具有以往的神秘和威力,知识就是力量成为一个时代的标志,人类俨然已经成了自然的主宰。马克思在《共产党宣言》中对此的概述最为经典:

> 资产阶级在它的不到一百年的阶级统治中所创造的生产力,比过去一切世代创造的全部生产力还要多,还要大。自然力的征服,机器的采用,化学在工业和农业中的应用,轮船的行驶,铁路的通行,电报的使用,整个整个大陆的开垦,河川的通航,仿佛用法术从地下呼唤出来的大量人口——过去哪一个世纪料想到在社会劳动里蕴藏有这样的生产力呢?

马克思在这里所说的其实就是以英国为代表的欧美资本主义国家完成工业革命进入工业社会的情景:社会生产力的飞速发展、自然力的征服、机器的广

---

① 严文明:《农业起源与中华文明》,《光明日报》,2009 年 1 月 8 日,http://www.gmw.cn/01gmrb/2009-01/08/content_876623.htm;也可以参考严文明的《农业发生与文明起源》,科学出版社,2000 年。

泛采用、化学工业在工业和农业中的应用、现代交通通信技术工具的使用，等等，这些都是人类摆脱农业文明进入工业文明的显著标志和重大事件，这里涉及的每一个领域都给生态环境带来了深刻的影响。在人与自然的关系上，工业文明把人类从本来的自然世界拉到人造的世界中（如城市），人类与本来的自然世界越来越远，城市的日益扩大、人口的爆炸式增长、生产和生活废弃物无法得到有效的处理，人类居住的环境不堪重负，各种污染、疾病和重大自然灾害，自然资源枯竭带来的包括战争在内的全球性问题，等等，都严重威胁着人类自身的安全。正如梅萨罗维克等人在《人类处在转折点上》一书中所说："人类好像在一夜之间突然发现自己正面临着史无前例的大量危机：人口危机、环境危机、粮食危机、能源危机、原料危机，等等……这场全球性危机程度之深、克服之难，对迄今为止指引人类社会进步的若干基本观念提出了挑战。"①在我国，1998 年的特大洪水灾害，2003 年的"非典"，2005 年松花江发生的重大水污染事件，2008 年的汶川大地震，2010 年来自内蒙古地区的特大沙尘暴，都是自然界向人类发出的警告。特别是 2010 年的沙尘暴，绵延数千里，抵达我国的东部和南方地区，甚至扬尘天气还影响至我国台湾和邻国日本。工业文明时期，人类对自然资源的过度开采和粗放式的利用，以及城市化的发展，对自然环境的破坏程度是前所未有的，人类却忽视了自身也是自然界的一员，忽视了自然界对人类的本源性特征，忘记了人类自身也是"受动的、受制约的和受限制的存在物"，正如马克思所说："人作为自然存在物，而且作为有生命的自然存在物，一方面具有自然力、生命力，是能动的自然存在物；这些力量作为天赋和才能、作为欲望存在于人身上；另一方面，人作为自然的、肉体的、感性的、对象性的存在物，和动植物一样，是受动的、受制约的和受限制的存在物。"②工业文明使人类的自然理念和生产生活方式都违背了人和自然关系的辩证法，最终逃不脱自然对人类的惩罚。最近几年来华北各地的雾霾天气，等等，都迫使我们开始重新思考人与自然的关系，生态文化应运而生。

第四阶段即生态文明时期。生态文明是生态文化产生的前提条件，生态文化是工业文明发展的必然产物，工业文明所产生的环境和生态问题，事关人类生存的大计，也是生态文化发生、发展的现实根源。

---

①　梅萨罗维克等：《人类处在转折点上》，刘长毅等译，中国和平出版社，1987 年，第 36 页。

②　马克思恩格斯：《马克思恩格斯全集》第 42 卷，人民出版社，1979 年，第 167 页。

一、环境生态危机：生态文化产生的现实根源

漫长的人类文明到了工业文明阶段，出现了严重的环境问题和生态危机，直接威胁人类的生存，我们认为，这是生态文化发生的现实根源。工业文明所带来的危机被称为"第五次浪潮"，美国的系统哲学家拉兹洛在《决定命运的选择》一书中，认为"第五次浪潮"的要素包括：人口、城市化、贫穷、军事化、浪费与环境恶化、气候变化、食物与能源短缺等，每一个问题都是全球性问题。

我们以人口问题为例，证明拉兹洛的担心并不是杞人忧天。拉兹洛认为，人口问题主要有发展中国家人口的极速增长、发达国家人口的老龄化、移民、贫困化等。全世界人口每天以爆炸式的速度递增，如果不控制人口增长，那么世界人口到 21 世纪末将增加到 120 亿至 140 亿，同时，人口的老龄化严重。发展中国家的人口将在绝对数上增加，而发达国家的人口老龄化严重。根据国际应用系统分析研究所（IIASA）的《人口计划》预测，到 2050 年，欧洲和北美的老年人口占总人口的比例可能高达 44％，与发展中国家人口呈爆炸式增长不同，发达国家的人口增长缓慢，甚至呈现负增长，到 2050 年将降至 7.71 亿，到那时，发达国家总人口将占世界总人口的不到 10％。工业发展带来的人口问题的一个突出现象就是城市化。根据联合国的有关统计数据，2000 年，在新兴的 20 个人口超过 1100 万的大型综合性城市中，有 17 个在发展中国家。拉丁美洲人口的 77％、非洲人口的 41％和亚洲人口的 35％都将城市化。《人口计划》称："大规模移民是当代世界人口图的组成部分。从本世纪初开始，估计有 2.5 亿人离开了自己的家园去寻找更好的生活。今天，有 1500 多万人永远没有国籍，大约有 1250 万人在撒哈拉沙漠以南的非洲流浪，有 7000 多万人远离自己的祖国在外工作，其中绝大多数在欧洲和北美。"根据世界银行保守的估计，20 世纪 80 年代初期，有 5 亿人生活在绝对贫困线以下，到 1990 年增至 10 亿人。根据 2014 年世界银行的评估报告，全球贫困人口增加至 12 亿，就贫困人口数量而言，排在前五位的国家是印度（占世界贫困人口的 33％）、中国（13％）、尼日利亚（7％）、孟加拉国（6％）和刚果民主共和国（5％），这五个国家加在一起在世界贫困人口中占了近 7.6 亿。发展中国家的贫困人口数量占世界人口的 80％左右。同时，严重贫困国家的数量也相应地增加了。1964 年，被列入联合国的最不发达国家名单中的国家有 24 个，1980 年为 31 个，而到 1990 年则达 42 个，2014 年达到了 48 个。贫困引发的

饥荒和粮食短缺问题在非洲国家十分突出。

拉兹洛指出，在"第五次浪潮"中，废弃物和污染更是触目惊心。每年排放到大气中的二氧化碳上亿吨，其中的 45％ 左右来自工业化国家，而释放到空气、土壤和水中的化合物估计达 7 万种。全球有 12 亿多人口缺乏安全的饮用水。制造业是环境污染的主要来源，军火工业和火力发电厂又造成另一些形式的环境污染。核电厂和核武器制造厂每年产生几百万公吨放射性废弃物，由空气污染引发的癌症、免疫性疾病、先天性缺陷和遗传变异等疾病更是比比皆是。① 根据世界卫生组织公布的数据显示，2012 年全世界共有约 700 万人死于空气污染。空气污染已成为威胁全球环境健康的最主要"杀手"。世界卫生组织 2016 年发布的数据显示，全球约 92％ 的人口处于空气污染之中，最严重的地区包括东南亚、地中海东部及西太平洋地区。根据世界卫生组织计算各国平均污染值显示，中国每立方米空气含 54 微克 PM2.5 颗粒，印度为 62 微克，日本为 13 微克。每年超过 300 万人死于户外空气污染，如果算上室内污染致死的人数，估计总人数超过 600 万，而且这种趋势还在持续。② 第四届世界水论坛提供的联合国水资源世界评估报告显示，全世界每天约有数百万吨垃圾倒进河流、湖泊和小溪，每升废水会污染 8 升淡水；所有流经亚洲城市的河流均被污染；美国 40％ 的水资源流域被加工食品废料、金属、肥料和杀虫剂污染；欧洲 55 条河流中仅有 5 条水质勉强能饮用。世界卫生组织最新的统计数据（2016 年）显示，世界上许多国家正面临水污染和资源危机：每年有 300 万～400 万人死于和水污染有关的疾病。在发展中国家，各类疾病有 80％ 是因为饮用了不卫生的水而传播的。初步调查表明，我国农村有 3 亿多人饮水不安全，其中约有 6300 多万人饮用高氟水，200 万人饮用高砷水，3800 多万人饮用苦咸水，1.9 亿人饮用水有害物质含量超标，血吸虫病地区约 1100 多万人饮水不安全。

人类工业文明的发展所带来的全球性问题，如人口问题、粮食问题、资源问题和环境污染问题等一系列涉及环境生态的问题，早已成为世界各国学者、专家们热烈讨论和深入研究的重大问题，也引起了世界各国政府和人民的高度重视。1992 年联合国在巴西的里约热内卢召开环境与发展大会，期望在全球范围内，采取协调一致的行动，有效地解决环境与发展问题，制定既满足当代

---

① 拉兹洛：《决定命运的选择》，李吟波等译，生活·读书·新知三联书店，1997 年，第 40～51 页。

② 环球网：http://world. huanqiu. com/exclusive/2016 — 09/9492152. html? referer = huanqiu，2016 年 9 月 28 日。

人的需求，又不对后代人满足其需求构成危害的全球可持续发展战略。大会通过了《里约环境与发展宣言》《21 世纪议程》及《关于森林问题的原则声明》等重要文件，并签署了联合国《气候变化框架公约》、联合国《生物多样性公约》，保护生态环境，恢复人与自然的和谐关系，实现人口、资源、环境及经济社会可持续发展的新思想，这就是生态文化思想萌芽的最直接的现实根源。

二、中国传统生态哲学思想：生态文化的哲学根源

中华传统文化孕育了深厚的生态哲学思想，博大精深，历经五千年而不衰，世界古代的四大文明中，只有中华文明没有中断过，中华文明是以农业为主而发展起来的，农业与自然的关系最为直接和亲近，所以中华文明包含着丰富的人与自然关系的生态智慧。早在先秦时期，孔子、老子、孟子、荀子、墨子等具有代表性的包括儒家、道家、法家、墨家等诸多思想学派的学者，已从不同的思想立场，深刻地总结了人与自然之间互为依存的诗意关系。

据学者研究，先秦时期中国生态伦理文化奠定了先秦诸子在人与自然关系上的基本学术品格和价值态度。先秦时期大禹治水的典故，就反映了大禹治水充分发挥了水流就下的性质，充分利用了地势的便利，形成了"因"的智慧和"生生"的价值取向。"因"的智慧是中华民族的根源性智慧。《管子》中有"因天""因天地之道""万世之国，必有万之实，必因天地之道"的记载。"天地之道"，就是天地万物运行的总体过程和规律，《礼记》中有"天地之道，寒暑不时则疾，风雨不节则饥"，老子也提出"人法地，地法天，天法道，道法自然"，这就是要求人类要"因势利导"，遵循自然规律。先秦时期，各国君主在国家治理过程中，都有明确的政令法规强调要按照"天地之道"实施相应的制度性措施。如周代专门设有保护鸟兽、山林、湖泽及产物的官员，如"野虞""山虞""泽虞""水虞""林衡""川衡"等。学者利用考古材料指出："湖北睡虎地出土的《秦律十八种》是目前已知的最早关于环境保护的法律，其中的《田律》里面列有非常详细的保护林木的条文，这部分内容是在继承《礼记》《逸周书》《吕氏春秋》的基础上，根据当时的自然状况和政治环境进一步完善的法律条文。"[①] 下面再谈谈"生生"的价值取向。先秦儒家经典《易传》提出"天地之大德曰生"，又说"生生之谓易"；老子提出"人法地，地法天，天法道，道法自然"；后来的扬雄提出了"天地所贵曰生"。这些先秦西汉文化

---

① 李伟、翟澜杰：《论周秦生态伦理文化及其当代价值》，《道德与文明》2016 年第 4 期。

孕育的哲学思想后来逐步演变为中国伦理文化的基本品格和价值态度，其中最重要的和显著的特点就是"天人合一"的信仰体系和道德境界，这种信仰体系和道德境界成为周秦时期生态伦理文化的核心思想和最高命题。

在中国传统文化中，道家提出了天人一体、道法自然的哲学思想，这既是中国传统哲学和文化的精髓，也是道家和中国传统生态文化的哲学基础。老子认为，"道"是宇宙的本源，他说："人法地，地法天，天法道，道法自然。"（《老子》第 16 章）庄子也认为："道者，德之钦也。生者德之光也。性者生之实也。"（《庄子·庚桑楚》）道是德的主宰，生是德的光辉，性是生的实质。庄子还明确提出了"天与人一也"的主张："无受天损易，无受人益难。无始而非卒也，人与天一也。"（《庄子·山木》）老庄的"天人合一"，都是合于"自然"的，人与自然是合二为一的，人来于自然又归于自然。他说："夫物芸芸，各复归其根。归根曰静，是曰复命，复命曰常。"（《老子》第 16 章）庄子也说："夫明白于天地之为德者，此之谓大本大宗，与天和者也；所以均调天下，与人和者也。与人和者，谓之人乐；与天和者，谓之天乐。"（《庄子·天道》）意思是明白天地之德，就是抓住了大根本、大本源，便能与天合一；以此来协调平衡天下之事，就能与人合一；与人合一就是人乐，与天合一就是天乐，这种"和"，就是"天人合一"。有学者认为，老子和庄子所提出来的天人合一的哲学思想，蕴含着丰富的现代生态文化的理念，具有现代品格。"老庄提出的天人并生、物我为一的生态观念，作为道家的一种基本理念，是道家其他一切思想、观念的基础和出发点。以后《淮南子》中继承和发展了老庄的这一观念，把宇宙看作是一个不可分割的整体系统，认为万物无不被道所统摄，万物又无不以自己独特的方式来体现道。道家这种物我为一的生态观念与现代生态伦理学的观点不谋而合。美国生态学家 B. 德沃尔说：'人既不在自然界之上，也不在自然界之外。人关心自然，尊重自然，热爱并生活于自然之中，是地球家庭中的一员，要听任自然的发展，让非人的自然沿着与人不同的进化过程发展吧！'可见道家的生态环境观对于建立现代生态伦理观有着重要的意义。"①

2015 年中国环境哲学与环境伦理学年会暨全国"传统思想文化与生态文明建设"学术研讨会在山东淄博召开，会议一个重要的议题就是"传统生态思想"，与会者就传统思想文化能否为环境哲学研究和生态文明建设提供思想文化资源，能否帮助中国解决生态环境问题展开了讨论。清华大学卢风教授认

---

① 赵春福、鄯爱红：《道法自然与环境保护——道家生态伦理及其现代意义》，《齐鲁学刊》2001年第 2 期。

为，"天人合一"是儒家追求的最高境界。在人之超越性追求上，儒家将内向超越即德行、境界和智慧的超越放在优先地位。但儒家的内向超越又并没有封闭于自我，而是注重向自然学习，追求天人合一的境界。儒家天人合一及内向超越的追求，与现代西方主客二元的世界观以及将工商、技术放在优先位置的外向超越迥然不同，因而对于反思、超越现代性具有启迪意义。中共中央党校乔清举教授认为，儒家哲学本质上是生态哲学，其基本原则是天人合一。儒家把道德共同体推及整个自然界，从宗教、道德、政治三个层面展开对自然的生态性认知和保护，具有整体主义的特点。乔清举教授认为任何一种思想学说如果认识不到人类生存的生态制约，很难说这种思想学说是完善和深刻的。中国文化之所以能够历久弥新，其中一个重要因素即是传统儒家、道家、佛教生态意识维持了中华民族生存地区的自然环境。儒家生态思想包含宗教、道德、政治三个维度，这三个方面的维度在各方面均有具体体现。叶平教授认为，要深化生态文明体制改革，应树立"自然界最懂自然"的信念，学习"生物利益的自保护性"智慧，吸取大自然报复的教训；应树立有机整体论的思维方式。中国社会科学院肖显静教授对此提出质疑，他认为中国传统思想中的确蕴含着诸多生态伦理智慧，建设一种基于中国传统文化的生态伦理思想体系也很有价值，但因此盲目扩大这种作用并贬低或试图代替西方环境伦理学，却是不恰当的做法。[①] 与会者一致认为，中国传统思想文化中蕴含有丰富的生态思想文化资源，从当前生态文明建设实践出发，考察中国传统思想文化的生态意蕴，对于促进人们树立生态环保意识，建设生态文明具有积极意义。

中国传统文化中的生态思想，不同的学者从不同的角度出发，会得到不同的阐释。如王立平、王正在《中国传统文化中的生态思想》一文中就认为，道家是"道法自然"的生态观、儒家是"仁民爱物"的生态智慧、佛学是"尊重生命"的博爱意识。道家以超越一切的道为出发点，从自然的天道、天地循环所造成的自然界的和谐秩序，平等地对待万物，以此实现人与自然的和谐统一。"道法自然"，"这是先秦道家及汉唐以来的道教共同宗奉的中心理念和最高法则，是整个道家、道教思想体系的核心"。儒家则从人道契入天人关系，以人道体天道，将天道人伦化，以仁义思想为核心，把人类社会的道德属性赋予自然界，提出了仁民爱物的道德观。"儒家对自然的关切是一种推己及人，由人及物的扩展。把人类的仁爱主张推行于自然界，因此首要的是人类自身的

① 《中国环境哲学与环境伦理学年会暨全国"传统思想文化与生态文明建设"学术研讨会论文集》，2015年。

生存需要，其次是对自然万物的爱护。"佛教蕴含着丰富的生态环保思想，具有独特的生态观。佛教诸流派根据缘起论的宇宙观，众生及万物皆有佛性的平等观，佛学理论中所阐发的佛教生命观，包含了丰富和深刻的生命伦理思想，而佛教生态观，就是指佛教对生态问题的看法、观念。①

还有学者认为中国传统文化中道家和儒家的生态哲学思想有很大的不同。王国聘《中国传统文化中的生态伦理智慧》认为，在对待自然的具体态度上，儒道是有差异的。道家追求返璞归真，主张"无为"，主张顺其自然，反对以人力加之于自然。儒家则不同，儒家的"仁"就是爱，爱父母，爱兄弟姊妹，爱朋友，爱天地万物，儒家是由"爱人"推及到"爱自然"，在此基础上，儒家提出了丰富的合理开发利用和保护自然环境的思想：（1）兼爱万物，尊重自然。儒家认为，"仁者以天地万物为一体"，一荣俱荣，一损俱损，因此，尊重自然就是尊重人自己，爱惜其他事物的生命，也是爱惜人自身的生命。（2）以时禁发，以时养发。儒家依据对生物与环境之间关系的认识，从利国富民，保证人类生产和生活资源的持续性出发，要求人们在利用自然资源时，要顺应生物的繁育生长规律，"以时禁发"，去开发利用自然资源。（3）取用有节，物尽其用。一方面保护资源长存不竭，必须慎用资源，这就要求人类对自然资源"取之有度"；另一方面就是资源利用，使资源有效地发挥作用、不使资源浪费。②

叶朗先生认为，中国传统哲学是"生"的哲学，这种生态哲学和生态伦理学的意识孕育出审美的意识，具有生态美学的形态，也即是"人与万物一体"的美学境界。"中国古代思想家认为，大自然（包括人类）是一个生命世界，天地万物都包含有活泼泼的生命和生意，这种生命和生意是最值得观赏的，人们在这种观赏中，体验到人与万物一体的境界，从而得到极大的精神愉悦。"面对中国传统文化如此丰富的生态哲学思想与哲学智慧，叶朗先生说："我们应该高度重视这方面的内容，把它们发掘出来，加以新的阐释，并把它们放在显眼的位置，使它们在世界范围内广为传播和交流，这将大大有助于不同地区、不同民族之间的文化的沟通和互相认同，大大有助于构建多元文明之间的和谐和共同繁荣的格局，对于实现人类的世界大同的美好理想，必将产生深远的影响。"③

---

① 王立平、王正：《中国传统文化中的生态思想》，《东北师范大学学报（哲学社会科学版）》2011年第5期。

② 王国聘：《中国传统文化中的生态伦理智慧》，《科学技术与辩证法》1999年第2期。

③ 叶朗：《中国传统文化中的生态意识》，《北京大学学报（哲学社会科学版）》2008年第1期。

中国传统文化中的生态思想十分丰富，既是我国生态文化建设的宝贵财富，同时也是世界各国建设生态文明可资借鉴的思想智慧。中国传统文化中的生态思想包含了生态哲学、生态伦理学和生态美学等方面十分丰富和复杂的内容，其中"人与万物一体"的生态哲学思想体现了当今全人类寻求新的文明形态所具有的普遍的价值观念和价值追求，极富现代意蕴。

三、马克思主义生态哲学思想：生态文化的实践根源

实践是马克思主义哲学的基石和基本范畴，实践在马克思主义哲学中具有重要的地位，马克思主义本身就具有鲜明的实践性品格。马克思主义哲学认为，实践是赖以存在的方式，人类社会生活的本质就是实践。我国当代生态文明建设的实践就深刻的根源于马克思主义的实践理论。马克思在《关于费尔巴哈的提纲》中指出："环境的改变和人的活动或自我改变的一致，只能被看作是并合理地理解为革命的实践。"在马克思看来，人通过劳动这一实践中介，人与自然的关系就转变为以实践为中介的主客体关系。"通过这种生产，自然界才表现为他的作品和他的现实。因此，劳动的对象是人的类生活的对象化。"[1] 马克思的《1844 年经济学哲学手稿》《德意志意识形态》《资本论》等论著中都表达了实践是连接人与自然的中介和桥梁，并使"人"与"自然"各自的独立具有了相对性的意义；有了社会实践，"自然"之于"人"才是现实的、值得探讨的，"人"之于"自然"才是可能的和存续的，二者相互联系、相互制约。马克思的生态思想主要体现在：（1）人是自然界的一部分，离不开自然界；（2）人的本质力量要通过与外部世界的对象性关系来体现；（3）自然的繁荣就是人自身的繁荣。[2]

有学者认为，马克思主义作为指导社会发展实践的最富生命力的理论，在物质生产、制度建设和精神发展三个层次上同样蕴含着丰富的生态文化思想。具体说来，一，需求导引供给的物质生态文化。马克思、恩格斯认为，劳动是人按照自然规律利用自然并改造自然的活动，正是这种区别于动物的活动，产生了人从动物中分离出来的文化。马克思在《1844 年经济学哲学手稿》中指出，人在通过自身的劳动实践来实现人与自然的物质变换保证人类的生存发展的同时，人还需要自觉地调控人与自然之间的物质变换。这一论断阐明了劳动

---

① 《马克思恩格斯选集》（第一卷），人民出版社，1995 年，第 55 页。
② 樊小贤：《马克思实践维度下的自然观及其对生态文明建设的导引》，《思想理论教育导刊》2014 年第 11 期。

实践既是人从自然界中获取能量的方式，又是人与自然实现生态平衡的有效机制，所以，我们认为，马克思主义的物质生产文化是具有生态本质的。二，自由发展的制度生态文化。马克思认为，只有变革社会制度以及由该社会制度所规定的政策、规范，才能实现人与自然的和谐发展，只有确立社会制度的生态化取向，才能真正实现人与自然的和谐。马克思是想通过对社会制度的重建，使得人类通过有计划地利用自然，以物质力量和精神力量的最小消耗来实现人与自然之间的物质变化，从而实现人与自然之间的物质变换。三，人与自然和谐的精神生态文化。马克思精神生态文化具体体现在马克思的价值观上。在马克思看来，社会是人与自然实现本质的统一，也就是说，社会是自然界的属本质与人的自然本质的统一，体现这种人与自然和谐发展的表现形式是文化，这正是马克思生态文化观的精神内核。①

吴晓明在《马克思主义哲学与当代生态思想》一文中认为，马克思主义哲学与当代生态思想之间建立了一个牢固的联盟，它既意味着前者直接深入到时代的生态课题之中，又意味着后者积极地吸收马克思主义的哲学基础。只要当今的生态问题从根本上来说是一个重大的社会历史问题，只要问题的解决必须诉诸社会改造的实践，马克思主义哲学就将构成当代生态思想的积极动力和强大后盾。唯有在马克思主义哲学所牢牢把握的"社会现实"的基础之上，当代生态思想方能开展出具有原则高度的理论与实践，"社会现实"的出发点是马克思主义哲学贡献给当代生态思想最重要并且也是最可靠的财富。一旦离开了"社会现实"这一出发点，当代的生态学批判就不能不是主观的、抽象的、从属于"外部反思"的和浪漫主义的。吴晓明认为，当代的生态思想只有深入到人与自然关系之社会历史的向度中，才有可能对当代的生态问题做出积极的应答，并展开一种具有原则高度的"生态学"实践，而马克思主义哲学在人与自然关系的社会历史向度是非常强烈的，这对于当代生态思想的本质具有重要的意义："只要当今的生态问题从根本上来说不是单纯自然本身的问题，而是一个重大的社会历史问题，只要这种问题的解决从根本上来说不可能仅仅通过一种理论的方式，而必须诉诸社会改造的历史性实践，那么马克思主义哲学就将构成当代生态思想的积极动力和强大后盾。"② 这种论述是极为深刻的，当代世界的生态环境问题，不再是一个单纯的人与自然的简单关系了，而是关涉政治、经济和人类自身能否可持续发展的问题。对个人来说，是关涉生存的基本

---

① 韩喜平、李恩：《当代生态文化思想溯源》，《当代世界与社会主义》（双月刊）2012 年第 3 期。
② 吴晓明：《马克思主义哲学与当代生态思想》，《马克思主义与现实》（双月刊）2010 年第 6 期。

问题；对国家来说，是一种国家发展战略问题；对自然来说，是人造自然如何融入本真自然的问题。这些问题的解决最终会涉及整个人类社会历史的改造问题。所以，恩格斯说："要消灭这种新的恶性循环，要消灭这个不断重新产生的现代工业的矛盾又只有消灭现代工业的资本主义性质才有可能"，"为此需要对我们的直到目前为止的生产方式，以及同这种生产方式一起对我们的现今的整个社会制度实行完全的变革"①。为了从根本上解决人与自然的对抗与矛盾，必须变革社会制度，实现共产主义。

马克思主义生态哲学近年来成为热点，产生了一些有代表性的著述。如中国人民大学马克思主义文艺理论研究的著名学者陆贵山教授在《马克思恩格斯的生态理论》中认为："马克思恩格斯的生态理论扬弃了'自然中心论'和'人类中心论'的各执一端的偏颇，主张通过一系列的社会体制改革和生态文明建设，创建人与社会、社会与社会、人类社会与自然之间的和谐关系，使人道主义和自然主义得到理想状态的双重实现，逐步趋近共产主义的伟大理想。"文章认为，马克思恩格斯的生态理论在社会变革与社会生态、科技革命与自然生态、工业革命与人的生态等诸多层面有着重要的理论贡献。② 陈墀成、蔡虎堂的《马克思恩格斯生态哲学思想及其当代价值》（2014 年，中国社会科学出版社）认为，马克思恩格斯的生态哲学思想作为他们哲学理论的有机组成部分，在马克思主义哲学创立的过程中形成、丰富和发展。该书尝试依据马克思恩格斯著作的主要文本，遵循马克思主义所倡导的逻辑与历史统一的准则，对马克思主义哲学创立进程的不同时期的生态哲学思想进行梳理，力求比较系统地解读马克思恩格斯的生态哲学思想。张进蒙的《马克思恩格斯生态哲学思想论纲》（2014 年，中国社会科学出版社）从人与自然关系的社会历史实践建构的视角，揭示马克思恩格斯人与自然关系理论在哲学范式上的生态哲学转向。该书在逻辑上遵循从理论抽象到理论具体再到实践的原则，阐释了马克思恩格斯生态哲学思想的理论主题和运思理路；从技术与自然、经济与自然、政治与自然、观念与自然四个层面梳理了马克思恩格斯经典文本中人、社会与自然关系的论述，彰显其生态哲学思想的理论向度；在此基础上剖析当代西方生态哲学的理论缺失与实践偏颇。

国外一些学者对马克思主义生态思想也给予了极大的关注。1977 年，英国的马克思主义者霍华德·帕森斯出版了第一本关于马克思恩格斯生态思想的

---

① 《马克思恩格斯文集》（第九卷），人民出版社，2009 年，第 313、561 页。
② 陆贵山：《马克思恩格斯的生态理论》，《武陵学刊》2016 年第 2 期。

著作——《马克思恩格斯论生态学》，这也是马克思生态哲学思想的第一次汇编成册。他将马克思主义经典文本中有关自然与生态的内容摘录出来，并认为马克思恩格斯的生态思想包括自然辩证法思想、人的生存与自然相互依赖的思想、人类对自然的科学技术应用的思想、资本主义的污染与自然的毁灭的思想等。在该书近百页的长篇导言中，帕森斯详细论述了马克思恩格斯的生态学说、资本主义生态学、对马克思主义生态学的批评和反批评，以及生态学从资本主义向社会主义的转换等主题。帕森斯指出，马克思和恩格斯有着自己明确的生态学，并主要体现于他们关于社会与自然辩证关系的观点中，即通过劳动与技术实现的人与自然的相互转换，必将经历前资本主义的人与自然关系、资本主义的人与自然异化关系和共产主义条件下的人与自然相统一关系，自然的压迫也将随着阶级关系的消除而消除。他认为，在马克思和恩格斯看来，人与自然是以人为主体和自然为客体的通过非人世界人化而逐步走向统一的辩证运动过程。

美国的著名社会理论家詹姆斯·奥康纳在《自然的理由》一书中从三个大的层面上对马克思生态哲学的思想做了新的阐发：（1）"历史与自然"的角度。其中涉及文化、自然和历史唯物主义观念，文化的生产力和生产关系，自然的生产力和生产关系，环境史，生态史与文化景观，自然与资本的逻辑等，并对马克思主义在人类与自然界的相互作用问题上的辩证的和唯物主义的思考方法做出阐述。（2）资本主义与自然。其中涉及现代生态危机的考察，生产的条件与条件的生产，资本主义的第二重矛盾，资本主义积累与经济和生态的危机，技术与生态学，可持续性发展的资本主义是否可能，等等。（3）社会主义与自然。其中涉及社会主义与生态学，生态运动与国家，什么是生态生活主义，生态学社会主义与生态正义，等等。詹姆斯·奥康纳运用马克思主义的理论，一方面对资本主义的生产、分配、交换和消费之间的关系，资本主义通过危机而进行的积累，以及技术、能源、空间发展等方面的问题进行了认真的研究；另一方面，又对资本在利用自然界的过程中把自然界既当作水龙头又当作污水池的问题进行了分析，对当今世界的资本主义与自然和社会世界的"完整性"之间的矛盾做出了颇有深度的研究。国内学者王雨辰认为，詹姆斯·奥康纳的生态学马克思主义理论融合了文化、自然与生态政治哲学，既拓展了马克思主义哲学的理论空间，同时也是其生态社会主义的理论基础。王雨辰将奥康纳的理论贡献归纳为以下几点：一、奥康纳的生态学马克思主义进一步把马克思主义哲学的批判视阈拓展到资本主义的生态批判，揭示了在资本主义条件下自然的异化以及由此导致的人的生存环境的异化，从而将马克思主义哲学的自然观和历史观有机地结合起来，这是其他形态的马克思主义哲学难以真正实现的。二、奥康纳对资本主义的生态批判具有历史唯物主义自然观和历史观的理论底蕴。三、奥康纳的生态社会主义理论不仅系统地论证了社会主义和生态运动结合的必要性，而且强调了社会主义的本质规定在于使交换价值从属于使用价值，实现生产性正义。① 以奥康纳《自然的理由：生态学马克思主义研究》为代表的西方马克思主义学者力图对马克思主义的生态思想进行补充、发展和超越，并通过对资本主义生态问题的揭露、分析和批判，提出了一些解决生态问题的种种设想和主张，后来逐渐形成了一个生态马克思主义的研究流派。一般来说，到 20 世纪 90 年代初，生态马克思主义已经发展成为一个具有明确双重维度的、内容较为完整的学术理论流派，逐渐在理论和思想上走向成熟，其代表性人物和著述，如瑞尼尔·格仑德曼的《马克思主义和生态学》(1991)、安德列·高兹的《资本主义、社会主义、生态学》(1991)、戴维·佩珀的《生态社会主义：从深生态学到社会正义》(1993) 等，都是较成熟的生态马克思主义的代表性著作。

马克思主义的生态哲学思想是当代中国生态文化建设的直接源泉和现实指针，具有重要的意义。党的十七大报告首次把生态文明建设纳入国家发展战略，明确提出："建设生态文明，基本形成节约能源资源和保护生态环境的产业结构、增长方式、消费模式。循环经济形成较大规模，可再生能源比重显著上升。主要污染物排放得到有效控制，生态环境质量明显改善。生态文明观念在全社会牢固树立。"生态文明建设在我国的提出和生态文明建设战略的实施，到党的十八大报告、新型城镇化建设、《川陕革命老区振兴发展规划》和《国家西部大开发"十三五"规划》等，生态文明建设贯穿到整个国家经济社会发展过程中。中国共产党是马克思主义的政党，她以马克思主义作为自己的指导思想和理论基础，将马克思主义生态哲学思想与中国现代化建设实践相结合，走中国特色的生态文明道路，走资源节约型和环境友好型的绿色发展道路。十八大以后，习近平总书记的系列讲话精神都闪烁着马克思主义生态哲学思想的深刻意蕴。习近平总书记在庆祝中国共产党成立 95 周年大会上的重要讲话中指出："马克思主义是我们立党立国的根本指导思想。背离或放弃马克思主义，我们党就会失去灵魂、迷失方向。"现阶段，要建设生态文明，走可持续发展的道路，就要坚持马克思主义的指导地位，坚持把马克思主义基本原理同当代

---

① 王雨辰：《文化、自然与生态政治哲学概论：评詹姆斯·奥康纳的生态学马克思主义理论》，《国外社会科学》2005 年第 6 期。

中国实际和时代特点紧密结合起来，推进理论创新、实践创新，不断把马克思主义中国化推向前进。中国特色社会主义生态文明建设思想有其形成的现实背景，那就是中国改革开放以后随着工业化、城市化进程加快而带来的生态环境危机。从理论的思想渊源上来讲，中国特色社会主义生态文明建设思想既是马克思主义生态思想在中国的继承和发扬，同时也借鉴了西方发达国家生态文明建设的有益经验；既是中国传统生态智慧和发达国家经验教训的总结，也是中国特色社会主义建设的目标选择。所以，研究马克思主义生态哲学思想具有重大的现实意义。吴晓明在《马克思主义哲学与当代生态思想》一文中认为，马克思主义哲学将构成当代生态思想的积极动力和强大后盾。唯有在马克思主义哲学所牢牢把握的"社会现实"基础之上，当代生态思想方能开展出具有原则高度的理论与实践。马克思自然概念的存在论基础体现在"对象性活动"的原理中，这一原理与现代生产的概念根本不同，其核心要点在于确认"自然界的和人的通过自身的存在"，亦即当代哲学所谓"由自身而来的在场者"。① 关春玲在《生态哲学的重生：论马克思实践观的生态哲学意义》一文中认为，马克思实践观基础上的生态哲学，是生态哲学的重生。文章认为，马克思的实践观是马克思主义生态保护思想的重要哲学基础，"'实践'是马克思哲学用以理解包括自然界和人类社会在内的整个现存世界既然状态的'生成论'范畴。马克思深刻把握物质生产实践这一人与自然之间相互作用的历史开端和基本中介，展开对异化劳动所关联的资本主义经济关系背景的人道主义批判。实践解释原则也规定着马克思主义生态关怀视野是从现实的人及其物质生产活动出发来探究生态危机的社会经济制度根源及其解决途径。以马克思实践观剖析资本主义生产关系对人与自然交往活动模式及其反生态性质的根本建构作用，旨在更有力地确证生态社会主义革命实践的必要性和迫切性。由此反观西方生态哲学，因其唯心主义、自然主义和感性直观等思想局限，而无法承担解答和解决生态问题的理论使命"②。实践性品格是马克思生态哲学思想的基石，为我国生态环境问题的解决提供思想指导和理论支持。

马克思主义生态哲学思想是当代中国生态文明建设的理论基石。根据马克思关于人与自然的生态思想和中国传统的生态智慧，1994 年，《中国 21 世纪议程——中国人口、环境与发展白皮书》明确将可持续地发展作为国家的一项

---

① 吴晓明：《马克思主义哲学与当代生态思想》，《马克思主义与现实》2010 年第 6 期。

② 关春玲：《生态哲学的重生：论马克思实践观的生态哲学意义》，《复旦大学学报（社会科学版）》2013 年第 5 期。

战略性决策；十六届三中全会将"统筹人与自然和谐发展"作为国家建设的首要目标和任务之一，随后十六届四中全会又将其作为"科学发展观"的一项重要内容；十七大又提出"生态文明"的理念；而党的十八大同意将生态文明建设写入党章并做出阐述，使中国特色社会主义事业总体布局更加完善，使生态文明建设的发展方向更为明确。党的十八大报告在强调生态文明建设时还提出要努力建设美丽中国，实现中华民族永续发展。自从2015年以来的两年时间里，习近平同志有关生态文化建设和生态环境保护发表的重要讲话就多达60余次。在国内、国际场合，习近平同志一直致力于倡导绿色发展和可持续发展道路。2015年11月30日，习近平在气候变化巴黎大会开幕式上的讲话中指出："万物各得其和以生，各得其养以成。"中华文明历来强调天人合一、尊重自然。面向未来，中国将把生态文明建设作为"十三五"规划重要内容，落实创新、协调、绿色、开放、共享的发展理念，通过科技创新和体制机制创新，实施优化产业结构、构建低碳能源体系、发展绿色建筑和低碳交通、建立全国碳排放交易市场等一系列政策措施，形成人和自然和谐发展的现代化建设新格局，绿色发展的新理念是马克思主义生态哲学思想与中国特色社会主义现代化建设相结合的又一重大创新性理论成果。

第二章 从工业文明到生态文明

第一节 技术进步与人的异化

人类文明发展史简单地说，大致经历了原始文明、农耕文明、工业文明，目前正从工业文明向生态文明阶段迈进。

从18世纪中期（1733）英国钟表匠约翰·凯伊发明了飞梭织布机开始到19世纪中叶，欧洲历史上掀起了声势浩大、影响深远的工业革命运动，欧美发达国家以此为契机，借助技术更新，开展了长达几个世纪的现代化运动（工业化运动）。这场运动深刻改变了人类的生活与精神世界，同时也从根本上改变了人与自然的关系，重新塑造了人类的思维方式和价值体系，正如马克思在《共产党宣言》中所说的那样："资产阶级在它的不到一百年的阶级统治中所创造的生产力，比过去一切时代创造的全部生产力还要多，还要大。自然力的征服，机器的采用，化学在工业和农业中的应用，轮船的行驶，铁路的通行，电报的使用，整个大陆的开垦，河川的通航，仿佛用法术从地下呼唤出来的大量人口，——过去哪一个世纪料想到在社会劳动里蕴藏有这样的生产力呢？"这既是惊叹，也是事实，机器极大地促进了社会生产力的发展，促进了社会经济的繁荣，应该说，工业化在促进人类文明进步方面，是有着巨大的历史贡献的，对人类社会的解放也是功不可没的。

工业文明是以机器大规模使用为前提的，机器代替了手工劳动，社会化大生产代替了手工作坊。机器在生产领域的广泛使用，标志着生产工具技术革新，这不仅带来了生产力革命，也引发了人类历史上生产关系的重大变革。从18世纪中叶到19世纪，英国、法国、德国、美国、俄国以及后来的日本等先后完成了工业革命，进入了工业社会，这也标志着人类文明由传统的农业文明进入了工业文明阶段。工业的兴起，彻底打破了农业社会那种人与自然之间相互稳定、平衡的关系。这主要体现在三个方面：

第一，生产力高度发展带来了人类向自然无止境索取的人类中心主义价值观。"科技至上""科技万能论"甚嚣尘上。如今人类对机器过度依赖,手机、电脑等现代科技工具逐渐由工具成为人类生活的本体,成为统治人类的工具,人类生活在一个"技术产品大地化的时代"。在这样的时代,人类经历了从自我确证的现代主义到"变幻莫测"的后现代主义,从崇高到荒诞,从审美到审丑,人类的交流方式、思维方式发生巨大变化,人类的一切需要,似乎都可以通过技术的方式得以实现。

第二,人口剧增和新兴城市规模不断扩大,生活废弃物和工业废弃物堆积如山,直接排入河流等生态系统之中,从而污染了生态环境。工业化一个最显著特征是城市化进程不断加快,城市增加,人口聚集,带来严重的城市问题和城市病,产生大量的工业垃圾排放物和生活垃圾,空气、河流受到污染,城市的生态不堪重负,世界各国在面临这些问题时都感到困难重重。

第三,一切坚固的东西都烟消云散了。马克思在《共产党宣言》中就早已指出:"生产的不断变革,一切社会状况不停的动荡,永远的不安定和变动,这就是资产阶级时代不同于过去一切时代的地方。一切固定的僵化的关系以及与之相适应的素被尊崇的观念和见解都被消除了,一切新形成的关系等不到固定下来就陈旧了。一切等级的和固定的东西都烟消云散了,一切神圣的东西都被亵渎了。"美国现代哲学家马歇尔·伯曼称此为"现代性体验",他认为:"马克思从两个对立的方面展开了论述,这两个方面将塑造和激发未来一个世纪的现代主义文化:一方面是永不满足的欲望和冲动、不断的革命、无限的发展、一切生活领域中不断的创造和更新;另一方面则是虚无主义、永不满足的破坏、生活的碎裂和吞没、黑暗的中心、恐怖。"①

工业文明在推动人类社会高速发展的同时,也产生了巨大的负面效应,其中一个重要困境就是人与自然的矛盾不断尖锐,其表征是人类社会发展面临着环境污染加剧、资源短缺带来的各种社会矛盾和世界性的难题,如为争夺世界市场和原料市场发动的世界战争和局部战争,至今没有停止。人口爆炸引发的粮食不足、能源紧张困扰着整个世界。环境破坏带来的疾病传播也不断地威胁着世界各地的人们。具体来讲,工业文明的困境主要集中在下面两个大的问题。

---

① [美]马歇尔·伯曼:《一切坚固的东西都烟消云消了——现代性体验》,张辑、徐大建译,2003年,第15页。

一、人与自然的矛盾加深

人与自然的关系问题是人类社会发展的根本问题，自然世界不仅给人类提供物质的世界，同时也是人类精神产生的基础。工业社会以前，人类与自然的关系是人依赖自然、尊重自然，与自然和谐共处。传统农业社会中，人类生活方式和生产方式是人利用自然规律日出而作，日落而息，人与自然和谐相处，形成"万物一体"的哲学境界，这种模式的关键在于人对自然规律采取了主动顺应的态度。哈贝马斯通过对马克思提出的人类自身的社会劳动（其中亦有工业的历史）与自然之关系的透彻分析，认为自然世界自身具有独立性，他说："自然界不像在相互承认的基础上，在对双方都具有约束力的范畴中，一个主体去适应另一个主体的认识那样，没有丝毫反抗地同主体赖以把握自然界的诸范畴相适应。社会主体同自然界之间'在工业中'建立的统一性，不可能消灭自然界的自律性以及与自然界的实在性联系在一起的、残留的不可消除的异己性。作为社会劳动的相关者，客体化的自然界保留着两种特性，即面对支配它的主体，它自身的独立性和外在性。自然界的独立性的表现是，只有当我们服从自然过程时，我们方能学会掌握自然过程：这种基本经验存在于人们所说的我们必须'服从'的自然界的'诸种规律'中。自然界的外在性表现在它的最终的、恒定的局限性中：无论我们把自己支配自然界的技术力量扩展到何等地步，自然界永远保存着一个不向我们打开的实体内核。"① 哈贝马斯这种对人与自然关系的论述，无疑是深刻的，超越了西方一直占主流的征服自然观。

伴随工业文明发展，人们对自然肆意攫取，根本没有顾及自然本身的独特性，没有服从自然的"诸种规律"，西方发达国家借助机器更新迅速完成了国家工业化，这一过程是血腥掠夺世界各种资源和残酷剥削广大发展中国家的过程，直接造成了至今有 12 亿发展中国家人口生活在贫困中。发展中国家由于技术落后，实行粗放型的经济增长方式，造成了资源短缺，自然生态恶化，环境污染严重，从而陷入了生存与发展的困境中，正如有学者早已撰文担忧的："高投入低产出的经济发展模式带来的是效率低、质量差和资源浪费的结果，工业化生产大量开采自然资源导致资源严重匮乏和生态系统失去平衡。工业文明发展所折射出了的经济增长光环遮蔽了环境无度利用的沉重代价，但光环终

---

① ［德］哈贝马斯：《认识与兴趣》，郭官义、李黎译，学林出版社，1999 年，第 28 页。

将会消逝，代价终究要补偿，人类陷入生态困境之中。"① 工业化生产大量消耗着有限的自然资源，对环境肆意破坏，不仅影响了当代世界的生存与发展，也造成了社会的不可持续发展。我们来关注下面的一组数据：

2010年2月6日，中华人民共和国环境保护部、中华人民共和国国家统计局、中华人民共和国农业部联合公布了新版《第一次全国污染源普查公报》，这个报告显示了中国环境污染到什么程度了呢？2007年，我国查明的各类源头废水排放总量2092.8亿吨，废气排放总量637203.7亿立方米。主要污染物排放量：化学需氧量3028.9万吨，氨氮172.9万吨，石油类78.2万吨，重金属（镉、铬、砷、汞、铅，下同）0.09万吨，总磷42.3万吨，总氮472.9万吨；二氧化硫2320万吨，烟尘1166.6万吨，氮氧化物1797.7万吨。浙江、广东、江苏、山东和河北省工业污染源数量居前5位，分别占全国工业源总数的19.9%、17.1%、11.8%、6.1%和5.1%。全国有非金属矿物制品18.4家、通用设备制造污染源14万家、金属制品12.3万家、纺织业10.7万家、塑料制品业8.8万家、农副食品加工业8.3万家、纺织服装鞋帽制造业8.2万家。这些均为会产生严重工业污染的行业。

工业废水中主要污染物产生量：化学需氧量3145.35万吨，氨氮201.67万吨，石油类54.15万吨，挥发酚12.38万吨，重金属2.43万吨。工业固体废物产生量38.5亿吨，综合利用量18亿吨（其中综合利用往年贮存量2124.44万吨），处置量4.41亿吨（其中处置往年贮存量1964万吨），2007年贮存量15.99亿吨（其中符合环保要求贮存量12.11亿吨），倾倒丢弃量4914.87万吨。

农业源中主要水污染物排放（流失）量：化学需氧量1324.09万吨，总氮270.46万吨，总磷28.47万吨，铜2452.09吨，锌4862.58吨。种植业总氮流失量159.78万吨，其中：地表径流流失量32.01万吨，地下淋溶流失量20.74万吨，基础流失量107万吨；总磷流失量10.87万吨。种植业地膜残留量12.1万吨。② 这些数据显示了中国工业化过程中排放污染物的工业污染源、农业污染源、生活污染源和主要污染物的产生和排放数量、污染治理情况等，说明中国作为世界上最大的发展中国家，国内生态环境治理已经到了非治理不可的地步了，这也是我们提出从工业文明向生态文明建设目标转变的现实

---

① 张胜旺、丁为民：《困境与反思：对工业文明非生态观念的分析》，《生态经济》，2015年第6期。

② 蒋高明：沉痛的环境污染数据，中国共产党新闻网，2010年12月27日，http：//theory. people. com. cn/GB/49154/49155/13592025. html。

要求。

从世界各国的工业化进程来看，发达国家已经逐步实现了环境治理、生态保护和社会的可持续发展。但广大还在努力的实现工业化的发展中国家，面临城市发展、人口剧增、环境污染破坏、土地资源日益减少、物种消失、森林面积锐减、河流污染种种问题，树木、鸟兽都在诉说着自然的悲歌。世界各国工业化过程互相复杂地交织在一起，自然生态的破坏和不可持续发展，必然导致整个世界的动荡，乃至战争。西方发达国家对广大发展中国家资源进行无限掠夺和开采，造成了世界各国贫富分化加剧，最终导致社会动荡，战争不止，给世界各国人民造成了深重灾难。

二、家园感的丧失

科学技术作为工业社会的"第一生产力"，对整个社会和世界的影响是巨大的。科学技术造就了一个光怪陆离的人工化世界，使人类赖以重大生存的物化世界，产生技术文明的语境。技术产业化带给人们一个人造物品的世界，在现代大都市中，人工化的产品使得我们逐渐远离了本真的自然世界，呈现出审美化的商品世界，而这又是一个不真实的世界，从而使人类心里的现代感日益突出。卢梭、黑格尔、马克思、卢卡奇、尼采、西美尔、狄尔泰、海德格尔、哈贝马斯、本雅明、丹尼尔·贝尔、费瑟斯通、福柯等西方思想家都对工业化带给人类在心里、精神和价值观念上的现代感，做了深刻的反思。

早在 18 世纪工业化初期，卢梭为代表的法国思想家就力图恢复人类生活方式的自然化，以黑格尔为代表的德国思想家则关注着人的"精神现象学"。马克思在《1844 年经济学哲学手稿》中提出的资本主义工业化过程中"劳动异化思想"，值得我们深入思考。马克思说，"异化劳动，由于（1）使自然界，（2）使人本身，他自己的活动机能，他的生命活动同人相异化。……第一，它使类生活和个人相异化，第二，把抽象形式的个人生活变成同样是抽象形式和异化形式的类生活的目的。……（3）人的类本质——无论是自然界，还是人的精神的类能力——变成对人来说是异己的本质，变成维持他的个人生存的手段。异化劳动使人自己的身体，同样使他之外的自然界，使他的精神本质，他的人的本质同人相异化。（4）人同自己的劳动产品，自己的生命活动，自己的类本质相异化这一事实所造成的直接结果就是人同人相异化。因此，正是在改造对象世界中，人才真正地证明自己是类存在物。这种生产是人的能动的类生活。通过这种生产，自然界才表现为他的作品和他的现实。因此，劳动的对象是人的类生活的对象化：人不仅像在意识中那样在精神上使自己二重化，而且能动地、现实地使自己二重化，从而在它所创造的世界直观自身。因此，异化劳动从人那里夺去了他的生产对象，也就从人那里夺去了他的类生活，即他的现实的、类的对象性，把人较之动物所具有的优点变成缺点，因为从人那里夺走了他的无机的身体即自然界"。马克思资本主义社会"劳动异化"的思想中关于人与自然关系的"异化"的观点至今闪耀着不灭的光辉。

随着工业化程度的加深，人与自然越来越疏离，人们不再从自然中直接采集食物等物质生活资料。现代大都市中，充斥超市与购物中心的是大量的人造产品，"我们人类的生活中出现了一片新的世界，那便是批量制造的工业产品。作为一种人工制品，技术化的生活物品在生产层面上是工业产品，在流通层面上是商品，在功能层面上是消费品。于是工业化、商业化、消费化的社会运作模式得以在技术物品世界化的时代中形成。而且因为生活世界的技术化，人类开始感受到疏远于自然的种种焦虑"①，工业文明逐渐走出了农业文明时代之前的时间观念，从循环的时间观逐渐适应了矢量的时间观。工业化的产品不按照循环的自然时间出场，而是按照市场的需求出场，工业化的产品按照"代"的概念出场，制造商按照市场需求提供一代又一代的产品，永无止境，人们的时间观逐渐从循环的时间观转向矢量的时间观念；其次，"大自然为人类的认知提供的那种客观可靠的对象物在工业技术化时代被变幻不定的人造物代替，因而人类在古典时代建立起来的清晰的物像消失了，取而代之的是一种物的幻象。在技术产品构成人类生活的物品世界的时代，人们接触的不再是本真的自然物，而是被技艺或代码加工改造的人造物，它显示的不是宇宙的必然性，而是人的价值和需要的内涵"②。关于这一点，我们可以从现代主义艺术的有关研究中得到证实："在人与自然（包括人与大自然、人与本性、人与物质世界）的关系上，现代派同样表现出深刻怀疑和全面否定的态度。在现代派笔下，美丽的大自然消失了，它不再是独立的自在物，而成为人的意识的象征，如瓦雷里的'石榴'成了人的头脑的比喻，他的《海滨基因》中的大海也是人的意识的海洋。在英国诗人狄兰·托马斯看来，天空不过是一块尸布，地球不过是柴炭和灰烬的混合物，风景用自己的线条表明它只是一具巨大的骨骸。叶芝诗中的风景常常是指精神世界而非自然界的。从波德莱尔到王尔德，他们都异口同声地说，自然是丑的、恶的，只有人工（艺术品）才是美的、善的。有一作家

---

① 冯黎明：《技术化社会与文学的意义》，《江汉论坛》2005年第1期．
② 冯黎明：《技术化语境中的现代主义艺术》，中国社会科学出版社2003年，第31页。

甚至开玩笑地说，在一个家庭住宅中，只有厕所才是美的，因为它最人工化。到后现代主义，连前辈们所歌颂的艺术也反掉了"①。

人与自然的分裂，带来了人类家园感的丧失，根据现代人类学者的有关研究，"家园（home）"一词不是一个能够清晰界定的概念，但可以概括出三个层面的意涵："第一个层面是物理意义上的家园，包括空间位置和住房建筑；第二个层面是人在其中的活动，如对火的使用，对家中物品的管理和经营等；第三个层面是心灵上的庇护感和归宿感，是象征与体验的统一"②，在工业化的大都市，仅仅从建筑住房上来看，那些没有房屋的人就是无家可归者、漂泊者。但从时间、空间和环境意义上的家园来说，自然生态的家园才是"诗意栖居"的所在。对那些移民来讲，家园具有根、祖国和故乡的意义，乡愁是一种挥之不去的亘古情愫。在中国传统社会文化中，表达家园意识，往往与对家园自然环境深情书写密切联系在一起，《诗经》中有这样的名句："昔我往矣，杨柳依依；今我来思，雨雪霏霏。""杨柳"和"雨雪"的今昔对比，把家园变迁、睹物思人很形象地表达出来了。在中国古典诗歌中，以家园的自然景物，包括月亮、秋风、树木等，或游子沿途所见所闻的自然风物、自然景观来表达对故园深情思念的例子比比皆是，如王维《杂诗》："君自故乡来，应知故乡事。来日绮窗前，寒梅著花未？"李商隐《夜雨寄北》："君问归期未有期，巴山夜雨涨秋池。"最为经典的是元代马致远的《天净沙·秋思》："枯藤老树昏鸦，小桥流水人家，古道西风瘦马。夕阳西下，断肠人在天涯。"这里所有的自然之物，都浸透了诗人的家园情感，都是对故土文化的认同。

"在现代社会中，随着工业化、商品化和全球化的推进，人们在社会中的疏离感越来越强，似乎很难自我定位，因此开始怀念想象中那个美好的、稳定的、有序的过去的家园，乡愁的范式一度盛行。特纳（Bryan Turner）认为，作为社会文化的乡愁范式有四个主要维度：历史的衰退，黄金时代的家园（golden age of homefulness）的远去；个人整体性（personal wholeness）和道德确定性的失去；个体自由和自主性的迷失，以及真诚的社会关系的消失；单纯性、个人权威和自发情感的迷失。乡愁情绪是一种重要的当代文化，对乡村的、单纯的、传统的、稳定的、整合的文化缺失的感受，是在工业化、城镇化、资本主义文化和科层组织的影响下，人对自然和社会产生疏离而导致的。虽然乡愁反思具有典型的保守性，弥漫着很强的悲观主义色彩，但其对当代社

---

① 袁可嘉：《欧美现代派文学概论》，广西师范大学出版社 2003 年，第 49 页。
② 陈浩：人类学家园研究述评，《民族研究》2015 年第 2 期。

会进行反思和批判的力度是毋庸置疑的。"①

在现代工业社会，"生存的物化和商业化达到前所未有的程度，以至于物对人的异化消灭了人与稳定的自然世界的联系。充满变动性和大众化的商品构成了人的生存世界，在这个世界中，人找不到像大自然那样稳定而单纯的家园，身不由己地卷入商品的流行潮流中"②。特别是在现代大都市，人受到了"物的包围"，这在西方现代小说和荒诞派的戏剧中有很精彩的艺术表现，如卡夫卡的《城堡》《变形记》等小说，极力描写充满矛盾和扭曲的工业化社会中人的孤独、迷茫、惶惑与不安，遭受环境的压迫又无力反抗的荒诞境遇。19世纪末工业革命以来，西方的经济和社会环境发生了翻天覆地的变化。城市化、工业化、机械化的飞速发展，使得世界变得复杂而生疏，作为个体的人的疏离感、孤独感和无所适从的失落感也越发明显。工业化的后果之一，就是人类居住环境的城市化，生产方式的工业化和机械化，人类逐步远离初始的自然，从而生活在一个人工化的环境中。

三、文化理想或文化价值的丧失

农业文明进入工业文明，是人类社会发展的必然趋势，也是人类文明的自觉选择，在此过程中，科学技术发挥着重要的作用，成为第一生产力，被视为工业文明的标志和社会经济发展的动力和源泉，工业文明也被人称为技术文明。马克斯·韦伯认为科学技术在资本主义发展初期，在把握客观世界的真理，反对宗教，提高人们的物质生活质量和改善人们的物质生活条件方面，发挥了巨大的作用，具有价值理性；但随着资本主义的现代发展，工业化程度越来越高，人开始过度依赖科学技术及其产品的功能性，忽视了技术社会中人的存在与发展，从而最终变为一种工具的或技术的理性。价值理性逐渐丧失，工具理性开始凸显，科学技术逐渐把人变成"单面人"或"单向度的人"，因而造成了人的精神世界、价值理想的失落。马尔库塞在《马克斯·韦伯著作中的工业化与资本主义》一文中更加深刻地指出，随着资本主义及其现代科学技术的合理性的发展，"非理性成了理性：理性表现为生产率的疯狂发展，表现为对自然的征服和大宗商品的扩大（及它们对人口中广大阶层的可接近性）。说它是非理性，乃是因为生活质量的提高、对自然的支配和社会的福利来说快成了破坏性的力量。这种破坏不仅是比喻性的，如对所谓更高的文化价值的背

① 陈浩：人类学家园研究述评，《民族研究》2015 年第 2 期。
② 冯黎明：《后现代艺术中的不确定性》，《南方文坛》1997 年第 8 期。

叛；而且是实质性的"①。具体来说，在现代技术统治的时代，文化理想或者价值理性的丧失，表现在三个方面：

第一，文化理想或文化价值背景的丧失。有学者指出："对于个人来说，如果文化不再构成有意义的历史，如果经验与事件不再汇入文化的世代联系中，那么，生活的定向是不可能的。文化背景的丧失与个体同一性的丧失相互促成，因为个体表现出的目的性联系和总体性，只能在和文化的超越个体性的目的性的联系中形成"，在现代社会，文化理想受制于技术带来的网络系统，"技术网络的模式不是文化背景的模式。人们不能借此认识到文化联系的多样性，而且，文化也不可运用因果分析加以解释"②，也即是说，技术决定了我们的生活方式和认识世界的方式，人与社会都被"技术形态化"。关于这一点，国内也有学者明确指出：计算机技术为我们构筑了一个"非物质的社会"，人与人之间的联系靠代码，生物工程技术用"基因"这个概念，为我们构筑了一个认知生命的范式，同时，人们还生活在一个被技术物品包围着的陌生世界中，在这样的世界面前，人类找不到意义的根源，"技术物品大地化形成了一个高于、大于人的阐释视野的世界，由自然意象构成的代码系统以及在这个系统中形成的理解方式无法追问和领会生存世界的意义，这就必然导致主体与世界的裂缝甚至对抗"，"在技术物品大地化的时代，一方面是人更依赖技术物品，人的生存完全靠非自然化的工业品支配着，另一方面是人在技术物品面前的无奈，甚至被技术物品奴役，失去了掌握自己所创造的物品的能力"③。当人类面临着这样一个变幻不定的陌生世界时，作为意义主体自我的彻底丧失。

第二，现代技术造成了人的异化，而异化造成了人的文化理想或价值的丧失，人的生命则化为愚钝的物质力量。什么是异化？到目前为止，学术界有不同的意见，说法也不一致。陆梅林、程代熙在1984年主编的《异化问题》（上下）中就收集了苏俄以及欧洲哲学界关于异化问题的代表性著作52篇。其中值得我们注意的是马克思在《1844年经济学哲学手稿》中关于资本主义社会异化劳动的理论，马克思认为在资本主义机器大生产中，异化劳动最突出的表现就是人的价值的类本质的丧失："生产生活就是类生活，这是产生生命的生活，一个种的全部特性、种的类特性就在于生命活动的性质，而人的类特性恰

---

① ［美］马尔库塞：《现代文明与人的困境：马尔库塞文集》，李小兵等译，上海三联书店出版社，1989年，第83页。

② ［德］彼得·科斯洛夫斯基：《后现代文化：技术发展的社会文化后果》，毛怡红译，中央编译出版社，1999年，第78~79页。

③ 冯黎明：《技术化语境中的现代主义艺术》，中国社会科学出版社，2003年，第176页。

恰就是自由的有意识的活动。生活本身仅仅成为生活的手段。动物和自己的生命活动是直接同一的。动物不把自己同自己的生命活动区别开来。它就是自己的生命活动。人则使自己的生命活动本身变成自己意志的和自己意识的对象。他具有有意识的生命活动。这不是人与之直接融为一体的那种规定性。有意识的生命活动把人同动物的生命活动直接区别开来。正是由于这一点，人才是类存在物。或者说，正因为人是类存在物，他才是有意识的存在物，就是说，他自己的生活对他来说是对象。仅仅由于这一点，他的活动才是自由的活动。异化劳动把这种关系颠倒过来，以致人正因为是有意识的存在物，才把自己的生命活动，自己的本质变成仅仅维持自己生存的手段。"① 在这里，马克思深刻地指出了资本主义的异化使得人不能把"自己的生命活动本身变成自己意志的和自己意识的对象"，人的劳动丧失了"自由的活动"，人因而失去了自身存在的价值。在后来的文献中，马克思进一步生动指出："在我们这个时代，每一种事物好像都包含有自己的反面。我们看到，机器具有减少人类劳动和使劳动更有成效的神奇力量，然而却引起了饥饿和过度的疲劳。财富的新源泉，由于某种奇怪的、不可思议的魔力而变成贫困的源泉。技术的胜利，似乎是以道德的败坏为代价换来的。随着人类愈益控制自然，个人却似乎愈益成为别人的奴隶或自身的卑劣行为的奴隶。甚至科学的纯洁光辉仿佛也只能在愚昧无知的黑暗背景上闪耀。我们的一切发现和进步，似乎结果是使物质力量成为有智慧的生命，而人的生命则化为愚钝的物质力量。现代工业和科学为一方与现代贫困和衰颓为另一方的这种对抗，我们时代的生产力与社会关系之间的这种对抗，是显而易见的、不可避免的和毋庸争辩的事实。有些党派可能为此痛哭流涕；另一些党派可能为了要摆脱现代冲突而希望抛开现代技术；还有一些党派可能以为工业上如此巨大的进步要以政治上同样巨大的倒退来补充。可是我们不会认错那个经常在这一切矛盾中出现的狡狯的精灵。我们知道，要使社会的新生力量很好地发挥作用，就只能由新生的人来掌握它们，而这些新生的人就是工人。"② 马克思在这里运用唯物辩证法指出"每一种事物都包含有自己的反面"，技术进步也不例外，马克思列举了以下几种反面：一，机器在"减少人类劳动和使劳动更有成效"的同时，"却引起了饥饿和过度的疲劳"，这是机器对人的压榨。二，对社会财富的增长而言，新增长的社会财富成为社会"贫困的源泉"。三，技术的胜利是"以道德的败坏为代价换来的"，也就是说，技术

---

① 《马克思恩格斯选集》（第一卷），北京：人民出版社，1995年，第46页。
② 《马克思恩格斯选集》（第一卷），北京：人民出版社，1995年，第775页。

进步在带来新的社会财富的同时，也导致了社会道德的败坏。四，"随着人类愈益控制自然，个人却似乎愈益成为别人的奴隶或自身的卑劣行为的奴隶"，这一点是极其深刻的，人类实质的意义是，当人类失去自然的时候，也会失去人本身，成为他人或自我的奴隶。五，"物质力量成为有智慧的生命，而人的生命则化为愚钝的物质力量"，这是现代科技和人文学者普遍关注的话题，也是科技进步带给 21 世纪最重要的哲学难题之一。随着现代技术的进步，一方面大量的人工智能被发明和创造出来，它们具有人所不具备的"智慧生命"，具有人所不具备的完善的机械力量，及处理巨大数据运用的智慧力量，个体的人在这些人工智能面前往往显得渺小和愚钝。在现代化的工厂里，人的劳动往往被机器所控制，为机器所奴役，成为"机器人"；另一方面，人类高度依赖机器、现代计算机、移动设备等，从而产生新的生活方式和生存方式，人类不但不能离开技术，反而必须依赖技术及其产品，人们只需要它的使用功能即可，"而人的生命则化为愚钝的物质力量"，这是马克思关于劳动异化理论最深刻也是最具前瞻性的理论之一。有学者认为，"异化劳动理论是马克思自身思想变革的重要环节，该理论揭示了资本主义条件下人的片面发展和价值贬值的多重表现和内在根源，其关注的核心问题就是人的问题，包括人的价值、人的需要、人的解放以及人与自然的关系等问题"①。

第三，技术发展对传统文化的破坏特征。科学、技术是人类文化发展的产物，但现代科学技术革命对传统人类文化的影响是前所未有的。在现代科技革命的大潮中传统文化如何在革新和发展的同时又保持自身的底蕴和特色，是现代世界各国文化的使命和难题，特别是发展中国家和不发达国家面临技术对文化的冲击尤其深刻。一方面，这些国家面临最紧迫的任务是国家现代化，他们处于集中实现工业化的过程中，技术对传统文化造成的影响正在发生。另一方面，这些国家还来不及反省和评估技术对文化冲击的负面效果，也就是对传统文化的重要性还没有充分认识。而在现代欧美等发达国家，工业化早已经完成，发展经济、保护文化与重建文化得到有效的协调和发展，"资本主义是在从过去继承下来的体制背景中发展，然后它又尽可能逐渐调整这种体制使之适应工业发展的需要"②。所以，从现代世界来看，发达国家和发展中国家或不发达国家，技术对文化的作用在历史进程上，在影响的程度和规模上，以及对

---

① 姜迎春：《论马克思异化劳动理论的人学价值》，《南京师范大学学报》，2014 年第 2 期。

② ［法］让·拉特利尔：《科学和技术对文化的挑战》，吕乃基等译，商务印书馆，1997 上，第 66 页。

人们现实文化的存在方式上，是不一样的。早在 20 世纪 70 年代中期，法国哲学家和社会学家让·拉特利尔应联合国教科文组织之约而写作的《科学和技术对文化的挑战》一书中，就从五个重要的层面论述了科学和技术对文化的影响，即影响的机制、破坏效应、归纳效应、对伦理的影响、对美学的影响。下面我们来看看，他对破坏效应的有关论述。

让·拉特利尔认为，在发达资本主义国家，科学和技术对文化的破坏效应是"平稳地逐渐的发生，因而相对不为人注意。然而，它却是实在的，实际上人们至今尚未揭示它的全部后果"，而在发展中国家和不发达国家，其影响是前所未有的。让·拉特利尔把科学与技术对文化的破坏性特征比作"根除"。他认为，科学和技术对传统文化及其价值体系产生直接或间接的影响，现代科学和技术的分析方法对传统文化价值的宗教的或形而上学的意义产生了颠覆性的影响。在认识论的基础上，时间图景的变化也对文化的均衡产生了极为深远的影响。"因此，文化的破坏并不仅仅是从实践和理论上对传统、传统的权威和保证，对体现这一传统的各种语言形式的失效提出挑战，也不仅仅是对继承下来的规范以及所有信念和全部价值从根本上日益相对化提出系统的质疑，为深刻文化的破坏具有更为深刻的意义，它动摇了迄今为止人类成功地形成自身存在的基础，破坏了人类与其环境即宇宙中诸多因素之间，人类的历史和人类的内部世界之间某种已经建立起来的即使不那么完善的和谐"，以至于"通往意义之源的路已被切断"①。这可能是比较早的集中论述科学和技术对人类文化影响的专著，这样的论断在今天看来，也是崭新的，具有前瞻性的。

在国内，也有学者对此表达了类似的担忧。早在 1993 年，东南大学的叶明教授就发表了《论技术对文化的挑战》，叶明教授认为，科学对文化的挑战主要表现在两个方面，一是"冲击"，一是"引导"。其主要观点我们引述如下。根据一般对文化概念的界定，为了便于讨论，可以将文化系统分为三个层次：外围层次是以物质形式所反映出来的物质文化；中介层次是以各种形式的制度作为特定载体的制度文化；核心层次是以行为规范和价值观念为内容的观念文化。文化结构的三个层次在价值分布上，从外围走向中介，再走向核心，价值密度逐渐增加。当技术的影响作用于文化时，首先反映在文化的物质层次上（文化的外围），这不仅意味着人类文化外围的丰富，而且它还渗透到其他文化要素层次之中，从而形成新的文化因素。技术对文化外围层次的直接影响

---

① ［法］让·拉特利尔：《科学和技术对文化的挑战》，吕乃基等译，商务印书馆，1997 年，第 79～80 页。

与渗透能力是非常有限的，且容易被文化所吸收和接纳，这是因为技术具有先进性和实用性。这是第一个层面。第二个层面是技术逐渐影响到文化的制度层次。技术对文化的挑战，在越过物质层次之后就开始进入制度文化的层面，其主要表现为技术进步需要一定的制度文化作为保证。在技术现代化过程中，必然需要专利制度、创新制度、风险投资制度及相应法规、政策给予切实的保障，否则，无论高技术追踪、开发，还是面向经济建设主战场，都会受到旧体制的束缚与阻挠而难以有较大的发展。最后，文化的观念层次才会随之发生变化，文化变迁的社会过程也就出现了。技术对文化的挑战的核心内容就是观念文化的革命，在更深层次上产生强烈"冲击"与积极"引导"作用，不仅改变了文化的基本内容，在文化中引入新的知识要素和新的实践方式，而且深刻地改变了文化的内核与基础，为文化的变迁提供统一原则与内在机制，由此而引起文化的剧烈震荡与不断变更，这就是技术对文化的挑战。

我们认为，这样的论述是可信的。技术对文化的"冲击"，或者说现代科学技术对文化的至深影响，从物质层面到文化制度层面，再到文化的观念层面，这既是宏观的，也是从哲学深层次上来展开的。同时，技术对文化的挑战还不仅仅表现在这里，还表现在很多微观的层面，比如日常生活的层面，技术从器物化到新的知识要素和新的实践方式，"深刻地改变了文化的内核与基础，为文化的变迁提供统一原则与内在机制，由此而引起文化的剧烈震荡与不断变更"。这往往不仅是文化工具的更新，人类认识论的改变，还直接影响到文化观念、价值结构、生产生活方式、知识基础，等等，从而引起知识和科学的范式革命。吕乃基在《21世纪科学技术对文化的影响》一文中认为，21世纪科学将形成不同于默顿规范的新规范，那就是在各分支、各行业、各领域之间的宽容、理解与协作、创新，以及自律与他律，形成新的科学精神："21世纪科技对文化的影响归结为'块'的消融，个体的显现，以及整体的形成。'块'的消融包含两个方面，一方面是在地理上民族、区域文化的消融，另一方面是在内容上各门类间如科技、政治、经济、艺术等彼此间边界模糊，相互渗透、消融。个体的显现，也就是把普遍的、抽象的科学理性融入具体的、社会的、文化的、心理的现实中，是理性的'语境化'。在此意义上，如果说'块'的消融是根除，那么个体的显现就是寻根。"[①] 马尔库塞认为，资本主义工业社会的发展使得它的生产力破坏了人类的需要和人的能力的发展，"发达工业社会是一个单向度的社会，是一个极权主义社会。不过，它是一个新型的极权主

---

① 吕乃基：《21世纪科学技术对文化的影响》，《东北大学学报》，2001年第1期。

义社会。因为，造成它的极权主义性质的主要不是恐怖与暴力，而是技术的进步。技术的进步使发达工业社会对人的控制可以通过电视、电台、电影、收音机等传播媒介而无孔不入地侵入人们的闲暇时间，从而占领人们的私人空间，技术的进步使发达工业社会可以在富裕的生活水平上，让人们满足于眼前的物质需要而付出不再追求自由、不再想象另一种生活方式的代价，技术的进步还使发达工业社会握有杀伤力更大的武器：火箭、轰炸机、原子弹、氢弹……"[1] 这些担忧不是过度的，而是现实的，是摆在人类文明发展面前的紧迫任务和难题。国内外的学者已经做了很多有益的研究，工业文明带来的技术进步，带来了人类文明的飞跃，但也带来了不可估量的负面影响，这就需要一种新的文明发展理念以便适应未来社会可持续发展的文明形态。正如部分学者指出的那样："过度的工业化不仅严重破坏了人类赖以生存的自然环境，也使人类自身的社会环境受到了伤害和冲击。这种异化现象的产生，深刻暴露出了以工业为主体的社会发展模式与人类的环境要求之间的矛盾，以一种后现代的方式将人与环境的关系问题尖锐地提交给了全人类，人类文明要想继续发展，就需要改变人对自然作用的生产方式，向寻求人与自然和谐的生态化方向发展。正是在人类社会面临生态环境危机和发展困境的现实条件下，新的生态文明萌生于工业文明的母体中。"[2]

四、生态文明必将代替工业文明

我们上面只谈了工业文明带来的困境，同时，我们也还要看到工业文明带来的诸多好处，或者说，工业文明本身没有好坏对错，问题的根源在于我们在工业文明时期所采用的工业化生产方式和生活方式，带来了人类生存环境的持续恶化，使得我们不得不重新思考我们的发展方式。三百多年的工业文明发展，带来了人类物质财富的繁荣和社会生产力的巨大进步，今天的生产、生活方式都是工业文明的直接发展成果。MBA 智库对"工业文明"的界定，也值得我们研究："工业文明是指工业社会文明亦即未来学家托夫勒所言的第二次浪潮文明，是以工业化为重要标志、机械化大生产占主导地位的一种现代社会文明状态。它贯穿着劳动方式最优化、劳动分工精细化、劳动节奏同步化、劳动组织集中化、生产规模化和经济集权化等六大基本原则。其主要特点大致表现为工业化、城市化、法制化与民主化、社会阶层流动性增强、教育普及、消

---

① 刘继：《单向度的人·译者的话》，上海译文出版社，1989 年，第 2 页。
② 徐春：《生态文明在人类文明中的地位》，《中国人民大学学报》2010 年第 2 期。

息传递加速、非农业人口比例大幅度增长、经济持续增长等。迄今为止，工业文明是最富活力和创造性的文明。"① 党的十八大报告中，国家从战略层面上将"加快实现农业现代化，并充分发挥信息化对工业化、城镇化和农业现代化的支撑作用，实现工业化、城镇化、农业现代化和信息化协调发展"，即"四化同步"作为新时期现代化发展的思路。我国自改革开放以来的工业化道路，一直坚持走中国特色的新型工业化道路，党的十六大提出了新型工业化的道路，所谓新型工业化，就是坚持以信息化带动工业化，以工业化促进信息化，就是科技含量高、经济效益好、资源消耗低、环境污染少、人力资源优势得到充分发挥的工业化。新型工业化道路所追求的工业化，不是只讲工业增加值，而是要做到"科技含量高、经济效益好、资源消耗低、环境污染少、人力资源优势得到充分发挥"，并实现这几方面的兼顾和统一，这是新型工业化道路的基本标志和落脚点。侯彦峰、杨文选在《中国新型工业化道路的科学内涵和基本特征》一文中认为，从世界工业化的进程看，中国新型工业化具有四个方面的丰富科学内涵：（1）新型工业化道路是以信息化带动工业化，工业化促进信息化，实现跨越式发展的工业化。（2）新型工业化道路是集约型、内涵式发展的工业化。（3）新型工业化是同可持续发展战略相结合的工业化。（4）新型工业化是充分发挥人力资源优势的工业化。② 我们现阶段的工业化主要有两个重要特征：一是可持续性，二是信息化。其中，可持续性包括环境的可持续发展，这就与以往的工业化有着根本的不同。党的十八大对实现新型工业化采取的措施是实施创新驱动发展战略。科技创新是提高社会生产力和综合国力的战略支撑，必须摆在国家发展全局的核心位置。要坚持走中国特色自主创新道路，以全球视野谋划和推动创新，提高原始创新、集成创新和引进消化吸收再创新能力，更加注重协同创新。深化科技体制改革，推动科技和经济紧密结合，加快建设国家创新体系，着力构建以企业为主体、市场为导向、产学研相结合的技术创新体系。加快新技术、新产品、新工艺的研发应用，加强技术集成和商业模式创新。加快形成新的经济发展方式，把推动发展的立足点转到提高质量和效益上来，着力激发各类市场主体发展新活力，着力增强创新驱动发展新动力，着力构建现代产业发展新体系，着力培育开放型经济发展新优势，使经济发展更多依靠内需，特别是消费需求拉动，更多依靠现代服务业和战略

① MBA 智库百科：《工业革命》，http：//wiki. mbalib. com/wiki/%E5%B7%A5%E4%B8%9A%E6%96%87%E6%98%8E。

② 侯彦峰、杨文选：《中国新型工业化道路的科学内涵和基本特征》，《生产力研究》2013 年第 6 期。

性新兴产业带动，更多依靠科技进步、劳动者素质提高、管理创新驱动，更多依靠节约资源和循环经济推动，更多依靠城乡区域发展协调互动，不断增强长期发展的后劲。在我国新型工业化发展中，生态文明建设处于突出的地位，可以说贯穿了新型工业化的全部过程，从而实现生态文明与新型工业化的融合。

工业化是一个国家走向现代化的标志，新型工业化的发展是我国走向生态文明建设的主要途径和手段，可以这样说，工业化是手段和途径，生态文明是福祉和归宿。在我国这样一个发展中大国，工业化基础相对落后，在尚未完成工业化的条件下建设生态文明，一方面经济社会发展的任务艰巨而复杂，一方面要节约成本，实现环境保护，所以我国的生态文明建设与工业化之间的矛盾看起来比较突出，但如果我们领会了新型工业化的内涵，走绿色发展、循环发展、低碳发展的道路，形成节约资源和保护环境的空间格局、产业结构、生产方式、生活方式，从源头上扭转生态环境恶化的趋势，实现城乡一体化统筹发展，这就为工业化生产和产业结构转型升级指明了方向和路径，将我国实体经济发展推向精致化、高端化、服务化、信息化之路，进而推动工业文明与生态文明融合发展。2016 年 12 月 2 日全国生态文明建设工作推进会在浙江湖州举行，习近平总书记强调，要深化生态文明体制改革，尽快把生态文明制度的"四梁八柱"建立起来，把生态文明建设纳入制度化、法治化轨道。要结合推进供给侧结构性改革，加快推动绿色、循环、低碳发展，形成节约资源、保护环境的生产生活方式，着力解决生态环境方面的突出问题，依靠全社会的共同努力，促进生态环境质量不断改善，让人民群众不断感受到生态环境的改善。生态文明是人类文明的一种高级形态，不仅仅是单纯的节能减排、保护环境的问题，而是要融入经济建设、政治建设、文化建设、社会建设各方面和全过程。它以尊重和保护自然、重视包括自然和人类社会在内的全面生态发展为前提，以顺应自然规律，实现人与人、人与自然和谐共生为宗旨，以建立可持续的生产方式和消费方式为内涵，以引导人类走上持续、和谐的发展道路为着眼点。党的十八大将生态文明建设与经济建设、政治建设、文化建设、社会建设并列，"五位一体"地建设中国特色社会主义，显示了中国特色社会主义事业总体布局的变化，中国特色社会主义新型工业化面对资源约束趋紧、环境污染严重、生态系统退化的严峻形势，把生态文明建设放在突出地位，树立尊重自然、顺应自然、保护自然的生态文明理念，融入经济建设、政治建设、文化建设、社会建设各方面和全过程，努力建设美丽中国，实现中华民族永续发展。

第二节　生态文明提出的背景及意义

在人类文明的发展进程史上，工业文明的发展模式基本上是以消耗自然资源，"向大自然宣战"，"征服大自然"为内在理念的。特别是20世纪以来的工业发展，农药等化工产品被大规模使用，自然资源被肆意开采，各种危机相继出现。特别是由于环境污染带来的威胁人类健康与安全的事件引起了社会的广泛关注，环境问题成为世界各国面临的最紧迫、最严重的问题之一，并因此被提上议事日程。

一、国外生态文明提出的背景

生态文明建设问题的提出有其深刻的国际国内背景，我们先来看国际方面的情况。据现在有关生态文明的研究统计资料表明，环境问题受到关注是在20世纪60年代初期。1962年，美国作家蕾切尔·卡逊出版了《寂静的春天》，该书主要描述了美国农业当时大量使用杀虫剂带来的危害及潜在的威胁。但该书的出版引起了农药生产企业与经济部门的猛烈攻击，包括美国《时代周刊》在内的媒体也对该书及其作者进行了激烈的批评。该争论的影响颇大，导致时任美国总统的肯尼迪专门成立了一个特别委员会，对《寂静的春天》所涉及的环境问题展开调查。该委员会证实，卡逊对农药潜在危害的警告是正确的。因此，美国国会立即召开听证会，而美国第一个民间环境组织也由此应运而生。同时，美国成立了环境保护局，开始关注工业化带来的环境问题。由于《寂静的春天》的影响，仅至1962年底，已有40多个提案在美国各州通过立法以限制杀虫剂的使用。曾获诺贝尔奖奖金的DDT和其他几种剧毒杀虫剂终于从生产与使用的名单中被彻底清除。之后，欧美发达资本主义国家更多的环保法令和行动得以实施，环境问题日益得到关注。与此相反，发展中国家环境问题往往让位于经济发展，人们常常徘徊在"是要环境还是要经济发展"这样的问题面前。而事实上，包括发达国家在内的由于环境问题引发的事件不断发生，环境危害正由局部向更广大的区域甚至全球扩展。世界卫生组织发表的有关数据表明，全球每年数百万人的死亡与环境污染密切相关。最新的数据来自2016年3月，根据"自然母亲网站报道，目前，世界卫生组织（WHO）最新研究报告指出，近年以来，巴黎、北京等城市出现了长期空气污染，这种空气污染程度对人体健康构成的危害远超出人们的预期，基于全球数据分析，大约全球四分之一死亡人数是由于生活和工作在不健康的环境"①。在《寂静的春天》中文译本序中，译者指出："我们所面临的困境不是由于我们无所作为，而是我们尽力做了，但却无法遏制环境恶化的势头。这是一个信号，把魔鬼从瓶子里放出来的人类已失去把魔鬼再装回去的能力。愈来愈多的迹象表明，环境问题仅靠发明一些新的治理措施、关闭一些污染源，或发布一些新法令是解决不了的；环境问题的解决植根于更深层的人类社会改革中，它包括对经济目标、社会结构和民众意识的根本变革。"② 但我们认为，环境问题的解决，除了这种更深层的人类社会改革之外，首先要有一种新的发展理念，也就是说，工业化的发展模式必须得到有效的遏制，而重视环境保护和生态建设的可持续发展生态文明必须得到有效的发展。

卡逊的思想如今得到了认同，从 20 世纪七八十年代开始，随着全球环境污染的进一步恶化和各种由于环境问题引发的危机，世界范围内的环境保护运动蓬勃兴起。在这种情况下，联合国人类环境会议于 1972 年 6 月 5 日至 16 日在斯德哥尔摩举行。考虑到需要取得共同的看法和制定共同的原则以鼓舞和指导世界各国人民保持和改善人类环境，会议通过了环境保护的七大原则和 26 条共同信念，这就是《人类环境宣言》。它指出："现在已达到历史上这样一个时刻：我们在决定在世界各地的行动时，必须更加审慎地考虑它们对环境产生的后果。由于无知或不关心，我们可能给我们的生活和幸福所依靠的地球环境造成巨大的无法挽回的损害。反之，有了比较充分的知识和采取比较明智的行动，我们就可能使我们自己和我们的后代在一个比较符合人类需要和希望的环境中过着较好的生活。改善环境的质量和创造美好生活的前景是广阔的。我们需要的是热烈而镇定的情绪，紧张而有秩序的工作。为了在自然界里取得自由，人类必须利用知识在同自然合作的情况下建设一个较好的环境。为了这一代和将来的世世代代，保护和改善人类环境已经成为人类一个紧迫的目标，这个目标将同争取和平、全世界的经济与社会发展这两个既定的基本目标共同和协调地实现。"③ 这份《人类环境宣言》揭开了全人类共同保护环境的序幕，会议通过的 26 条共同信念，成为尔后世界环境保护的指南针。

在联合国和世界各国环境保护组织的推动下，各国政府组织相继发布了各

---

① 全球四分之一死亡人数与污染和环境恶化有关，参见：http://tech. qq. com/a/20160322/012302. htm.

② 蕾切尔·卡逊：《寂静的春天》译序，吕瑞兰、李长生译，吉林人民出版社，1997 年，第 4 页。

③ 《人类环境宣言》，《石油化工环境保护》1993 年第 2 期。

种环境保护声明、宣言或公约，涉及环境与社会经济发展的诸多领域，如《关于森林问题的原则声明》《里约环境与发展宣言》《保护臭氧层维也纳公约》《保护世界文化和自然遗产公约》《濒危野生动植物物种国际贸易公约》《关于消耗臭氧层物质的蒙特利尔议定书》《控制危险废物越境转移及其处置巴塞尔公约》《气候变化框架公约》《生物多样性公约》《大陆架公约》等，签订了有关森林问题，气候变化，野生动植物与文化，自然遗产保护，海洋污染，探索和利用包括月球和其他天体在内的外层空间活动的原则，禁止发展、生产和储存细菌（生物）及毒素武器和销毁此种武器的公约，以及核事故或辐射紧急情况援助公约，核事故及早通报公约，等等，环境保护的层面和范围在不断地扩大和细化。

即便如此，环境污染引发的危害人类安全和福祉的事件并没有停止，环境问题成为全球性的问题。为此，联合国在1989年12月举行的第85次大会上，提交了《关于召开环境与发展大会的决议》，该决议指出："深为关切环境状况继续恶化，全球生命维持系统严重退化，而目前趋势如任其继续下去则可能破坏全球生态平衡、危害地球维持生命的特质、导致生态灾难，因此认识到采取果断、紧急的全球行动对保护地球的生态平衡极端重要，认识到保护和改善环境对所有国家的重要性，又认识到各种环境问题，包括气候变化、臭氧层耗竭、越界空气污染和水污染、海洋污染，以及包括干旱和沙漠化在内的土地资源退化，都是全球性问题，需要在包括全球、区域和国家所有各级采取行动，由所有国家承担义务参与解决；严重关切全球环境不断恶化的主要原因是无法长久维持的生产和消费型态，特别是工业国家的生产和消费型态。"这里有几个问题值得关注：第一，环境保护和维护整个地球生态平衡的极端重要性。第二，环境问题上升为全球性问题。第三，环境问题是世界各国都面临的问题。第四，最重要的是指出了环境恶化的主要原因是"无法长久维持的生产和消费型态，特别是工业国家的生产和消费型态"。在这份决议中，共列举了九个不分先后的非常重要的环境问题：（1）通过同气候变化、臭氧层耗损和跨国界空气污染进行斗争来保护大气；（2）保护淡水资源的质量和供应；（3）保护大洋和各种海域，包括封闭和半封闭海域以及海岸地区，保护、合理利用和开发其生物资源；（4）通过包括制止砍伐森林、防治沙漠化和旱灾在内的手段保护和管理土地资源；（5）保护生物多样状态；（6）生物工艺学的无害环境处理；（7）对废料，特别是有害废料和有毒化学品进行无害环境的管理，并防止有毒和危险产品和废料的非法国际贩运；（8）通过施行城乡综合发展方案，以消除贫穷的方式，改善城市贫民窟和农村地区贫民的生活和工作环境，并在所有必要级别采取其他恰当措施，以阻止环境恶化；（9）保护人类卫生条件和改善生活素质。这份决议确立了环境保护的目标和各国应该采取一致行动的基本框架，成为环境保护的重要文献。

到了20世纪90年代，环境问题成为国际政治经济新秩序的重要内容，1992年，联合国环境与发展大会首脑会议通过了20多万字的《21世纪议程》，它为我们提供了一个面向21世纪的宏伟蓝图，它涉及与地球持续发展有关的所有领域："《21世纪议程》的含义是，需要全人类改变他们的经济活动——根据人们关于人类活动对环境的影响的新认识的改变。"《21世纪议程》确立的基本思想是"人类正处于历史的抉择关头。我们可以继续实施现行的政策，保持着国家之间的经济差距；在全世界各地增加贫困、饥饿、疾病和文盲；继续使我们赖以维持生命的地球的生态系统恶化。不然，我们就得改变政策。改善所有人的生活水平，更好地保护和管理生态系统，争取一个更为安全、更加繁荣的未来。……全球携手，求得持续发展"①。从这里，我们可以看出，整个国际社会对环境和生态保护日益重视，世界各国开始根据本国实际开展环境和生态保护工作，并在此基础上展开国家合作，"只有一个地球"成为一个时代的最强音符。在国外，我们可以看出，生态文明的提出，是与环境问题日益威胁人类安全密切相关的，经济发展带来的不仅仅是社会的发展，如果同时没有环境和生态保护的同步发展，只能带来整个地球生态环境的恶化和世界各地不断增加的贫困、饥饿和疾病。

二、我国生态文明建设提出的背景

我国生态文明概念的提出，有着鲜明的中国特色，它经历了一个漫长的过程。中华人民共和国成立之后，工业基础十分薄弱，工业化水平低，国家急需要发展工业，以改善人们的生活水平。当时的工业化程度很低，工业发展还未对环境形成真正意义上的生态危机。以毛泽东为核心的第一代领导人在社会主义改造和社会主义建设中，注重保护自然资源，兴修水利工程，控制人口增长等，特别在兴修水利工程方面，有效地治理了水患，在保护人民群众生命财产安全方面，发挥了巨大的作用，很多水利工程，在当今仍然发挥着不可低估的重要作用。

改革开放初期，我国面临的主要任务是恢复经济、发展工农业生产，实现

---

① 万以诚选编：《新文明的路标》，吉林人民出版社，2000年，第43页。

国家的现代化。1979 年 9 月，全国人大常委会就通过了《环境保护法（试行）》。《环境保护法（试行）》明确指出"本法所称环境是指：大气、水、土地、矿藏、森林、草原、野生动物、野生植物、水生生物、名胜古迹、风景游览区、温泉、疗养区、自然保护区、生活居住区等"。这部改革开放初期的环境保护法规，对上述环境问题有较为明确的规定，如第二章在保护自然环境方面，就列出了六条非常具体的法规。在农业土地方面，强调"因地制宜地，合理使用土地，改良土壤，增加植被，防止土壤侵蚀、板结、盐碱化、沙漠化和水土流失。开垦荒地、围海围湖造地、新建大中型水利工程等，必须事先做好综合科学调查，切实采取保护和改善环境的措施，防止破坏生态系统"。在开发矿藏资源方面，明确要求"必须实行综合勘探、综合评价、综合利用，严禁乱挖乱采，妥善处理尾矿矿渣，防止破坏资源和恶化自然环境"。

由于我国是一个农业大国，土地和荒山的过度开垦，导致特别是西北、华北、东北的一些地方水土流失、土地沙化特别严重，植树造林，恢复自然生态成为当时最为迫切的任务。国家鼓励植树造林和绿化祖国的活动，党和国家领导人亲自参与植树造林活动。邓小平同志在 1982 年 11 月为全军植树造林总结经验表彰先进大会上的题词"植树造林，绿化祖国、造福后代"成为环境保护的口号，具有重要的时代意义。不但如此，在邓小平的直接关心和高度重视下，我国在西北、华北、东北等风沙危害和水土流失严重的地区建设"三北"防护林工程。从 1978 年建成投入使用至今，"三北"防护林工程改善了我国的生态环境。从 20 世纪 90 年代末起，全国范围内持续开展天然林保护工程、退耕还林工程，"三北"、长江等重点地区的防护林体系工程，京津风沙源治理等防沙治沙工程，野生动植物保护及自然保护区建设工程，湿地保护与恢复工程等 20 多项重大生态治理工程逐步实施。其范围之广、投资之巨、力度之大、影响之深，堪称世界环保工程之最。尽管如此，我国大江大河的洪水每年给国家和人民带来巨大的经济损失仍不可小觑，特别是 1998 年长江、嫩江、松花江等流域爆发了百年一遇的洪水，据百度百科的初步估算，"包括受灾最重的江西、湖南、湖北、黑龙江四省，全国共有 29 个省（区、市）遭受了不同程度的洪涝灾害，受灾面积 3.18 亿亩，成灾面积 1.96 亿亩，受灾人口 2.23 亿人，死亡 4150 人，倒塌房屋 685 万间，直接经济损失达 1660 亿元"①。2016 年

---

① 参见：http：//baike.baidu.com/link? url=6agpOBEJnuE3dl1Wi8k1rgsnRxi9G8uNYNUaPRj3SiXU91gf06Gp4bsi5I7QUpt4K17iCpc4Kkg3Q3Zs7tx6b_。

6月至8月，从中国西南东部至江淮一带，四川、重庆、贵州、江西、安徽、浙江、湖北、湖南等地部分地区出现了暴雨到大暴雨，洪涝灾害已经殃及大半个中国。据中国网报道，2016年以来全国14省（区、市）遭遇暴雨，共573县遭受洪涝灾害，受灾人口近900万人，农作物受灾面积达800多万亩，直接经济损失超138亿元。这样的恶劣天气和脆弱的自然生态，每年都给国家和人民的财产带来巨大的损失，这就不得不迫使我们思考我们的自然生态环境，环境保护到了刻不容缓的地步。

改革开放以来，工业的发展，也给环境带来巨大的破坏。我们以国家环保部发布的《中国环境状况公报》中的一些数据来具体看看工业污染对大气和水资源的影响。下面，我们以1991年和2006年发布的数据为例，来做个简要的对比。

1991年发布的《中国环境状况公报》指出：

（1）大气方面。1991年全国城市大气污染仍呈煤烟型污染，全国废气排放量为10.1万化标立方米（不包括乡镇工业，下同）。废气中烟尘排放量为1314万吨，与上年基本持平，其中火电厂排放364万吨；二氧化硫排放量为1622万吨，比上年增长8.6%，其中火电厂排放460万吨；工业粉尘排放量为579万吨，比上年下降25.9%。1991年，酸雨仍限于局部地区，本年度降水中出现过酸雨的城市比上年度增长7.8%。

（2）水资源方面。1991年，废水排放仍以工业为主，废水中有机污染物增加，重金属和有毒物质基本得到控制或有所下降。全国废水排放总量为336.2亿吨（不包括乡镇工业，下同），比上年下降7.9%，其中工业废水排放量为235.7亿吨，比上年下降5.2%。工业废水中化学需氧量为718万吨，比上年增长1.4%；重金属排放量为1836吨，比上年下降16.1%；砷排放量为1127吨，比上年下降8%；氰化物排放量为4666吨，比上年增长19.9%；挥发性酚排放量为7863吨，比上年下降15.7%；石油类排放量为68353吨，比上年增长2.7%。1991年，全国大江大河干流的水质尚好，但是流经城市的河段污染较重。

（3）城市噪声方面。1991年，城市的区域环境噪声污染仍十分严重，监测的49个城市平均等效声级均在55分贝（A）以上，其中16个城市高干60分贝（A）。城市各功能区噪声超标现象严重，监测的35个城市中，特殊住宅区的噪声超标率为100%，居民文教区的噪声超标率为97%，一类混合区的噪声超标率为82%。监测的32个城市中，有20个城市的交通干线两侧区域噪声平均超过70分贝（A）。在城市噪声源中，交通噪声占31%，生活噪声占

41％，工业和其他噪声占 28％。

（4）工业固体废物方面。1991 年，全国工业固体废物产生量为 5.9 亿吨（不包括乡镇工业，下同），比上年增长 1.7％；工业固体废物排放量为 0.3 亿吨，比上年下降 29.2％，其中排入江河的有 0.1 亿吨，与上年持平。

（5）污染事故方面。1991 年，全国共发生污染事故 3038 起，比上年下降 12.2％；其中，废水污染事故 1816 起，废气污染事故 962 起，固体废物污染事故 85 起，噪声污染事故 24 起。据 16 个省、市统计，经济损失在万元以上的渔业污染事故有 251 起，直接经济损失约 1.4 亿元，其中养殖业损失占 73％，天然水产资源损失占 27％。

2006 年发布的《中国环境状况公报》指出：

（1）2006 年，二氧化硫排放量为 2588.8 万吨，烟尘排放量为 1078.4 万吨，工业粉尘排放量为 807.5 万吨。

（2）2006 年，全国地表水总体水质属中度污染。在国家环境监测网（简称"国控网"）实际监测的 745 个地表水监测断面中（其中，河流断面 593 个，湖库点位 152 个），Ⅰ～Ⅲ类，Ⅳ、Ⅴ类，劣Ⅴ类水质的断面比例分别为 40％、32％和 28％。主要污染指标为高锰酸盐指数、氨氮和石油类等。

（3）区域环境噪声。全国开展区域环境噪声监测的 378 个市（县）中，城市区域声环境质量为好的城市有 19 个（占 5.0％）、较好的城市 241 个（占 63.8％）、轻度污染的城市 111 个（占 29.3％）、中度污染的城市 6 个（占 1.6％）、重度污染的城市 1 个（占 0.3％）。

（4）2006 年，全国工业固体废物产生量为 15.20 亿吨，比上年增加 13.1％；工业固体废物排放量为 1303 万吨，比上年减少 21.3％。工业固体废物综合利用量为 9.26 亿吨。

从上面国家环保部发布的权威数据来看，工业的发展，在大气污染、水资源污染、城市噪声污染和工业废弃物污染方面问题突出，环境问题日益成为制约国家经济社会可持续发展的突出问题。2006 年 4 月，胡锦涛总书记与首都各界群众代表一起参加义务植树活动，并强调要持之以恒地抓好生态环境保护和建设工作，切实为人民群众创造良好的生产生活环境。2006 年 4 月 17 日，国务院在北京召开第六次全国环境保护大会，温家宝总理出席并发表重要讲话，强调要把环境保护摆在更加重要的战略位置，以对国家、对民族、对子孙后代高度负责的精神，切实做好环境保护工作，推动经济社会全面协调可持续发展。一切从实际出发，是我们党提出新理论的基本原则和方法论，经过长期的思考和探索，经济发展必须与环境保护协调一致，整个社会才能实现可持续发展。发展可持续的生态型经济成为全党和全社会的共识,生态文明的概念呼之欲出。2007年党的十七大报告中,胡锦涛总书记第一次明确提出:"建设生态文明,基本形成节约能源资源和保护生态环境的产业结构、增长方式、消费模式。循环经济形成较大规模,可再生能源比重显著上升。主要污染物排放得到有效控制,生态环境质量明显改善。生态文明观念在全社会牢固树立。"①"坚持生产发展、生活富裕、生态良好的文明发展道路,建设资源节约型、环境友好型社会,实现速度和结构质量效益相统一、经济发展与人口资源环境相协调,使人民在良好生态环境中生产生活,实现经济社会永续发展。""生态文明"成为十七大报告的一个亮点,也是我们全面实现小康社会的五大目标之一,"经济发展,生活富裕、生态良好的文明发展道路"成为我国社会主义现代化建设的新方向和新目标。

2012年党的十八大报告中,生态文明建设成为最重要的内容之一,在报告第八部分单篇论述"大力推进生态文明建设",把生态建设与经济、政治、文化、社会建设确定为"五位一体"的总布局,这是在我们党提出物质文明、精神文明的"两个文明"建设;经济、政治、文化建设的"三位一体"和党的十七大提出经济、政治、文化、社会"四位一体"的基础上逐步完善起来的。在十八大报告中,胡锦涛同志说,建设生态文明,是关系人民福祉、关乎民族未来的长远大计。良好生态环境是人和社会持续发展的根本基础,面对资源约束趋紧、环境污染严重、生态系统退化的严峻形势,必须树立尊重自然、顺应自然、保护自然的生态文明理念,把生态文明建设放在突出地位,着力推进绿色发展、循环发展、低碳发展,促进生产空间集约高效、生活空间宜居适度、生态空间山清水秀;不断优化国土空间开发格局,全面促进资源节约,加大自然生态系统和环境保护力度,加强生态文明制度建设,加强生态文明宣传教育,增强全民节约意识、环保意识、生态意识,从源头上扭转生态环境恶化趋势,为人民创造良好生产生活环境,建设美丽中国,实现中华民族永续发展。

十八大以来,习近平总书记系列重要讲话精神高度重视生态文明建设,先后60余次提到生态文明建设,形成了"生态兴则文明兴,生态衰则文明衰"为核心的生态文明思想体系,并将生态文明建设与经济建设、政治建设、文化建设、社会建设有机整合为"五位一体"的战略布局。习近平强调生态文明建设一定要树立"尊重自然、顺应自然、保护自然"的生态文明理念,构建文明

---

① 《十七大报告指出:要"建设生态文明,基本形成节约能源资源和保护生态环境的产业结构、增长方式、消费模式"》,https://max.book118.com/2015/0525/17662279.shtm.

与生态之间的良性互动模式，这与中国传统自然观中的"天人合一""道法自然"等思想高度契合。习近平的生态文明思想提出以人为本，体现出其生态文明思想的民生本质："建设生态文明，关系人民福祉，关乎民族未来"，"良好的生态环境是最公平的公共产品，是最普惠的民生福祉"。他明确提出了生态文明与生产力之间的关系，"破坏生态环境就是破坏生产力，保护生态环境就是保护生产力，改善生态环境就是改善生产力"，这是对马克思主义生产力理论的重大发展。李全喜在《习近平生态文明建设思想的内涵体系、理论创新与现实践履》一文中认为："习近平生态文明建设思想解析了生态兴衰与文明变迁的关系、揭示了生态环境的历史唯物主义本质，指出了生态文明建设的终极价值取向，分析了生态文明建设的理念思路、切入点、制度后盾、系统合作等实践问题。习近平生态文明建设思想继承并发展了马克思恩格斯人与自然和谐的思想，传承了中国传统文化中的生态智慧，深化了对社会发展规律的认识，创新了新时期党的执政理念。贯彻习近平生态文明建设思想，需要做好顶层设计与部署、加强制度体系建设、培育和弘扬生态文化、密切注重系统合作。"①

三、生态文明提出的重要意义

生态文明的提出，具有重要的理论意义和现实意义。人与自然的关系问题一直都是哲学研究的基本问题，有学者指出：每一文明形态都有其特定的人与自然的关系意识，并且，这种意识渗透到人类活动的各个领域，在某种程度上支配着文明的兴衰。现代工业文明建立在"人是自然的主人"这种哲学思想基础上，人对自然进行无限度的"控制""征服"与索取，以满足自己不断增长的物质需求。生态文明理论则认为，人是自然的一员，人与自然应当和谐相处、协调发展。人属于自然界，存在于自然界，因此对自然界具有根本的依赖性，人的一切活动都要充分尊重自然规律；自然资源是有限的，人类对自然资源的利用应以资源的增殖为前提，否则，自然资源必然会日趋衰竭，人类会因此而失去生存的基础。② 从理论上来看，生态文明理论的提出，第一，整个人类社会对工业文明的反思，是对自从工业革命以来的生产方式、生活方式、发展理念以及文明发展之路的重新审视和批判。第二，从哲学上动摇了我们对科学技术的迷信和人类前景的无限忧思，科学技术是一把双刃剑，给我们带来好

---

① 李全喜：《习近平生态文明建设思想的内涵体系、理论创新与现实践履》，《河海大学学报》2015 年第 6 期。

② 申曙光：《生态文明及其理论与现实基础》，《北京大学学报》，1994 年第 3 期。

处的同时，也给我们带来了无尽的烦恼和无法解决的难题。邓环在《生态文明：工具理性异化的批判与终结》一文中认为："在工业文明时代，长期大规模的工业化发展，使工具理性占据了主导地位并进一步膨胀和异化。工具理性的异化破坏了人与自然的和谐关系，是生态危机的深层思想根源。我国的生态文明建设是对工业文明的反思和超越，旨在解决当前的生态危机，实现人类社会的可持续发展。要走出生态危机这一困境，实现真正的生态文明，就必须在意识层面上审视和批判在工业文明占主导地位的工具理性及其异化，保持工具理性与价值理性在社会形态中必要的张力，最终实现生态文明建设的人与自然和谐共处的目标。"[①] 第三，人类开始重新思考人与自然的关系，对人与自然的关系有了崭新的认识，而这个认识是前所未有的，人与自然的关系问题成为21世纪最重要的哲学问题之一。全国政协人口资源环境委员会副主任王玉庆在《生态文明——人与自然和谐之道》中指出，生态文明的本质或中心思想，就是人与自然相和谐。首先是何谓"和谐"？和谐是指一个系统内不同主体之间一种特定的关系。自然生态系统的和谐是指在一定外部条件下，自然生态系统的组分、结构和功能达到一种动态平衡和良性循环的状态。把人与自然作为一个系统来看，和谐讲的是人与自然的关系，是一种相互影响、对立统一、不断发展变化的矛盾关系，是在一定条件下达到的适合人类生存的稳定平衡状态。[②] 第四，生态文明思想的提出，是20世纪后半叶人类为解决威胁人类自身可持续发展的自然资源、能源和生态环境问题，在反思政治、经济、文化、环境等深刻认识的过程中形成的重要的理论成果和战略思想。第五，生态文明一开始就与人类可持续发展理念联系在一起。我们以我国生态文明提出的意义为例，"可持续发展概念主要着眼于环境与经济社会发展的关系问题，强调环境保护、经济发展、社会进步这三者之间的协调发展；生态文明理念以可持续发展理论为基础，从人类社会文明转型的历史视角和中国特色社会主义总体布局的内在要求，强调人与人、人与自然关系的和谐。在内涵上，可持续发展和生态文明一脉相承，次第渐进，前者是后者的基础，后者是前者的扩展和升华。在实践上，二者是相通和统一的，建设生态文明，才能加快可持续发展的

①　邓环：《生态文明：工具理性异化的批判与终结》，《武汉理工大学学报（社会科学版）》2015年第3期。

②　王玉庆：《生态文明——人与自然和谐之道》，《北京大学学报（哲学社会科学版）》2010年第1期。

步伐；走可持续发展道路，才能建设生态文明"①。

我们下面梳理一下近年来国内学者关于生态文明思想的阐释。学者任雪山在《"生态文明"理论的提出及其当代意义》中指出，生态文明理论的提出，在当代具有重要的意义，具体表现在：第一，生态文明的提出是人类机械论自然观的扬弃。"在机械论的自然观看来，自然不是人类的家园，人也不是自然的一部分，人通过征服和控制自然来确认自己的存在。这种二元论割裂了人与自然之间的价值联系，导致了人文科学与自然科学之间的隔离。机械论的自然观和价值论奠定了工业文明时代广为流行的狭隘的人类中心主义的哲学基础。"第二，生态文明的提出标志着有机论世界观的逐步形成。有机论的世界观把"包括人类在内的整个自然界理解为一个整体，认为自然各部分之间的联系是有机的、内在的、动态发展的，人对自然的认识过程只能是一个逐步接近真理的过程。人们不再寻求对自然的控制，而是力图与自然和谐相处。科学技术不再是征服自然的工具，而是维护人与自然和谐的助手"。第三，生态文明理念的提出标志着人类伦理价值观及生活方式的转变。随着人类对自然的重新理解和热爱，"人的生活方式将主动以实用节约为原则，以适度消费为特征，追求基本生活需要的满足，崇尚精神和文化的享受"。第四，生态文明追求社会经济社会的可持续发展，"促进社会发展观念的转变和推进和谐世界建设"。作者认为，"从环境保护到建设生态文明，这是人类社会的不懈追求与进步，是人类生态观、文明观和价值观的完善与升华。它使环境保护从肤浅的技术层面，上升到系统的、伦理的和世界观的高度，它使整个社会的发展变化更加科学合理、健康全面"②。

朱红勤在《试论建设生态文明的重要意义》一文中认为，建设生态文明的提出，"是中国共产党对于科学发展观与构建和谐社会理念、执政兴国理念在思想认识上的充实和升华，它标志着党对于社会主义建设规律和人类社会发展规律的认识进入了一个新的理性阶段。生态文明建设不仅对中国建设富强、民主、文明、和谐的社会主义现代化国家具有重大而深远的影响，同时还对全球的生态文明建设具有积极作用和重要意义"③。中国工程院院士杜祥琬教授认为，生态文明建设是中国特色社会主义道路的理论创新，把生态文明建设放在突出地位，对我国全面建成小康社会和建设美丽中国具有五个方面重要的战略

---

① 全国干部培训教材编审指导委员会编写：《生态文明建设与可持续发展》，人民出版社，2011年，第1页。
② 任雪山：《"生态文明"理论的提出及其当代意义》，《合肥学院学报》2008年第5期。
③ 朱红勤：《试论建设生态文明的重要意义》，《国际关系学院学报》2009年第3期。

意义：第一，生态文明建设是建设美丽中国的必由之路。他认为，以生态文明建设为抓手，推动生态环境由"先污染后治理""先破坏后修复"向保护优先、自然恢复为主转变，这样才能建成美丽中国。第二，生态文明建设必然促进我国在生产方式与消费方式上的转变。生产方式上必然放弃粗放式、以破坏环境为代价的生产方式，"将经济增长方式从这种低效率、污染严重的粗放型增长转向高效率、绿色可持续的集约型增长；同时大力发展节能环保、新能源、新能源汽车等战略性新兴产业，不仅可以促进节能减排，而且能够提高竞争力、提供新的就业机会，使其成为新的经济增长点，进而促进产业结构转型"。在消费方式上，改变人们对奢侈消费品的盲目追求和崇拜，"更新消费观念，优化消费结构，合理引导消费方式，鼓励消费生态产品、绿色产品，逐步形成健康文明、节约资源的消费方式"，生态文明的消费理念对于促进大众理性消费也有重要的意义。第三，生态文明建设是文明形态升级的必然途径。生态文明的提出对于转变传统的经济社会发展观念和经济增长和社会发展模式的创新与提升都具有重要的意义。第四，生态文明建设是负责任大国应履行的责任。推进生态文明建设，发展绿色产品，应对气候变化，树立负责的大国形象也是非常重要的。第五，生态文明建设是推进低碳发展的根本保障。[①] 我国目前正大力进行国家新型城镇化建设，新型城镇化战略突出了生态文明建设的重要地位，提出要在"五位一体"总布局下全方位推进现代化进程。十八大报告提出了我国新型城镇化的战略重点，"坚持走中国特色新型工业化、信息化、城镇化、农业现代化道路，推动信息化和工业化深度融合、工业化和城镇化良性互动、城镇化和农业现代化相互协调，促进工业化、信息化、城镇化、农业现代化同步发展"。同时，进一步强调了新型城镇化的全国"一盘棋"行动，"加快实施主体功能区战略，推动各地区严格按照主体功能定位发展，构建科学合理的城市化格局、农业发展格局、生态安全格局"。推进新型城镇化战略，必须构建"科学合理的城市化格局"，使大中小城市、小城镇形成有机的网络体系，从而推进大行政区域内、经济区域内的城乡一体、产城互动、节约集约、生态宜居、和谐发展。

---

① 杜祥琬等：《生态文明建设的时代背景与重大意义》，《中国工程科学》2015（8）.

第三章　生态文化的哲学基础

第一节　中国传统文化中的生态思想

中国是一个拥有五千年历史文化的国度，悠久的历史和壮丽的河山孕育了深厚博大的民族文化传统，这个文化传承到今天，学者们仍然不能准确地确定它的边界和它的内涵，也就是要给传统文化确定一个范围都是非常困难的，因为"传统文化"是一个历史的范畴，是一个还在不断延伸的时间的观念。国内传统文化研究的著名学者朱维铮先生认为："我认为应能涵盖历史上的精神与物化了的精神的主要领域，例如思想、学说、宗教、科学、文学、艺术、风俗习惯、起居方式、语言文字、工艺技巧、文化制度、文化运动、文化事业、文化交流等"[①]，都是传统文化的范围，其中既有精神上的，又有物质上的。英国现代批评的奠基人 T. S. 艾略特（1888—1965）对传统的阐释被学术界广为接受，艾略特在《传统与个人才能》这篇诗学论文中认为，任何人不可能逃离传统，只能生活在传统文化中。艾略特在这里主要讲的是作家（诗人）的传统与传统的关系，但这种论述被后来的学者引用到其他众多的学术领域，具有重要的学术史意义，他说：传统是具有广泛得多的意义的东西。它不是通过继承得到的，你如果要得到它，你必须花很大的工夫。第一，它含有历史的意识，我们可以说，这对于任何想在二十五岁以上还要继续做诗人的人都是不可缺少的素养；历史的意识又含有一种领悟，不但要理解过去的过去性，而且还要理解过去的现存性。历史的意识不但使人写作时有他自己那一代的背景，而且还要感到有一个同时的存在，组成一个同时的局面。这个历史的意识是对于永久的意识，也是对于暂时的意识，更是对于永久和暂时的合起来的意识。就是这种意识使一个作家获得传统性，同时也就是这个意识使作家最敏锐地意识到自己在时间中的地位，以及自己和当代的关系。

[①]　朱维铮：《传统文化与文化传统》，《复旦学报》1987 年第 1 期。

艾略特认为"传统"含有过去性和现存性的历史意识，过去和现在同时组成一个局面，也就是说，过去和现在同时存在。艾略特提醒人们要"理解过去的过去性"，还要理解"过去的现存性"，在艾略特哪里，"传统不是已经完成的历史，不是一个封闭的僵硬体系，消极被动地等待后人的继承；相反，传统虽由过去发生的历史组成，但过去的历史主动积极地引导、参与甚至吸纳当下的现在。传统因为当下现在的不断补充而时刻处于一种未完成的状态，成为一个既包含过去也包含现在的开放体系。在传统的体系内，过去与现在并存，两者处于一种特殊的张力关系中；过去潜移默化地引导着现在，成为现今人们行为的风向标；而现在在过去的暗中制约下前进发展，以自己的鲜活力量延续过去的生命。在过去与现在的这种相互制约相互补充复杂关系的作用下，传统获得了永恒的动力，生生不息，延绵不断，代代相传"①。艾略特关于传统的阐释有着深刻的历史意识，特别对于人文主义传统来说，真正的理论创新成果只能来自传统的历史文化意识。关于这一点，我们还可以从现代学者那里得到印证。美国的社会学家爱德华·希尔斯的《论传统》是整个西方世界第一步全面、系统探索传统的力作。希尔斯主要是从社会学的角度探讨传统的含义、形成、变迁，以及传统与现代化、传统与创造性的关系，并讨论了传统的不可或缺性。希尔斯认为，传统有一种特殊的内涵，即"世代相传事物之变体链"。具体地说，传统包括一个社会在特定时刻所继承的建筑、纪念碑、景观、雕塑、绘画、书籍、工具以及保存在人们记忆和语言中的所有象征建构，行为模式、观念和信仰，这种意义上的传统概念与民族"大文化"（传统文化）的含义是一致的。希尔斯从社会学角度探究了传统的含义、形成、变迁，传统与现代化、传统与社会的理性化、传统与创造性、启蒙运动以来的反传统主义、社会体制、宗教、科学、文学作品中的不同传统，以及传统的不可或缺性等问题。希尔斯着重批判了启蒙运动以来西方社会中把传统与科学理性视为对立的流行观点，指出传统并不完全是现代社会发展的障碍，而启蒙学者和技术至上的科学主义者也并没有逃脱过去传统的掌心。他认为，传统是一种社会文化遗产，是人类过去所创造的种种制度、信仰、哲学思想、价值观、生产生活的方式等构成的有"意义"和"价值"的事物，在代代相传和变异中保持着某种共同的主题和渊源。② 这种对传统的界定对于我们今天的生态文化理论具有重要的意义，所以，我们今天要建设生态文明，就要回到"传统"中去，寻找生态

---

① 梁冬华：《传统的过去性与现存性》，《榆林学院学报》2010 年第 1 期。

② 爱德华·希尔斯：《论传统》，傅铿等译，上海人民出版社，1991 年，第 16 页。

智慧。回到"传统",不是回到过去,而是面向未来。我国在 20 世纪 80 年代就兴起了一股传统与反传统的论争,也即是中国的现代化还要不要传统文化的问题。很多学者就此发表了重要的意见,其中被学界所共同认可的观点是中国的传统文化在现代化过程中的吸收和转化是可能的,也是中国现代化走向新道路的必由之路。北京大学的学者楼宇烈的观点颇具代表性:"有一些人总是把传统文化与现代化截然对立起来,认为不斩断与传统的联系,就无法实现现代化。我认为,这种说法在理论上是没有说服力的,而在实际上则不仅是行不通,而且很可能是有害的。""传统与现代的血肉联系是不依人们主观意愿而客观存在着的,因此,传统文化的问题不仅是一个理论问题,更是一个实际问题。""只是一味地否定传统、批判传统,而不去发展传统、利用传统,不仅在理论上是偏激的,而且对社会也是不负责任的。"[①] 我们认为,这种认识是完全正确的。今天,我们要建设生态文明,就要批判地继承传统文化中优秀的生态哲学思想。今天我们建设生态文明,如何从中国传统文化中吸取生态智慧,是至关重要的。"中国哲学的传统是什么呢? 就是古人和今人经常说的'究天人之际',其实质是探究和解决人与自然的关系问题。几千年来,中国文化就是在这一'传统'之下发展的,中国人的生存方式也是在这一'传统'之下形成的。进入近现代社会以后,这一'传统'受到空前的冲击和挑战,但是,它的生命并没有完全停止,也不能说完全变成了'游魂',只是在'现代化'的浪潮中被掩盖了。现在是我们重新开发这一极其丰富的'传统资源'的时候了。"[②] 中国的传统文化实在博大精深,在探寻传统文化与生态文明建设的问题时,我们不能一一列举中国历史上众多流派的生态哲学思想,下面,我们选取儒、道、释三家在中国传统文化中占据主要地位的思想流派,对其生态哲学观加以论述。

一、儒家:"天人合一"的生态哲学观

以孔子、孟子、荀子为代表的儒家文化,一直都是中国的传统文化的主流,儒家哲学思想也成为中国传统哲学思想的原点,包含着丰富的生态哲学思想。在人与自然的关系上,它强调了人与自然的和谐统一,强调了天道与人道的统一,追求天、地、人的整体和谐,它既是宇宙观又是道德观,这种思想在今天生态环境恶化的时代背景中,具有现代性的思想品格。

---

① 楼宇烈:《论传统文化》,《北京大学学报》1989 年第 3 期。
② 蒙培元:《人与自然: 中国哲学生态观·绪言》,人民出版社,2004 年。

儒家哲学中的"天人合一"的思想源于先秦的周代，儒家经典《周易》对天人关系的表述，最早可能源于巫术中的占卜。《周易》中对天人关系的认识是我们祖先最早关于人与自然关系的认识，具有鲜明的朴素辩证法思想色彩。《周易·系辞下》说："古者包羲氏之王天下也，仰则观象于天，俯则取法于地，观鸟兽之文，与地之宜，近取诸身，远取诸物，于是始作八卦，以通神明之德，以类万物之情。"意思是：上古包羲氏掌管天下时，"观象于天"，"取法地形"，观察鸟兽毛羽的花纹与大地相适宜，近则取象于自身，远则取象于万物，于是创立了八卦，用以通达神明的德性，推及万物的情状。这段话生动地说明了古人通过观察万物而制作八卦的整个思维过程，所"观"之"物"，乃是自然生活中的具体事物；所"取"之"象"，乃是模拟这些事物组成有象征意义的卦象。古人自然朴素的天人关系在此展露无遗，而八卦就是取法天地万物而成的经验总结。《周易·系辞上》就说："《易》与天地准，故能弥纶天地之道。仰以观于天文，俯以察于地理，是故知幽明之故。原始反终，故知死生之说。精气为物，游魂为变，是故知鬼神之情状。与天地相似，故不违。知周乎万物，而道济天下，故不过。旁行而不流，乐天知命，故不忧。安土敦乎仁，故能爱。范围天地之化而不过，曲成万物而不遗，通乎昼夜之道而知，故神无方而易无体。"意思大致是说，《易经》所讲的道与天地之道相契合，所以能够普遍包括天地之道。抬头观察天文，低头观察地理，所以知道地下幽隐、天上光明的缘故。考察万物的开始故知它之所以生，返求万物所以终结，故知它之所以死。灵气成为灵物，是神，游魂成为人的变化，是鬼，圣人所以知道鬼神的情状。圣人与天地相似，所以不违反天地的道。智慧遍及万物，而道能使天下得利，所以不会过头。广泛地推行而不流荡，乐天知命，故不忧。安于所居的地，富于仁德，故能够爱。包举了天地的变化而不过头，曲折地成就万物而不遗漏，通达昼夜阴阳的道而有智慧，故《易经》玄妙的道无一定的方所，无一定的形体。[①] 就是说《易》内容的准则与天地道理相通，所以了解了它的内容就在一定程度上认知了自然界的规律。《周易·乾·文言》云："夫大人者，与天地合其德，与日月合其时，与四时合其序，与鬼神合其吉凶，先天而天弗违，后天而奉天时。天且弗违，况于人乎，况于鬼神乎。"这是对"天人合一"思想的一个比较全面的论述。它不仅包括"大人"的道德人格，而且包括"大人"的种种功业。"与天地合德"之"德"，从天的方面说，就是"生生之德"，"元亨利贞"之德；从人的方面说，就是"性命"之德，"仁义礼正"

---

① 周振甫：《周易译注》，中华书局，1991 年，第 234 页。

之德。"生"始终是天德之根本义，由"生"而有仁义等德性。据学者探究，这里所说的"天"，具有超越义，但并不是实体，它无非是宇宙自然界的全称，是一种哲学的概括。所谓"天人合一"境界，就是与宇宙自然界的生生之德完全合一的存在状态，也可以说是一种"自由"。《易传》所说的"大人""圣人"，就是实现了这种境界的人。"大人"之所以为"大"，"圣人"之所以为"圣"，就在于他们能与"天德"合一，充分实现生命的意义与价值。[①] 任继愈先生把中国哲学史上关于"天"的含义归纳为五种：主宰之天、命运之天、义理之天、人格之天和自然之天。冯友兰先生认为"在中国文字中，所谓天有五义：曰物质之天，即与地相对之天。曰主宰之天，即所谓皇天上帝，有人格的天、帝。曰运命之天，乃指人生中吾人所无奈何者，如孟子所谓'若夫成功则天也'之天是也。曰自然之天，乃指自然之运行，如《荀子·天论篇》所说之天是也。曰义理之天，乃谓宇宙之最高原理，如《中庸》所说'天命之为性'之天是也"[②]。汤一介先生认为"在中国历史上，'天'有多种含义，归纳起来至少有三种含义：（1）主宰之天（有人格神义）；（2）自然之天（有自然界义）；（3）义理之天（有超越性义、道德义）"[③]。不管怎么样，发端于《周易》这种"天人合一"的观念对后来的儒家产生了巨大的影响，以至于后来的孟子、荀子等都从中继承与发展，形成了各自的"天人合一"思想。由此，"天人合一"思想在各个思想家那里得到了不断发展和完善，成为中国传统文化的重要思想，对后世产生了深远的影响。

由《易经》提出的"天人合一"思想在今天受到了世界各国学者的重新重视，这与当代生态环境的日益恶化，而人们面对自身生存的自然束手无策，西方哲学长期以来的主客二分的思维模式更不能有效地解决当前"生态问题"。而具有中国传统生态智慧的"天人合一"作为一种生态哲学思想，一种人与自然和谐的思维方式，却给我们带来生态文明的曙光，汤一介先生曾撰文指出，"天人合一"的思想对我们今天的生态文化建设，有如下启示：

（1）我们不能把"人"和"天"看成是对立的，这是由于"人"是"天"的一部分，"人之始生，得之于天"。作为"天"的一部分的"人"，保护"天"应该是"人"的责任，破坏"天"就是对"人"自身的破坏，"人"就要受到惩罚。因此，"人"不仅应"知天"（知道"天道"的规律），而且应该"畏天"

---

① 蒙培元：《人与自然：中国哲学生态观·绪言》，人民出版社，2004年，第123页。
② 冯友兰：《中国哲学史》（上），华东师范大学出版社，2000年，第35页。
③ 汤一介：《论天人合一》，《中国哲学史》2005年第2期。

（对"天"应有所敬畏）。

（2）我们不能把"天"和"人"的关系看成是一种外在关系，这是因为"天即人，人即天"，"天"和"人"是相即不离的。"人"离不开"天"，离开"天"则"人"无法生存；"天"离不开"人"，离开"人"则"天"的活泼泼的气象无以彰显。"为天地立心"就是"为生民立命"。

（3）"天"和"人"之所以有着相即不离的内在关系，皆因为"天"和"人"皆以"仁"为性。"天"有生长养育万物的功能，这是"天"的"仁"的表现。

（4）"天人合一"这一哲学命题体现着"天"与"人"之间的复杂关系，它不仅包含着"人"应如何认识"天"的方面；同样也包含"人"应该尊敬"天"的方面，因为"天"有其神圣性（神性）。

从以上四点我们可以看出，只有对"天人合一"思想做哲学的理解，才能认识其真精神和真价值。"天人合一"作为一种思维方式对解决"天人关系"无疑有其正面的积极意义，但更为重要的是，它赋予了"人"以一种不可推卸的责任，"人"必须在追求"同于天"的过程中，实现"人"的自身超越，达到理想的"天人合一"的境界。"天人合一"作为一个哲学命题、一种思维模式，认为不能把"天""人"分成两截，而应把"天""人"看成是相即不离的一体，"天"和"人"存在着内在的相通关系，无疑从哲学思想上为解决"天""人"关系、解决当前存在的严重生态问题提供了一些有积极意义的合理思路。[①]

在《周易》这部儒家经典中，还有一个重要的生态思想，那就是"生生"的思想。《周易·系辞上》指出："生生之谓易，成象之谓乾，效法之谓坤。"《周易·系辞下》也指出："天地之大德曰生。""生生"或"生"的哲学思想，被认为是《周易》乃至整个中国传统文化的核心内容。蒙培元在《人与自然：中国哲学生态观》一书中认为，从孔子、老子开始，直到宋明时期的哲学家，以至明清时期的主要哲学家，都是在"生"的观念之中或者围绕"生"的问题建立其哲学体系并展开其哲学论说的，"生"的问题是中国哲学的核心问题，体现了中国哲学的根本精神。他认为，"生"至少包含三个层面的意义：第一，时间维度上的"生成"。它体现的是世界的本源（天或道）与自然万物的生成关系，不是本体论意义上的本体与现象的关系。第二，"生"就是生命与生命创造。自然界不仅充满生命，而且还不断地创造生命。"中国哲学有'天道流

---

① 汤一介：《论天人合一》，《中国哲学史》2005 年第 2 期。

行''生生不息'之说，就是指自然界具有内在的生命力，不断创造生命，而自然界的万物也是充满生命活力的。就人与自然界的关系而言，自然界不仅是人的生命的来源，而且是人的生命价值的来源。"第三，"生"就是生态哲学。在更深层的意义上，人与自然是和谐的一个整体，人源于自然又要保护自然。①《周易》所言"生生之谓易"，实际上是以最简洁的语言阐释了中国古代的一种生态存在论哲思。所谓"生生"是指活的个体生命的生活与生存。"易"则指发展变化，所谓"易者变也"。"生生为易"即指活生生的个体生命的生长与生存发展之理。"天人合一"是中国传统文化与古代哲学的重要命题，其内涵不仅涵盖人与自然的关系，而且单是其中的"天"就有十分丰富的内容。不同的学者对"天"有不同的阐发，但都涉及人与自然的关系。

孔子是儒家哲学的开创者。在《论语》中，虽然没有记载孔子有关生态哲学的直接言论，但如同他并没有提出"哲学"这一概念一样，在《论语》这部书中，孔子的思想言论中包含着丰富的生态意识，并影响到后来儒学生态哲学思想的发展。孔子的生态思想是从他的"仁"的哲学开始的，"仁"就是"仁爱"，孔子由父母之爱，推及兄弟姐妹之爱，再推及社会上朋友之爱，最终推及天地万物之爱，从而达到"天人合一"。《论语》一书中论及"天"的地方有三十多处，最有代表性的如《论语·阳货》："天何言哉？四时行焉，万物生焉，天何言哉？"这里的"天"就指的是自然界。四季的运行，万物的生长，都是天的基本作用，"万物生焉"的"生"就是生命的意思。《论语·泰伯》："大哉，尧之为君也。巍巍乎！唯天为大，唯尧则之。荡荡乎！民无能名焉。巍巍乎其有成功也。焕乎其有文章。"孔子说："尧真是了不得呀！真高大得很呀！只有天最高最大，只有尧能够学习天。他的恩惠真是广博呀！老百姓们简直不知道怎样称赞他。他的功绩实在太崇高了，他的礼仪制度也真够美好了。"② 其中的"唯尧则之"翻译成现代汉语，即只有尧能够效法天。尧之所以伟大，孔子认为最重要的是尧能够效法"天"运行的规律，这里的"天"显然指的是大自然。在《论语·雍也》中，孔子还说："智者乐水，仁者乐山。""山水"在这里是大自然的象征，对山水的热爱，是智者、仁者的情怀。把生命的快乐与山水洋溢的生命融为一体，这就超越一般意义上的快乐，从而进入了审美的生命意义。有学者认为，孔子"把自然界的山、水和仁、智这两种德性联系起来，这不是一种简单的比附，而是表达人的生命存在与自然存在有着

---

① 蒙培元：《人与自然：中国哲学生态观·绪言》，人民出版社，2004年，第4～6页。
② 杨伯峻：《论语译注》，中华书局，2011年，第83页。

内在关联。从孔子思想中折射出来的一个重要观念，就是对天即自然界有一种发自内心深处的敬仰和深爱"①。

孟子生态哲学思想的核心思想，就是"仁民爱物"。孟子继承和发扬了孔子"天人合一"的思想，在《孟子》中，"天"被进一步自然化了，孟子"承认自然界不仅有价值，而且有'内在价值'，自然界的'内在价值'与人的生命又是不能分开的，因此，人与自然界是一种内在的统一关系，而不仅仅是外部的依存关系"②。孟子说："仁也者，人也；合而言之，道也。"他又说："君子之于物也，爱之而弗仁；于民也，仁之而弗亲。亲亲而仁民，仁民而爱物。"（《孟子·尽心上》）孟子把"仁"推广到"物"，由爱人推广到爱物。

荀子深化了孔子和孟子关于天人关系的思想，提出了"明于天人之分"的观点。在荀子这里，"天"基本上就是现代意义上的"大自然"。《荀子·天论》中说："天行有常，不为尧存，不为桀亡。应之以治则吉，应之以乱则凶。强本而节用，则天不能贫；养备而动时，则天不能病；修道而不贰，则天不能祸……故明于天人之分，则可谓至人矣。"大致意思是：大自然的规律永恒不变，它不为尧而存在，不为桀而灭亡。用导致安定的措施去适应它就吉利，用导致混乱的措施去适应它就凶险。加强农业这个根本而节约费用，那么天就不能使他贫穷；衣食给养齐备而活动适时，那么天就不能使他生病；遵循规律而不出差错，那么天就不能使他遭殃。所以水涝旱灾不能使他挨饿，严寒酷暑不能使他生病，自然界的反常变异不能使他遭殃。……所以明白了大自然与人类社会的区分，就可以称作是思想修养达到了最高境界的人了。荀子一方面认为天是外在于人的独立的自然界（大自然），自然界有其自身的运动规律，"天行有常，不为尧存，不为桀亡"，不以人的主观意志为转移。另一方面，荀子认为人应当在尊重天之运行规律的前提下"制天命而用之"，主张人与天应和谐共处，各尽各的天分（名分或职分）。天是无意志的自然界，有自己运行的规律，它与社会的治乱、国家的兴亡无关。自然界的天不以人的意志而改变其固有的运行常规；反之，它也不能主宰人类社会。有学者认为，荀子的"天人相分"就是针对孔孟的"天人相通"提出来的。荀子的"天人之分"的"分"是区分，"天之常道"并不与人的意愿相通，这样荀子就把"人"还给了"人"，这是一次伟大的思想解放，是一次深刻的哲学变革。③ 荀子是真正意义上发现

① 徐春：《儒家"天人合一"自然伦理的现代转化》，《中国人民大学学报》2014年第1期。
② 蒙培元：《人与自然：中国哲学生态观·绪言》，人民出版社，2004年，第145页。
③ 崔宜明：《荀子"明于天人之分"之再考察》，《上海师范大学学报（社会科学版）》2013年第1期。

了"自然的天"和"自觉的人"的哲学家，他把天地万物自身固有的规律叫"天职"，人要与自然正确相处，就不要"与天争职"。

儒家的"天人合一"思想到了西汉王朝，由于政治上的"罢黜百家，独尊儒术"，以董仲舒为代表的儒家，结合先秦儒家思想和阴阳五行学说，提出了"天人感应"的思想，他认为天人之间不但相通，而且互相影响和感应。到了北宋，哲学家张载明确提出了"天人合一"的哲学命题，他认为天道与人性合一，并提出了"民胞物与"的观点，进一步发展和总结了儒家的"天人合一"生态哲学思想。

二、道家："道法自然"的生态哲学

道家是中国传统文化重要的组成部分，有着深刻的哲学思想。"道法自然"孕育了中国哲学和文学艺术最为深刻的思想内涵，当然，这其中也包含着生态文化思想，如生态哲学、生态美学、生态伦理，等等。在天人关系方面，老子认为，道、天、地、人这"四大"中，道是一切存在的根源，是天地的根本，但老子却认为："人法地，地法天，天法道，道法自然。"（《老子》第二十五章），在这里，老子首次提出"自然"这个重要范畴，而且将"自然"置于道之上，成为道效法的"对象"，这是什么意思呢？蒙培元先生认为："在老子学说中，道虽然是根本范畴，但是，道本身并不是西方哲学意义上的最高实体，即不是单一的、不可分的、静止不动的独立实体。道是真实存在的，道的存在'独立而不改，周行而不殆'（二十五章）。这里所说的'独立'，不是从实体论意义上说的，而是从运动变化的意义上说的，即道是'常'（'常道'），'常'是变化中之常在者，不是变化之外或变化之上的不变者。'周行'有循环之义，说明道是在循环式的运动中存在的，不是静止不动的。"在老子看来，自然就是道的存在方式，道按照自然的规律和法则"自然"地存在着，而"人在'自然'中存在，就如同天地万物在'自然'中存在一样，是无法改变的命运。'自然'是整体性的或全体性的，从这个意义说，它代表了宇宙自然界，'自然'就是宇宙自然界的'代名词'。但它不是从存在本身上说，而是从过程、功能和作用上说的，'自然'所代表的是自然界的秩序，人的生命活动只是其中的一部分。这样说来，'自然'对人而言就是根源性的，同时又是目的性的。说它是根源性的，是说'自然'是人的最原始本真的存在状态；说它是目的性的，是说'自然'又是人的生命活动的最终归宿，即所谓'归根复命'（十六章）"①。我们认为，蒙培元先生的见解是正确而深刻的，从这里我们可以看出，老子的"道法自然"隐含着对儒家"天人合一"的批判。

庄子继承和发扬了老子的生态哲学思想，庄子的生态哲学思想主要表现在下面几个方面：第一，齐物论。庄子认为世界上万事万物包括人在内，都是齐一的。《庄子·齐物论》提出了"天地与我并生，万物与我为一"的观点，"天地与我并生"就是人与天地万物一样是平等的，我们平等地对待自然万物，自然界的万物都有其存在的价值和权利。这种认识在同时代的哲学家中，是了不起的。清代的大哲学家王夫之就认为庄子的齐物论是"别为一宗"，学者陈鼓应认为庄子的"齐物论"的"主旨是肯定一切人与物的独特意义内容及其价值，齐物论，包括齐、物论（即人物之论平等观）与齐物、论（即申论万物平等观）"②。庄子的齐物论影响很大，也引起了当今很多学者的讨论，如学者陈少明在前人对齐物论作"齐'物论'"与"'齐物'论"两种理解的基础上，提出齐物我的另一重含义，"合起来构成齐'物论'、齐万物与齐物我三义：齐物论是对各种思想学说，进行一种哲学批判，其重点不在是非的标准，而是针对是非本身的正当性的质疑。齐万物则要求人的世界观的转变，放弃任何自我中心的态度，看待万有的自然性与自足性，把是非转化成有无问题，具有从认识论向本体论过度的意味。齐物我是前二者的深入，它所涉及的心物关系不是认识论而是生存论问题，本体论上化有为无，就是表现在生存论上的丧我与无为，它是导向另一种生活方式的信念基础。齐物三义是庄子哲学的基本纲领"③。

庄子往往通过各种寓言故事和比喻等手段对自己的思想进行阐释，《齐物论》也不例外。陈少明实际上指出了庄子的认识论思想的实质，即人要抛弃自己的主观意愿，放弃人类中心主义，从"以我观物"到"以物观物"。学者徐小跃就深刻地指出："庄子在诸种意义上所论证的万物一齐思想，最终是要以道与人合一，天与人合一，自然与人合一，宇宙精神与人合一的形式表现出来。但这种合一实际上最终是在保持着自身的本来面目的意义上的真正的、根本的、具体的合一。换句话说，这种合一并不是一方消融另一方或双方彼此丧失了个体性的那种冥合，人与自然（天、道）的二分仍然存在。而一旦我们认

---

①　蒙培元：《人与自然：中国哲学生态观·绪言》，人民出版社，2004年，第191～194页。
②　陈鼓应：《庄子今注今译》，商务印书馆，2007年，第41页。
③　陈少明：《齐物三义》，《中国哲学史》2001年第4期。

识自然为自然，自然就成为我们生命的一部分。我在自然之中，自然也在我之中。当主体的我以这种本然的自觉性去审视世界之自然（本然）的时候，人与自然就在这一本然的意义上实现了最终的合一。"① 庄子在《秋水》篇中进一步提出"无以人灭天，无疑故灭命"的观点，形成了崇尚自然、反对人为、主张人与自然同化的思想。在这里，庄子不仅仅涉及人与自然的"天人关系"，同时，也进入了中国艺术意境的至深境界。叶维廉在《道家美学与西方文化》一书说："整体的自然生命世界，无须人管理，无须人解释，完全是活生生的，自生，自律，自化，自成，自足（无言转化）的运作。道家这一思域有更根本的一种体认，那就是：人只是万象中之一体，是有限的，不应视为万物的主宰者，更不应视为宇宙万象秩序的赋予者。要重视物我无碍、自由兴发的原真状态，首先要了悟到人在万物运作中原有的位置，人既然只是万千存在物之一，我们没有理由给人以特权去类分、分解天机。只有当主体（自我）虚位，从宰制的位置退却，我们才能让素朴的天机回复其活泼泼的兴现。现象、自然万物并不依赖'我'而存在，它们各自有其内在生成衍化的律动来确认它们独具的存在和美。所谓主体，所谓客体，所谓主奴的从属关系都是表面的、人为的区分。主体和客体，意识和自然现象互参互补互认互显，同时兴现，人应和着物，物应和着人，物应和着物乃至万物万象相印认。"② 这既是艺术创造的感物、观物方式，也是人与自然应该有的本真方式。以老子和庄子为代表的道家，提出的"道法自然""齐物论""崇尚自然"等生态哲学思想是中国传统文化中生态文化的宝贵思想财富，其思想具有世界意义，引起了越来越多的学者的研究和阐释。如余谋昌先生的《环境哲学：生态文明的理论基础》一书中就专门讨论了道家学派的环境哲学思想，他认为道家哲学包含着宝贵的生态文化思想，如生态哲学、生态伦理、自然价值、生态社会、生态消费、生态人生、生态美学等思想，道家哲学所表现出来的人与自然的关系的环境哲学思想，是我国生态文化建设最为重要的思想资源之一。曾繁仁教授在《生态美学导论》一书中对人类"控制自然"这一妄自尊大的"想象"进行了批判，他在该书的第四编《生态美学的中国资源》中就从生态存在论的角度，展开了以老庄为代表的道家生态哲学阐释，他从老子的"道法自然""不争""无为""三宝说"；庄子的"道为天下母""万物齐一论""天倪"与"天钧"所包含的生物链思想、"守中"与"心斋""坐忘"的古典生态现象学，以及"逍遥游""游心"

---

① 叶维廉：《道家美学与西方文化》，北京大学出版社，2002年，第3页。

② 叶维廉：《道家美学与西方文化》，北京大学出版社，2002年，第3页。

和"至德之世"的生态审美理想出发，来论述生态存在论的审美思想。佘正荣教授在《中国生态伦理传统的诠释与重建》一书中，从尊"道"贵"德"的价值取向、"自然""无为"的处世态度、顺应天道的自然秩序，以及合理利用自然资源这四个角度来阐释老庄"道法自然"的深层生态学。朱晓鹏教授在《道家哲学精神及其价值境域》一书中通过对老子和庄子哲学的本体论、认识论、内在逻辑、老子的历史哲学、庄子的诗化哲学、道家的宇宙观、道家思想的生态伦理学及其现代意义、道家生态哲学与现代西方生态哲学思想的"东方转向"等众多层面的解读，认为道家思想的现代生态伦理学意蕴主要包括"自然主义""道通为一""自然无为""知止知足"和"热爱生命"等五个重要的方面。他还认为老庄思想与现代西方深层生态学的思想具有内在一致性，由人对自然的粗暴统治所造成的人与自然关系的异化，人类必须寻找一种新的世界观和文明观予以解决。"在他们（西方人）眼中，这些中国古代思想家都是生态哲学的古代先驱者。在被现代生态伦理学特别是其中的深层生态学所认同和'回归'的东方文化传统中，道家思想是最著名、最受重视的。深层生态学之所以对道家思想情有独钟，乃是因为道家思想为它的理论提供了更有力的依据，使其能够在一个形而上的理性层面展开其思考的维度，深化其学理的根基。"①

三、佛家："众生平等"的生态哲学思想

今天，生态危机已经成为世界各国共同关注的重大国际问题，任何国家都不能独善其身。人类已经尝到了生态恶化带来的恶果，甚至有人预言，生态恶化导致人类的毁灭也不是一个不可能的问题。在今天的世界各国，生态问题已经成为超越政治和经济之上的头等大事，我们不能简单地把生态问题仅仅理解为是环境保护的问题，它还涉及人类赖以生存的基础。从哲学上讲，生态问题也是人的世界观和方法论的问题。值得庆幸的是，世界各国的人民，就如何从世界各国和各民族的精神传统中汲取解决全球生态危机的智慧和理念，以此重建我们对自然及其自身的关系问题，已做出了努力，并取得了一些成果。这些年来，"世界宗教与生态"系列研讨会每年都在世界各地举办，众多专家、学者分别从各种精神传统出发，包括佛教、基督教、犹太教、伊斯兰教、儒家、道教、印度教，以及各种本土的民间宗教，对生态问题进行了深入具体的探讨

---

① 朱晓鹏：《道家哲学精神及其价值境域》，中国社会科学出版社，2007年，第267～268页。

和思考。

中国的佛教传统蕴含着丰富的生态哲学思想，方立天先生认为："佛教是一个以超越人类本位的立场和追求精神解脱为价值取向的宗教文化体系，其中蕴含着丰富的生态哲学思想。"他在《佛教生态哲学与现代生态意识》一文中，从五个方面来揭示佛教的生态哲学思想和现代意识：第一，佛教缘起论为人类与自然的互相依待、互利耦合提供了哲学基础。他认为，从生态学视角来诠释佛教缘起论的思想，我们可以得出这样一些思想启示："由缘起论推导出生态是一定条件、原因互相依待、互相作用的结果的论点，由此又昭示我们：个人、人类和社会都不是独立存在的，而是与自然紧密相连的关系存在。损害自然，就是损害人类自身；破坏自然，就是破坏人类自身的存在。由此还昭示我们：如何防止人为的生态破坏，如何维护正常的生态平衡，如何完善相关条件、因素以利于生态提升，是人类应尽的职责，也是人类保护自身应尽的职责。缘起论所蕴含的过程思想则告诉我们，生态是随因缘条件的改变而不断变化的，人类应当预见这种变化，并参与其中，尽力防止生态的恶化，尽力推动生态的良性发展。"第二，佛教宇宙图式论为生态共同体理念提供参照。"佛教宇宙图式论关于地理区域、空间结构及其多重层次、不同物体和不同生命在不同空间的分布，不同世界的相互影响和作用，以及对理想世界的描述，都是对世界生态的整体性、无限性、有序性的重要猜测，对于我们认识世界生态有着启示意义：人类与其他生物是互为一体的，物质与生命是互相关联的。"第三，佛教因果报应论与生态循环的基本要求是一致的。"因果报应理论包含着人类与环境互为因果，人类作为生态系统的一员通过自身行为而与环境融为一体的思想，这在客观上揭示了生命主体与生存环境的辩证关系，在生态学上具有理论参照意义。"第四，佛教普遍平等观则直接论证了生态平衡原理。佛教的"众生平等"和"无情有性"强调普遍平等观，"有助于尊重自然，敬畏自然，防止人为地践踏生态，破坏生态，从而推进生态的结构和功能的稳定性"。第五，佛教环境伦理实践思想，有利于生态建设。佛教环境伦理所倡导的"破我执，断贪欲""不杀生、放生和护生""素食""惜福、报恩"等实践思想，成为人对自然环境、对自然界其他生物与非生物的行为典范，有利于生态文明的建设。[①] 方立天先生是中国佛学界的泰斗人物，他在对中国佛教和中国哲学进行理论研究的同时，也时刻关注时代，关注理论与实践的结合，生态文明建设就是时代对中国佛教提出的重大的时代课题。

---

① 方立天：《佛教生态哲学与现代生态意识》，《文史哲》2007 年第 4 期。

佛教生态思想是近年来佛教研究的新领域，很多的学者从佛教典籍中探索佛教对于生态文明建设的现实意义和理论思考。如著名的佛教高僧星云大师就在《佛教与自然生态》一文中认为，"佛教是一个重视自然生态的宗教，自古以来，寺院建筑常与山林融和，不破坏森林环境；僧人修行力求淡泊简朴，不侵犯自然资源，都是与万物同体共生的表现。另外，历代的高僧大德，植树造林、整治河川、修桥铺路、珍惜资源，倡导戒杀素食、放生护生，更是自然保育的具体实践"。佛教主张花草树木皆有佛性、虫鱼鸟兽皆有佛心、山河大地皆为佛体、日月风雷皆为佛用，星云大师指出："大自然和所有的生命是一个环环相扣、紧密相连、缺一不可的自然生态系。过去的人类能够敬重天地，明了因果，会遵循自然脉动并珍视其他生物的生存权，而维持一个多样性、整体性的生物圈。但是，近百年来，短视的人类已将大自然的多样破坏，将宇宙的整体摧毁。"① 学者陈红兵认为，研究中国传统生态观（当然包括佛教生态观）的文化价值取向和思维方式，是深化当前生态文化理论研究的重要方面，是建构具有中国特色生态文化理论体系的要求，佛教生态观理论建构的研究也是对佛教本身的研究领域的拓展，具有重要的理论意义和现实意义。"佛教生态观的理论建构一方面应从自身的精神追求和生活准则出发，开出生态文化观念的新维度；另一方面也应充分发挥大乘佛教的人间关怀精神，适应时代要求，吸取西方生态文化观念关注现实、谋求现实解决途径的主体精神。佛教生态观的建构应以佛教缘起论为理论基石，以缘起论的整体论、无我论、生命观、慈悲观、净土观为基本内容的，包含相互关联的两个层面：俗谛（现实层面）和真谛（精神层面），在当前应着重关注前者。它的基本内容包括在佛教缘起论基础上所形成的整体论、无我论、生命观、慈悲观、净土观等生态理论。"② 学者高扬、曹文斌在《中国佛教生态伦理的思想基础》一文中，提出了一个新的观点，他们认为，中国佛教中蕴含着丰富的保护生命和生态的思想，其思想基础主要有两个：一是众生平等思想，二是生态整体主义。中国佛教在阐释生态整体主义时，还提出了一种"全息"的理论，佛教认为诸如芥子、毛孔这些极微的事物都包含着宇宙的全部信息，这是生态整体主义中最具特色的思想。"现当代的生态学家普遍认为，要克服生态环境危机，最根本的方式就是转向整体论、关系论的生态世界观。基于这种理解，很多西方生态伦理学者纷纷转

---

① 星云：《佛教与自然生态》，学佛网：http://www.xuefo.net/nr/article8/79422.html。
② 陈红兵：《试论佛教生态观的理论建构》，《深圳大学学报》2008年第1期。

向中国佛教，他们认为在中国佛教中已经找到了答案，这就是生态整体主义。"① 今天，越来越多的西方学者把目光投向以儒、道、释为主流的中国传统文化，事实上，佛教生态哲学的发现者就是西方学者，这是不争的事实。哈佛大学的世界宗教研究中心不断地举办国际性的"世界宗教与生态"的系列学术会议，并出版了《儒学与生态》《佛教与生态》《道家与生态》，并将其纳入"世界宗教与生态丛书"中，把目光投向中国的传统文化，在中国的传统文化中寻找生态文明建设的思想、智慧和精神传统。余谋昌认为，佛教理论中所阐发的佛教生命观，包含了丰富和深刻的生态伦理思想。他认为佛学中的"依正不二"原理，是生态学原理的正确表述，也是生态伦理学的科学基础。佛教独特的生命观，把人与宇宙整体的联系在一起，佛教以法为本，法贯穿于人的生命和宇宙生命，所有生命都归于"生命之法"这一体系内，人的生命只是宇宙生命的个体化和个性化，人的生命在其深处是与自然宇宙融为一体的。佛学"十界论"生命观和"三世间"概念都与现代生态伦理思想不谋而合。②

方立天先生说："佛教在中国流传、发展了 2000 多年，经过试探、依附、冲突、改变、适应、融合，深深地渗透到传统的中国文化之中。人类文化是一个连续不断的过程，现代文化与传统文化不能也不可能完全割断。我们要批判继承和发扬我国优良文化，就必须反思过去，探寻佛教文化在人们传统观念中生存的种种因素，分析佛教文化在人们心灵中积淀的种种影响。只有这样，才能真正吸取中国佛教文化中一切有价值、有活力的精华，来充实和发展社会主义的民族新文化。"③ 我们认为，这句话也可以用来指整个中国传统文化，这对于我们今天建设生态文化有着重要的意义。中国传统文化中的"天人合一"的思想是生态文化建设的重要文化来源，中国传统文化强调人与自然和谐共处，"天地者，万物之父母也"。以"天地万物为父母"，自然是万物孕育和生长的本源，"道法自然""天人感应"，自然界有自身的运行规律。中国传统文化崇尚自然，尊重生命，善待万物，主张众生平等，主张人与自然万物应该处于平等的关系中。这些宝贵的思想财富为我们当前解决人与自然的关系提供了一个历久弥新的视角。党的十八大把生态文明建设摆在更加突出的位置，据媒体统计，十八大以来，习近平总书记 60 多次谈到生态文明，"尊重自然、顺应

---

① 高扬、曹文斌：《中国佛教生态伦理的思想基础》，《中国宗教》2011 年第 11 期。

② 余谋昌：《东方传统思想中有关生态伦理的论述》，《哲学动态》1994 年第 2 期。

③ 方立天：《中国佛教与传统文化》，中国人民大学出版社，2011 年，第 2 页。

自然、保护自然，是习近平对东方文化中和谐平衡思想的深刻理解"①。2015年4月，《中共中央、国务院关于加快推进生态文明建设的意见》提出，要充分认识加快推进生态文明建设的极端重要性和紧迫性，切实增强责任感和使命感，牢固树立尊重自然、顺应自然、保护自然的理念，坚持绿水青山就是金山银山，动员全党、全社会积极行动、深入持久地推进生态文明建设，加快形成人与自然和谐发展的现代化建设新格局，开创社会主义生态文明新时代。积极培育生态文化、生态道德，使生态文明成为社会主流价值观，成为社会主义核心价值观的主要内容，充分体现了党和国家对生态文化建设的重视。深入挖掘中国传统文化中蕴含的生态文化思想资源，加强生态文化理论研究，推出生态文化精品力作，是繁荣和发展中国特色社会主义文化的重要方面。

第二节　西方文化的生态思想

一、西方古典时期自然思想的发展

1840年前后，英国资产阶级完成了工业革命，机器大生产取代了传统的手工业，英国成为世界上第一个工业国化国家。18世纪末期，工业革命迅速席卷了欧洲和北美，19世纪中期，法国、美国、德国、俄国和日本等国家先后完成了工业化。工业化大生产的技术变革是整个世界的大变革，西方发达国家在物质文化、社会经济、科学技术等领域取得了突飞猛进的发展。随着工业化进程的不断加深，资源的紧缺和环境的破坏带来了极大的社会问题。由于环境被破坏、资源短缺、河流污染、人口激增，由此不断引发社会矛盾和地区冲突（包括两次世界大战），给整个人类造成了深重的灾难。20世纪70年代以来，这些问题逐渐演变成全球性问题，并日益威胁人类的基本生存，人们不得不对此做出回应。在这一节里，我们着重梳理西方在这一时代背景下，是如何反思工业文明的，是如何回到保护自然、治理环境上来的。

西方文化的生态思想有着深厚的历史内容。有学者把西方文化的主要特征概括为科学文化、宗教文化和强力文化，这种文化特质对环境有着重要的影响。"科学及其运用的成功，日渐给予他们征服自然、战胜自然的信心，伴随着自然科学和技术发明的一次次胜利，人们越来越相信，人类愈能征服自然便

---

① 《十八大以来习近平60多次谈生态文明》，中国政协网，http：//www. china. com. cn/cppcc/2015-04/04/content_ 35241952. htm。

能愈过得幸福快乐，于是，人类日益以征服者的姿态面对自然和一切生物，无止境地向自然索取一切自己的所需要之物。人类中心主义在此过程中建立起来了。……人类可以利用科学技术随心所欲地控制自然、改造自然的神话，曾激励着西方人开发荒原、开辟新大陆，征服自然。强力文化过分强化了生存斗争意识，对自然进行了过度的征服和干预，从而引发了一个个环境灾难、生态危机。"① 文化和自然的矛盾自有人类社会起就一直存在，中西文化的差异，最终造成了人与自然关系上的巨大差异。中国在对待人与自然关系的态度上与西方社会存在差异，这种差异归根到底是一种文化哲学上的差异。在人与自然关系上，西方文化哲学上主客二分的思想占据主导地位，而在中国文化中是没有主客二分的思想，天人合一一直都是中国文化的主导思想。这种文化上的根本差异，决定了中西文化在对待人与自然关系上的根本差异。现在中西方学者都有一个共同的认识：生态危机最深层的原因是文化造成的。有学者认为，从20世纪60年代以来，西方社会对生态危机的认识经历了一个不断深化的过程，"人们对危机根源的分析已经由人口、经济、技术等因素方面，进到了对西方近代以来的自然观和传统的伦理学乃至宗教神学的全方位检讨。相应地，解决危机的办法也由重视经济、技术的改进，到了倡导整个文化的自然观、价值观念的变革"② 。从文化的角度来认识生态危机形成的深层矛盾运动，无疑是一个重要的视角。

世界上的古代文明因为所处的地理环境等因素的不同，造成了在人与自然整个关系上的认识、态度及人与自然的联系方式上有着很大的差异，人与自然的关系问题是人与世界的根本问题。一定的社会和文化对人与自然的关系一般有一种基本的认识，形成人与自然的基本思想，这也就是我们说的自然观的问题。一般来说，自然观属于哲学术语，是指人们对自然界的总体性认知。它大致上包括这几个方面的认识，自然的起源或本源问题、自然界的演化规律、自然结构，以及人与自然的关系等方面和根本看法。自然观是人们对整个世界认识的基础，因而任何一种系统的哲学必然包含与之相适应的系统的自然观。"自然观是关于自然界以及人和自然关系的总观点、总看法，是人们对自然界总图景的理性反思和把握。人类为了摆脱盲目的自然力奴役而获得自由，首先必须对各种自然现象加以合理的说明。这就要求人们将特定自然现象放在自然大系统中弄清其间的从属关系，然后才能对之做出因果性的解释。其次，人类

---

① 蔡毅：《西方文化与生态文明》，《中华文化论坛》2013年第11期。
② 苏贤贵：《生态危机与西方文化的价值转变》，《北京大学学报》1998年第1期。

还要了解自己在自然界中的位置和作用，以便更好地处理人和自然的关系，体现人的本质，实现人的价值。然后，才谈得上从整体上认识和把握自然界的概貌。"① 自然观是人类文化史的重要内容，是关于自然界最一般、最集中和最系统化的理论总结，它一般包括三个最基本的理论问题：自然界的本源或本质是什么，自然界是如何存在的，以及人与自然的关系问题。

在西方古典时期，自然观大致经历了宇宙论自然观、神学自然观、机械论自然观和辩证唯物论自然观。

（一）宇宙论自然观

早期的古希腊自然观充满了朴素辩证法思想，根据希腊哲学史的一般意见，古希腊哲学分为早期、中期和晚期三个时期，希腊哲学最早是从伊奥尼亚地方的希腊殖民城邦米利都开始的。泰勒斯、阿那克西曼德和阿那克西美尼被公认为是西方最早的哲学家。在这些哲学家中，较早对自然世界做哲学思考也始于他们。米利都哲学家思考的核心问题是事物是由什么构成的。他们一致认为，宇宙万物是由单一的物质性本原构成，而他们的任务就是去找出这个本原是什么。泰勒斯认为"水"是自然万物的本源，根据亚里士多德的猜测，泰勒斯认为，万物的种子都有潮湿的本性，而水则是潮湿本性的来源。辛普里丘在《〈物理学〉注释》中转述道："感性的现象使他们（泰勒斯等）得出这个结论。因为热的东西需要潮湿来维持，死的东西则干燥了。凡是种子都是湿的，所有的食物都充满着水分；所以，说每一种事物都以它所从而产生的东西作为营养，是很自然的；而水则是潮湿性质的本原，又是养育万物的东西；因此他们得出这样的结论，认为水是万物的本原，并宣称地浮在水上。"② 以我们今天的常识性知识来看，我们日常生活中经常接触的动物、植物、种子、食物等，无一能够离开水。所以，这种生物学和生理学的解释是很自然的。

阿那克西曼德认为自然万物的本源是"阿派朗"，也就是"无定""无定形"、无限的意思。他认为，世界上的水、火、土应该有一定的比例，每一种元素都想征服另一种元素，这样就有了一种永恒的运动，在运动中产生了世界的本源，"阿派朗"生成无数世界。阿那克西美尼认为世界的本源是"无限的气"。宇宙万物的生成、变化的物质性本原是"凝聚"或"疏散"的结果，万

---

① 上海交通大学科学史与科学哲学系主编：《自然与科学技术哲学》，上海交通大学出版社，2001年，第2页。

② 汪子嵩等著：《希腊哲学史》第一卷，人民出版社，1997年，第160页。

物生成于气的凝聚和疏散。古希腊哲学的自然观真正形成于赫拉克利特。赫拉克利特以自然界为研究对象，他力图阐释宇宙的结构，认为宇宙是由火、土、水三种基本元素构成的。其中首要的元素是火元素，他认为"火是宇宙自然的本源"。从泰勒斯的到赫拉克利特，一个以自然界为主要哲学的研究对象开始形成，他们的自然哲学观逐步得以确立。有学者指出："早期希腊的哲学家是自然哲学家，自然哲学并不意味着古希腊哲学只是理性地以自然为客体对象，这种自然哲学与人类及其思维的发育阶段的性质相一致，它是情感与理智相混合的一种把握外部世界的方式。这种方式深受原始时期人类对自然的心理矛盾及与其直接相关的古希腊文明中的自然观念的影响。在这种方式下，人的问题与自然的问题具有一种原始哲学的统一性。"[①] 古希腊早期的农业和航海业对古希腊人与自然的关系也产生了很大的影响。早期农业和航海的生产实践激发了他们对自然万物的本源性奥秘的思考。除了伊奥尼亚派以外，早期希腊的自然哲学还包括毕达哥拉斯学派，其主要观念是"灵魂观"和"数本原说"。此外，还有元素派，其主要观念是"四根说"和"种子说"。

有学者认为，古典时代的希腊哲学以柏拉图对自然问题最不感兴趣，"对自然的探讨不是柏拉图学说的重心所在，在他看来，真正的知识和思想所能理解的惟一世界是一个具有超感觉的、精神本性的世界，而自然世界属于物质领域，只能有一种不可靠的模糊观念通过感觉传给我们。不过，柏拉图仍有十分清晰的宇宙本体观。他对宇宙整体持有一种二元论的观点，即理念世界的样式赋予自然世界结构与秩序"[②]。整个有机自然界，都是造物主按照理念的样子赋形的。柏拉图认为有一个理念的世界独立存在，理念世界才是真实的和永恒的，其余的物质都是理念世界的摹本，是对理念世界的模仿，事实上，柏拉图也确实把宇宙自身作为一个活着的东西来看，他认为宇宙类似于一个生命机体，只有这样，宇宙才不再是僵死的存在。德国哲学家 E. 策勒尔在《希腊哲学史纲》中说："因此，要正确理解柏拉图的自然哲学，就必须记住，他一丁点儿也没有离开他的二无论世界观，或者离开这一两个世界的理论。柏拉图主义者自始至终殚精竭虑想要克服的最大的困难恰恰在于要在超验的理念世界和感觉的现象世界之间的鸿沟上架设一座桥梁。"[③]

亚里士多德是西方思想史上对"自然"概念作明确规定和阐释的第一人，

---

① 刘李伟：《古希腊文明和哲学中的自然观念》，《暨南学报》1999 年第 1 期。
② 龚群：《论古希腊的"自然"观》，《道德与文明》2001 年第 6 期。
③ E. 策勒尔：《希腊哲学史纲》，翁绍军等译，山东人民出版社，1992 年，第 155 页。

学界公认，亚里士多德是古希腊自然哲学的集大成者，他对自然概念的哲学阐释散见于他的很多著作，其中最集中、最系统的阐述是《形而上学》第五卷第四章和《物理学》的第二卷第一章。有学者研究认为，亚里士多德的自然观主要表现在六个方面：其一，生长着的东西的生成。这层含义完全是词源意义上的。其二，生长之物最初由之生长的那个内在东西。其三，在自身中并作为自身所有的每一自然物的最初运动来源。其四，任何自然物借以存在或生成的那个最初的东西，这东西既无形状，也不源于自身能力的变化。这显然是指质料，因为每个事物都由它们构成，但它们本身既没有形状，也没有变化的自身能力。其五，自然存在物的实体。其六，一般而言，所有实体都是自然，因为自然总是某种实体。这层含义完全是从第五层扩展出来的，从形式意义上的实体扩大到一切实体。① 亚里士多德的自然观有着非常丰富和复杂的意义，他把自然与理性、自然与逻辑联系起来，他认为自然界的每一件事物都有自己的目的，这就是他著名的"四因说"："形式因""质料因""动力因""目的因"。"形式因"即事物的"原型亦即表达出本质的定义"；"目的因"即事物"最善的终结"；"质料因"即"事物所由产生的，并在事物内部始终存在着的那东西"；"动力因"即"那个使被动者运动的事物，引起变化者变化的事物"。亚里士多德认为"四因说"在自然界中普遍存在。

古希腊哲人的自然观呈现出极为复杂的形态和内涵，有学者从文本的、历史的路径比较完整地梳理了古希腊哲人的自然观，认为"古希腊的自然观并非物化地看待自然的开端，它为人类超越地审视自然提供可能，但同时也为人类蒙蔽于自然之内的宗教信念提供支持；古希腊自然观并不系统，在不同理论之中所表现出的丰富差异，是孕育此后诸多生态观念的温床。古希腊自然观所表现出的极强的可塑性，根源于自然哲学家们尝试性地探求自然的秘密，但并不对象性地究诘自然；他们以经验现象作为依据和起点，但总是回归到形而上学之中去。总而言之，从生态思想史的角度考察古希腊的自然观会发现，它是促发生态思想发展的无限可能的最初构架，是生态思想生长的亦此亦彼的源泉"②。我们认为，这种评价是准确的，古希腊自然观是整个欧洲自然哲学发展的先导和源泉。

（二）神学自然观

在西方，漫长的中世纪是神学的时代，其自然观也是神学的自然观。从现

① 徐开来：《亚里士多德论"自然"》，《社会科学研究》2001 年第 4 期。
② 李笑春、王东：《略论古希腊的自然观及其生态意蕴》，《自然辩证法研究》2011 年第 9 期。

在的文献记录来看，神学试图用巫术、直觉和玄想来把握宇宙世界，"至公元500年，基督教会攫取了绝大多数有才华的人来为它服务，包括传教、组织管理事务、教义探讨及纯粹的思辨活动，荣耀不再来自客观和科学地理解自然现象，而是来自实现教会的目标"①。自然神学观占据主导地位，自然哲学被改造成神学和宗教的婢女，柏拉图和亚里士多德等其他古希腊哲人创立的宇宙论和自然观被用于创世纪，对自然及其运动规律的和形式阐释的最终目的也是证明上帝的全能、至上和仁慈。托马斯·阿奎那的《神学大全》是中世纪神学的代表性著作，他把亚里士多德的自然观改造成神学自然观的根据，把托勒密的地心说改造成基督教神学的天体自然说。地心说最初由米利都学派形成初步理念，后由古希腊学者欧多克斯提出，然后经亚里士多德、托勒密进一步发展而逐渐建立和完善起来。托勒密认为，地球处于宇宙中心，中心圈是地球、土和水，从地球向外依次为第二圈——风，第三圈——火，这些都是月下面的世界；第四圈是月亮天，依次为水星天、金星圈、太阳圈、火星圈、木星圈和土星圈，它们在各自的轨道上绕地球运转。其中，行星的运动要比太阳、月球复杂些：行星在本轮上运动，而本轮又沿均轮绕地运行。在它们之外，是恒星天和水晶天，再往外，是推动天体运动的原动天，这些都是宇宙的星体世界。最外圈是神的寓所，属于概念世界。在欧洲中世纪，占统治地位的是基督教，基督教是天主教、东正教和新教的通称，主要思想如"上帝创世论"，就认为全知全能的上帝创造了自然界的一切，包括人。"人类中心论"则认为，地球是宇宙的中心，而人类则是地球的主人。概括起来说，中世纪神学自然观包括物质观（自然界不是物质元素演化而来和构成的，而是从虚无中被创造出来的）、宇宙时间观（上帝创造万物的同时，也就是世界诞生之时）、宇宙观自然观（地球是宇宙恒定静止的中心，周围充满空气，外围有月亮天，中心圈、火星圈等是多层同心圈；天堂在最高的苍穹之外，地域则在我们脚下）、运动观（世界的万物都是运动的，运动的原因最终都要追溯到一个不动的本源，那就是上帝）。有学者指出："欧洲中世纪的自然观以基督教神学为基础，用'神创论'来解释自然，认为自然和人都是上帝的创造物，自然事物只是上帝的工具。在这种自然作为神的创造的观念当中，自然具有一种空虚抽象的特质。作为中世纪代表哲学家之一的圣·奥古斯丁，是教父思想的集大成者，他的著述丰富，堪称神学百科全书式的学者。他发展了柏拉图的理论，认为自然是上帝创造出来的，人也是上帝所创造并由自然供养的，神权凌驾于人权和自然力之

---

① 爱德华·格兰特：《中世纪的物理学思想》，复旦大学出版社，2000年，第4页。

上，主宰一切的上帝给了人统治自然的特权。在这里，自然被加上了宗教的枷锁，对自然的科学认识也中断了。^① 所以，中世纪的宗教自然观被认为是背弃自然的，是对人的异化。作为宗教哲学，中世纪的宗教观的根本任务就是为基督教的教条和教义做神学上的阐释和理解，这样它自然就走上了背离自然生态思想的道路。因为宗教哲学所关心的不是人与自然的关系，其研究对象也不是自然界和人的基本生存这样的问题，而是超验的世界、上帝、天使和圣人的世界。北京大学著名的哲学史家赵敦华认为，欧洲中世纪哲学的基本命题是理性与信仰的关系问题、如何理解上帝存在及其神学意义的问题，等等。这一时期以基督神学为主要内容的经院哲学，"哲学家的注意力集中于寻求个人幸福，寻找摆脱痛苦的途径，为心灵危机的人们提供自我控制和道德独立的精神支柱。哲学的目标不再是追求智慧，而是追求幸福，哲学伦理化倾向显著。于是，本体论、认识论、逻辑学成为伦理学的准备、根据和手段。伊壁鸠鲁主义、斯多亚主义，还有怀疑主义等是这一时期流行的哲学。希腊哲学在此表现出一种平衡人的心理、消除人的烦恼、慰藉人的灵魂的作用。此时的哲学已经开始从伦理向宗教观念转变"^②。

在经院哲学看来，人和自然都是上帝创造出来的，上帝超越了一切宇宙万物，高居宇宙之外，因此，上帝就不可能是自然的一部分，上帝创造的人也与自然无关。上帝和人既不属于自然，也不来自自然，那么自然就是与人无关的"外在物"。人具有实施上帝旨意的意志，上帝安排人超越于自然之上并具有支配自然的权利，这样，神学自然观带来了人与自然的分离，也强调神与自然的分离，否认自然有神的特征。我们稍加梳理，就可以知道，古希腊柏拉图的抽象理念在中世纪变成了上帝，但柏拉图的抽象理念并不直接否定自然与人的有机联系，而基督教神学以高高在上的上帝的存在否定人与自然的有机联系，否定人与自然世界是一个有机整体。但在本体论上，正如部分学者指出的那样，中世纪的经院哲学与西方哲学是一脉相承的："基督教关于世俗世界和彼岸世界的划分与本体论哲学中二重世界的划分是对应的，基督教的上帝与本体论中的终极存在、最高实体、最终原因、至善理念等等是相对应的。与实用主义的思维方式传统有直接关系，古代的本体论正是在基督教的土壤中得以进一步成长和发展的。反之，基督教也是利用古代哲学的本体论和伦理学等方面的思想

---

① 李莹：《中世纪自然观对环境审美的影响》，《郑州大学学报（哲学社会科学版）》2010 年第 9 期。

② 杨冬梅：《中世纪哲学的基本问题及路径》，《阴山学刊》2006 年第 8 期。

资源而使自己得以理论化和哲学化的。中世纪哲学不仅是西方哲学发展的一个特殊形态和一个特殊阶段，而且使整个西方哲学发展具有了更加浓厚的神学和宗教的品性。"① 也可以这么说，中世纪的宗教自然观具有浓厚的神学和宗教的品性，这种自然观带有宗教神秘的色彩，不能真正揭示自然的奥秘，不利于人对自然的正确认识。

（三）机械论自然观

机械论自然观源于古希腊的原子论，肇始于文艺复兴时期，兴盛于近代科学革命，并于 19 世纪后半叶开始受到现代自然科学的挑战，逐渐走向衰微。1543 年哥白尼发表了《天体运行论》，向宗教的自然神学观发起挑战，而《天体运行论》也成了近代科学革命的宣言书。哥白尼去世后，以布鲁诺、开普勒等天文学家为代表的天文学革命，彻底颠覆了神学宇宙论。文艺复兴时期，随着近代科学的兴起，工场手工业日益发达。尤其是钟表业开始普遍使用机械，这大大促使了当时的人文学者开始用机械（此处的"机械"为名词）的思想去理解和解释自然，他们认为，整个自然界就像一个大的钟表一样运行着，并试图以机械的观念去理解自然世界，而机械论自然观应运而生。吴国盛在《科学的历程中》说："笛卡尔第一次系统表述了机械自然观的基本思想：第一，自然与人是完全不同的两类东西，人是自然界的旁观者；第二，自然界中只有物质和运动，一切感性事物均由物质的运动造成；第三，所有的运动本质上都是机械位移运动；第四，宏观的感性事物由微观的物质微粒构成；第五，自然界一切物体包括人体都是某种机械；第六，自然这部大机器是上帝制造的，而且一旦造好并给予第一推动就不再干预。"② 我们可以这样来理解：机械论自然观继承并发扬了宗教神学的自然观，主张人与自然的各自独立，互相分离，自然界的一切包括人，都像一台机械在运动着，在机械论自然观中，人是自然这台机械的征服者、立法者，是自然这台机器的使用者。

在机械论自然观的形成中，伽利略为机械论自然观奠定了认识论和方法论基础，在他看来，自然界的一切都是服从机械因果律的，"伽利略第一次把科学实验与用数学公式表达的自然规律结合起来，完成了一种从本体论到方法论的转变，使人们从古希腊以来对本体论的追问，转向对认识论的追寻"③。哈

① 黄颂杰：《论西方哲学演进的思路和问题》，《外国哲学》2003 年第 8 期。
② 吴国盛：《科学的历程》，湖南科学技术出版社，1997 年，第 405 页。
③ 李书杨：《机械论自然观发展的历程与困境述略》，《白城师范学院学报》2013 年第 4 期。

维使用机械原理来解释血液循环理论，他把心脏比喻为一个中心水泵，心脏的运动遵循水泵的工作原理，从根本上改变了人们对自身生命过程的认识。

法国哲学家和数学家笛卡尔对机械论自然观做出了重要贡献，他是早期机械论哲学思想的代表人物。笛卡尔认为，自然界就是受着精确的自然法则统治的完善的机器，他还把这一观念运用到生物体，他认为，动物就是纯粹的机器。笛卡尔用"以太旋涡说"来说明太阳系的起源和演化，他认为，自然界是纯粹的物质世界，自然界在本质上就是一台机器，在自动地运转着。笛卡尔对自然的认识基本上摆脱了宗教神学的自然观，对以后的机械论和唯物论的发展都起到了重要的作用。

对机械论自然哲学观做了根本性修改并赋予其更为深刻思想的是英国科学家牛顿（1642—1727），他在其经典名著《自然哲学的数学原理》中集中解释了"物质的运动""宇宙体系"。在书中，牛顿清楚地定义了涉及自然物质运动的"质量""动量""惯性""时空"等基本的概念，提出了广为人知的牛顿三大定律和万有引力定律，从而将天上的运动与地上的运动统一起来，建立起严谨的经典力学体系。在人类科学史上，《自然哲学的数学原理》是经典力学的第一部经典著作，也是人类掌握的第一个完整的、科学的宇宙论和科学理论体系，其影响遍布经典自然科学的所有领域，并在其后的 300 年时间里一再取得丰硕成果。就人类文明史而言，《自然哲学的数学原理》的发表，表明人类文明发展到系统全面地认识自然进而有可能利用自然和改造自然的阶段，它在英国本土成就了工业革命，而在法国引发了启蒙运动和大革命，在社会生产力和基本社会制度两方面都有着直接而丰富的成果。其影响所及，迄今为止，还没有第二个重要的科学成就可以与它比肩。牛顿力学体系的确立标志着机械论自然观的成熟，在整个 18 世纪到 19 世纪，几乎所有的自然科学家都按照牛顿的研究方法和思维方式去研究自然和阐释自然，牛顿三大运动定律和万有引力定律为机械论自然观提供了强有力的理论依据，"从而在此基础上构筑了近代机械论自然观的蓝图：整个宇宙是由不可再分的物质微粒即原子构成；物质的性质是由原子的数量组合和空间结构决定的；原子的质量守恒、惯性、广延性和不可人性等等属性，就是一切物质形态的共同属性；物质之间存在相互作用的万有引力；一切物质运动都是绝对、均匀的空间和时间中的位移，都遵循机械运动规律，保持严格的因果关系；物质运动的根本原因在于外力推动"①。牛

---

① 上海交通大学科学史与科学哲学系主编：《自然与科学技术哲学》，上海交通大学出版社 2001年，第 11 页。

顿经典力学的成功，带来了自然科学和哲学科学的全面发展和兴盛。

机械论自然观是在近代自然科学发展的基础上建立起来的，它在反对宗教神学的自然观和促进近代科学技术的发展方面，具有巨大的历史进步意义。但其缺陷也非常明显，最根本的一点在于其机械性，它把宇宙万物的运动都归结为机械运动，认为宇宙就是一副机械运动的自然图景，当然，这也有其深刻的社会根源和认识根源。机械在当时的生产实践中的广泛使用，极大地解放了社会生产力，同时改变了人们的自然观念，牛顿力学的辉煌成就和工业革命的兴起，使机械力学成为人们认识事物普遍采用的知识手段和概念系统。

（四）辩证唯物论自然观

19 世纪下半叶以来，自然科学的一系列新发现和新成就，在机械论自然观上打开了一个又一个缺口，使得机械论自然观开始逐步式微，如 19 世纪自然科学的三大发现。第一，细胞学说。细胞学说于 19 世纪 30 年代由德国的植物学家施莱登和动物学家施旺提出。第二，能量守恒和转化定律。在物理学中，能量守恒和转化定律（热力学第一定律）的发现，表明了自然界各种运动形式之间的联系和统一。第三，达尔文的生物进化论。1859 年，英国生物学家达尔文通过航海考察，以丰富的事实论证了生物通过自然选择而进化的历程，并出版了《物种起源》，阐述了以自然选择学说为主要内容的生物进化理论，给神创论和物种不变论以沉重的打击。这场革命性的大变革，推翻了"神创论"和"目的论"，彻底打破了自然界绝对不变、否认自然现象普遍有机联系的观念，使机械论自然观让位于承认自然界普遍联系和发展的辩证唯物论自然观。19 世纪末 20 世纪初期，X 射线、电子和放射性的发现，揭示了原子的复杂结构。爱因斯坦的相对论，特别是量子力学的创立，又一次革命性地揭示了微观世界的运作方式，成为现代物理学最重要的理论成果。康德与拉普拉斯分别于 1755 年和 1796 年提出了星云假说（"星云说"），该学说描绘了整个太阳系在时间进程中逐渐生成的历史。英国地质学家莱伊尔在其《地质学原理》一书中提出了"地质渐变论"，描述了地球地层的缓慢演化；德国的韦勒对无机界与有机界之间的联系进行了揭示；施莱登和施旺对植物细胞和动物细胞的发现在动物和植物之间建立了彻底的关联；等等。现代自然科学所揭示的物质之间的普遍联系，使得辩证的自然哲学观得以确立。

自然科学的新发现，突破了牛顿力学的理论框架，预示了一种全新的自然观的诞生，即辩证的自然观的诞生。马克思和恩格斯全面而深刻地总结了 19 世纪中叶的自然科学成就，特别是细胞学说、能量守恒和转化定律、生物进化论这三大发现，批判地吸收了前人特别是黑格尔哲学的合理内核和费尔巴哈哲学的基本内核，创立了辩证唯物论自然观。正如恩格斯在《反杜林论》中说："无论在十八世纪的法国人那里，还是在黑格尔那里，占统治地位的自然观都是：自然界是一个在狭小的循环中运动的、永远不变的整体，其中有牛顿所说的'永恒的天体'和林奈所说的'不变的有机物种'。和这个自然观相反，现代唯物主义概括了自然科学的最新成就，从这些成就看来，自然界也有自己的时间上的历史，天体和在适宜条件下存在于天体上的有机物种一样是有生有灭的；至于循环，即使它能够存在，也具有无限加大的规模。"这里恩格斯指出了辩证唯物主义的自然观与旧的形而上学的自然观的根本区别，恩格斯指出，全部自然，从最小的到最大的，从沙粒到太阳，从原生生物到人类，都处于永远的生存和消亡之中，存在于不停歇的流转、无休止的运动和变化之中。恩格斯在 1885 年为《反杜林论》第二版所写的序言中，强调指出：整个自然界是统一的，其中各个物质形态和运动形式都是普遍联系的。也就是说，它们之间的区别和对立都不是绝对的而是相对的，不是固定的而是可以变动的。自然界中的任何一种物质形态和运动形式都处于永恒的变化和转变过程之中，我们认为，这就是辩证唯物主义自然观的核心。恩格斯认为，我们所面对的整个自然界形成一个体系，即各种物体相互联系的总体。"这是物质在其中运动的一个永恒的循环，一个在我们的地球年不足以作为量度单位的时间内才能完成其轨道的循环，在这个循环中，最高发展的时间，即有机生命，尤其是意识到自身和自然界的人的生命的时间，正如生命和自我意识在其中发生作用的空间一样，是非常狭小短促的；在这个循环中，物质的每一有限的存在方式，不论是太阳或星云，个别的动物或动物种属，化学的化合和分解，都同样是暂时的，而且除了永恒变化着、永恒运动着的物质以及这一物质运动和变化所依据的规律以外，再没有什么永恒的东西。但是，不论这个循环在时间和空间中如何经常地和如何无情地完成着，不论有多少亿万个太阳和地球产生和灭亡，不论要经历多长时间才能在一个太阳系内而且只在一个行星上造成有机生命的条件，不论有无数的有机物必定先产生和灭亡，然后具有能思维的脑子的动物才从它们中间发展出来，并且在一个短时间内找到适合生存的条件，为了后来又无情地被消灭，不论这一切，我们还是确信：物质在它的一切变化中永远还是物质，它的任何一个属性都不会丧失，因此，物质虽然在某个时候一定以铁的必然性在地球上毁灭自己最高的精华——思维着的精神，而在另外的某个地方和另外的某个时候一定又以同样的铁的必然性把它重新产生出来。"① 恩格斯在这里深刻指出了辩证自然观的两个核心观念，一是自然界的永恒运动，运动是物质的存在形式，没有不运动的物质，运动与物质一样，既不能创造也不能毁灭，各种运动形式相互联系、相互作用，共同形成自然界的整体系统，二是宇宙是一个不断运动、变化和发展的过程。整个自然界包括整个宇宙世界，都是经过漫长的历史演变而来的，不是来自神灵的创生。恩格斯根据当时自然科学的成就概括了整个宇宙从无机物到有机物，从非生命到生命，甚至人的意识的出现。

辩证唯物主义的自然观以恩格斯的《自然辩证法》为标志，它承认人是自然世界的一部分，也就是说，人是自然存在物。其一，辩证唯物主义强调人与自然的亲属关系。其二，恩格斯的《自然辩证法》系统考察了人类发展演变的历史，指出人是自然界长期发展的产物，这就明确得出了人与自然的先后次序。其三，人是自然界的一部分，人在自然界之中，也就是要求人类在生产发展过程中要善待自然，敬畏自然。其四，"人化自然"是辩证唯物主义的著名论断，它在生产劳动中有两种生产，一是人类自身的生产，二是物质自然的生产，人类正是通过在这样的生产劳动实践中不断地改造自然界，从而确立了人的类本质和人与自然的对象性关系。这有助于深刻理解恩格斯的"认识自然规律，正确利用自然规律"的思想。其五，社会生产力要以自然生产力为基础。在人类社会生产过程中，有两种生产力在起作用，自然生产力和社会生产力。自然生产力即不需要人工的干预即可产生人类生存所必需的资源。自然生产力是社会生产力的基础，它制约着社会生产力。其六，恩格斯强调人与自然的关系在本质上是人与人、人与社会关系的总和的不协调，简单地说，只有建立起科学、合理的社会制度，才可能最终实现人与自然的协调发展。只有建立真正合理的制度，才能使人和人，人和社会，人和自然达到真正的和谐。

总的来说，从现代辩证唯物主义自然观的发展历程可以看出，其发展是伴随着人类自然科学的发展脚步的，是科学的，有坚实基础的；同时，在思想层面上也不断地总结前人的成果，辩证地吸收了前人的思想经验。在如今资源临近枯竭，全球环境恶化的情况下，现代辩证唯物主义自然观给我们指出了人与自然和谐相处的道路。从我国的政策来看，建立社会主义和谐社会，坚持科学发展观，走可持续发展之路，也处处体现了现代辩证唯物主义自然观的特点。20世纪以来，自然科学特别是现代科学技术的巨大变革，激发人类对自然新

---

① 恩格斯：《自然辩证法》，人民出版社，1971年，第23页。

的认识，如自然世界的简单性和复杂性、时空的相对性与绝对性、自然的构成性与生成性等方面，更广泛更深刻地揭示了自然界所固有的辩证法，从而更加丰富和发展了辩证唯物主义自然观。

二、西方现代生态文化思想

西方现代生态文化思想根源于现代工业文明带来的环境恶化、人口膨胀、资源和能源危机，以及由工业文明引发的各种社会矛盾与冲突的加剧。生态危机引发了人类对工业文明的质疑和批判，英国作家劳伦斯的小说以及遍布整个欧洲的现代主义思潮，都是对工业社会人与自然关系的破坏的反思。于文杰、毛杰在《论西方生态思想演进的历史形态》一文中，对西方生态思想的历史演进做了钩沉，该文认为："西方现代生态思想的产生可以追溯到18世纪晚期。当时，它是以一种较为复杂的观察地球的生命结构的方式出现的：人们把所有地球上的活着的有机体描述为一个有着内在联系的整体。美国著名环境史家唐纳德·沃斯特认为，生态学思想自18世纪以来就一直贯穿着两种对立的自然观，一种是阿卡狄亚式的，一种是帝国式的。前者以生命为中心，倡导人们过一种简单和谐的生活，目的在于使他们恢复到一种与其他有机体和平共存的状态；后者以人类为中心，期望通过理性的实践和艰苦的劳动建立人对自然的统治。两者的根本分歧在于如何看待人类在自然中的位置。""我们认为，真正的生态主义应是强调人与自然的和谐，凸显自然的整体性及其内在价值，而不是强行把生态系统纳入人类的经济活动，达到控制和征服自然的目的。"① 文章认为，西方生态思想的发展大致可分为三个历史阶段：生态文学、生态伦理学和生态政治学。这三个阶段呈现出的不同的理论和方法构成了西方生态思想演进过程中的不同历史形态。

20世纪60年代，随着工业化带来的人类生存问题日益突出，美国海洋生物学家卡逊出版了《寂静的春天》一书，引发了西方环境保护运动的第三次浪潮，西方生态环境思想得到了极大的发展，由此形成了人类中心主义和非人类中心主义两大环境生态学思想。徐雅芬在《西方生态伦理学研究的回溯与展望》一文中认为："人类中心论与非人类中心论（也称自然中心论）的目的是一致的，都是为了从根本上解决人类生存环境日益恶化的问题，它们的分歧主要集中在价值观上。人类中心论认为，人是大自然中惟一具有内在价值的存在

---

① 于文杰、毛杰：《论西方生态思想演进的历史形态》，《史学月刊》2010年第11期。

物，其他存在物的价值都是人的主观情感投射的产物，因此，只有人才具备道德关怀的资格，人对自身负有直接的道德义务，对环境只负有保护义务。而非人类中心论则主张，大自然中的其他存在物也具有内在价值，这种价值是客观的，并不是人的主观赋予，因此，它们也具备道德关怀的资格，人对这些存在物负有直接的道德义务，这种义务不能完全还原或归结为对人的义务。"①

在西方现代生态思想方面，罗尔斯顿在其环境伦理学思想体系下提出了自然价值论和整体主义生态中心论的影响很大，值得我们关注。环境伦理学 20世纪 70 年代中期才兴起于西方哲学界，是关于自然界价值与人类对自然界义务的理论与实践，但此后发展迅速，其代表人物就是罗尔斯顿。其《环境伦理学》一书具有里程碑的意义，该书的副标题是"大自然的价值以及人对大自然的义务"，这个副标题也是罗尔斯顿环境伦理学的核心。人与自然的关系，是人类所面临且必须予以解决的最根本的基础性问题。罗尔斯顿肯定大自然的价值，同时他认为，环境污染和生态失衡问题的解决，不能仅仅依赖于经济和法律手段，还必须同时诉诸伦理信念。罗尔斯顿的环境伦理学属于生态中心主义，就是把道德义务的范围扩展到整个自然界，他肯定大自然的价值，认为只有从价值观上摆正大自然的位置，在人与大自然之间建立一种新型的伦理情谊关系，人类才会从内心深处尊重和热爱大自然；只有在这种尊重和热爱的基础上，威胁着人类乃至地球自身生存的环境危机和生态失调问题才能从根本上得到解决。罗尔斯顿的《环境伦理学》就是一部试图从价值观和伦理信念的角度为人们解决人与自然的关系提供价值指导的扛鼎之作。罗尔斯顿的环境伦理学肯定大自然的价值，他认为价值的产生不是孤立于环境的，它们是在与环境的相关性中被构建出来的，生态系统也是价值的源泉。他认为，应该通过那些更多涉及自然史的学科，如进化论、生物化学或生态学所提供的思维范式的转换来重建价值理论。

余谋昌先生认为，罗尔斯顿的环境伦理学理论的根本要求是保护地球上的生命，不仅保护人和有感觉的动物，还包括植物。虽然植物不能体验痛苦，没有主观生命只有客观生命，但是我们仍然要考虑植物的利益，要尊重一切生命。因为每一个有机体都是一个自然的自我保持系统，能够维持并再生其自身，执行自然秩序，是大自然相互联系的生存网络中的重要环节，其本身是有内在价值的。② 杨英姿在《略论罗尔斯顿环境伦理学价值范式的生态转向》一

---

① 徐雅芬：《西方生态伦理学研究的回溯与展望》，《国外社会科学》2009 年第 3 期。
② 余谋昌：《西方生态伦理学研究动态》，《哲学译丛》1994 年第 5 期。

文中认为，通过论证大自然及其非人存在物的内在尺度和内在价值，罗尔斯顿的环境伦理学实现了价值范式由主观工具价值论向客观内在价值论的转换；通过论证生态系统的系统价值统摄个体生命的内在价值和工具价值，以及人类整体环境利益高于个体利益，罗尔斯顿的环境伦理学实现了环境整体主义转向。客观内在价值论并不否认人的主观价值的存在，环境整体主义也不排斥而是包容了人类利益和个体利益。罗尔斯顿环境伦理学价值范式的生态转向，通过强调道德的关系性和整体性而赋予了伦理道德更广的生态性。①

也有学者指出了罗尔斯顿环境伦理学的内在矛盾，如陈也奔在《罗尔斯顿环境伦理学的内在矛盾》中认为，罗尔斯顿环境伦理学一方面把价值形成的关系归属于自然的创造性关系，另一方面，他又强调了价值判断的主体与客体的统一，有些价值本身也需要主体的认知者来确定。这样，他的自然价值的观点便发生了矛盾，双重价值的观点使他陷入了二元论。②张敏等学者在《生态学范式与罗尔斯顿环境伦理学的建立》一文中，通过对罗尔斯顿环境伦理学的建立与生态学的整体论意蕴、自然价值论伦理学、生态规律与价值规律等的辨析，认为"罗尔斯顿的环境伦理学中，我们看到了生态学理论范式在解决环境伦理学的建立和发展所必须面对的事实与价值过渡问题方面所具有的巨大潜力。我们同时也看到，以这种范式为据的环境伦理学尽管可以具有高度精致的理论形式，但最终达到的依然只能是以目的论解释价值论。罗尔斯顿认定，我们关于实在的存在模式，蕴涵着某种道德行为模式，可以说，罗尔斯顿对生态规律作等同扩张的论证只能止于被客观化了的价值规律，仍不能达于伦理规律"③。

现代西方环境伦理学涉及诸多领域，如纳什的《大自然的权利》就把环境伦理学定义为"大自然的权利"，并把现代西方的环境伦理学思想理解为西方自由主义思想传统的延伸和最新发展，把"绿色宗教""绿色哲学"以及美国的废奴主义和自由主义联系起来。

此外，当代西方主要的环境伦理学还有人本主义和自然主义伦理学、生态中心主义伦理学、神学环境伦理学、生物区域主义、后现代主义多元论与空间感等。简单地说，当前西方生态伦理学研究的主要理论问题有两个，一是自然界的价值，二是自然界的权利。

①　杨英姿：《略论罗尔斯顿环境伦理学价值范式的生态转向》，《伦理学研究》2012年第3期。
②　陈也奔：《罗尔斯顿环境伦理学的内在矛盾》，《环境科学与管理》2012年第3期。
③　张敏等：《生态学范式与罗尔斯顿环境伦理学的建立》，《社会科学战线》2003年第5期。

第三节　当代西方环境伦理学的新探索

环境伦理学（Envinorunental Ethics），又称环境哲学，也有学者称其为生态伦理学、大地伦理学或地球伦理学。它兴起与 20 世纪 70 年代中期，但发展非常迅速，现在已发展出多个流派，并逐步形成一门独立的学科。我国较早从事生态文明理论研究的知名学者余谋昌先生认为，环境哲学是生态文明的哲学基础，环境哲学是一个新的哲学形态，它起源于环境问题。环境伦理学是关于人与自然关系的道德研究，作为一种新的道德学说，西方又称其为环境哲学。"西方环境伦理学从人与自然关系的角度研究伦理问题，主要有四大理论派别：现代人类中心主义、生物中心主义、动物解放论和生态中心主义。它们都对人类包括子孙后代利益表示关心，承认生命和自然界的价值，一致认为人类道德对象的扩展是必要的，这是人类道德的完善。虽然依据不同的理论，它们提出不同的道德目标、道德原则和规范。但它们一致认为，维护生物多样性、保护环境，这是符合人类利益的。"[①] 美国戴斯·贾斯汀的《环境伦理学》一书以"环境哲学导论"作为副标题，他在书中说："环境问题提出了一些更基本的问题，如我们人类的基本价值是什么？我们的生物本性是什么？生活方式怎么样？在自然界中的位置如何？以及我们的社会类型是什么？等等。只有在我们想清楚了为什么要这样做时，我们才去用科技来解决墨西哥湾的氧亏或杀虫剂问题。环境问题提出了基本的伦理学和哲学问题，它有关我们追求的目的。科学和技术最多是我们达到这些目的手段。"贾斯汀认为，环境问题哪怕是一个小的使用无害农药的问题，都涉及我们应当如何生活的哲学问题。"这类类问题是哲学上和伦理学上的问题，它们需要用哲学上较复杂的方式来解决。"[②]

一、环境伦理学的产生及其发展

环境伦理学是一门新兴的学科，是介于伦理学与环境科学之间的综合性学说。一般来说，环境伦理学是关于人与自然关系的伦理信念、道德态度和行为规范的理论体系，是一门尊重自然的价值和权利的新的伦理学。它超越人类中心主义从而转向以生态为中心，根据现代科学所揭示的人与自然相互作用的规

---

① 余谋昌：《环境哲学是生态文明的哲学基础》，《科学对社会的影响》2006 年第 4 期。
② 戴维·贾斯汀：《环境伦理学：当代环境哲学导论》，北京大学出版社，2002 年，第 7 页。

律，敬畏生命，尊重大自然，肯定自然价值和自然权利，善待自然，以道德为手段从整体上协调人与自然的关系，倡导适度消费和绿色消费理念，走人与自然可持续发展之路。它不是将传统伦理学简单地植入自然领域，"环境伦理学需要以生态学和环境科学的成果作为它研究人与自然关系的出发点，但它本质上是关于人对待自然的态度和调节人与自然关系的道德规范的研究，应当属于伦理学的研究范畴。但是，传统伦理学认为伦理关系只存在于人际之间，人对自然无道德可言，因此，逻辑上它决不可能将道德对象向人际之外扩展，更不可能对自然界讲道德。环境伦理问题是一个当代性的课题，它产生于人们对环境问题的深层反思，是在环境保护的现实伦理要求中发展起来的"①。

在西方，现代环境运动兴起于 20 世纪 60 年代，事件的主要导火索是1962 年，一位名叫蕾切尔·卡逊的美国生物学家，出版了名为《寂静的春天》的一本书，这是一本在当时充满了争议的书，她历经 4 年时间调查了农药对人类环境危害的问题。在这部著作里，她向当时还没有心理准备的公众讲述了DDT 等杀虫剂对生物和环境的危害。在此之前，人们对 DDT 等杀虫剂造成危害的严重性一直毫无察觉。当时除了在一些期刊中，很少有关于 DDT 的危险性的报道，甚至美国的公共政策中也没有"环境"这一款项，同时也还没有"环境保护"这个词。卡逊的著作一出版，所遭遇的指责甚至对卡逊本人的人身攻击，是可想而知的。然而，一场关于 DDT 等杀虫剂和化学药品危险性的辩论还是在美国的全国范围内展开了，美国总统组织的一个特别委员会的调查证实了蕾切尔·卡逊的结论。国会召开了听证会，美国环境保护局由此成立，民间环境组织也应运而生。正是蕾切尔·卡逊的《寂静的春天》这本书，拉开了现代环境运动的序幕，西方一些激进的环境保护主义者，把蕾切尔·卡逊作为现代生态主义的开创者。这本书的出版意义非凡，第一，大量的剧毒农药被禁止生产和销售，新型的低毒高效的农药被生产出来，化学工业和农业在一个更高和更安全的水平上发展起来。第二，环境问题成为整个人类发展的基本问题，全球环保意识迅速觉醒。第三，愈来愈多的迹象表明，环境问题涉及诸多社会领域，包括生态观念的变革，社会改革与技术进步，严格的生态保护法律的制定和实施等一系列制度层面的问题逐步得到重视。卡逊的思想正在变成亿万人的共同意识，这一新意识的觉醒正为人类文明迈向新的生态文化阶段做着理论意义上的和实践意义上的准备。第四，环境问题成为经济社会发展和哲学发展急需思考的主要问题之一。至此之后，有关环境问题的著述和国家立法逐

---

① 余谋昌、王耀先主编：《环境伦理学》，高等教育出版社，2004 年，第 1 页。

渐得以展现。当然也有学者把 1949 年美国环境学家莱奥波尔德的《原荒纪事》一书作为环境伦理学的开端，认为莱奥波尔德在传统伦理学领域中便开始衍生出了一门运用生态学和伦理学综合知识，去研究人类与自然环境系统互动关系的道德本质及其规律，探索人们对待自然环境系统的行为准则和规范，保护自然环境系统生态平衡，以达到使人类能在良好生态环境系统中生存和发展目的的科学，人们通常把它称为生态哲学或生态伦理学，环境伦理学则是在生态伦理学的基础上发展起来的更加年轻的科学。

环境问题的日益尖锐，凸显了人类工业文明的病态。环境问题的产生有着复杂的历史和文化的深层原因。第一个备受关注的问题是人口的增长。1968 年美国生物学家保罗·埃利希的《人口爆炸》出版，该书把环境问题产生的原因归结为"人口爆炸"，也就是人口的快速增长造成的极度过剩，他认为，当代世界人口增长，已趋高峰。一旦人类自身的繁殖能力超越了自然的负荷，不仅给自然带来恶果，而且必将祸及自身。在西方，很多学者都持同样的观点，认为造成环境问题的第一个因素是人口爆炸带来的后果。从沃格特的《生存之路》（1949）、赫茨勒的《世界人口危机》（1956），到埃利希的《人口爆炸》（1968），20 世纪 70 年代的泰勒有关人口爆炸的《世界末日》（1970），特别是梅多斯发表的《增长的极限》（1971）和佩切伊的《世界的未来》（1981），他们利用人口统计和人口预测数字，认为当今世界的环境问题，特别是环境污染问题和粮食短缺问题，直接的原因来自"人口爆炸"带来的危机，他们认为"人口爆炸"必然会带来"资源危机""粮食危机"和"生态危机"，根据他们统计，2050 年世界人口将突破 90 亿。在人口爆炸论者看来，过度的人口增长正在毁灭性地消耗地球上的自然资源，随着人口增长，人类对粮食的需要愈来愈大，为了养活更多的人口，人类不得不大规模地使用化学农业，土地资源必将遭到严重破坏，土地的贫瘠化、沙漠化加剧，再加上耕地不断被现代城市化所占用，可使用的土地资源将大规模减少，粮食来源和生产更加困难；特别是发展中国家，人口爆炸带来了失业和贫困，过快的人口增长使人类对生态系统造成巨大的负担和破坏，水资源污染加剧，大气污染日趋严重，生态环境遭到破坏。我们这里不得不提到的是 1972 年罗马俱乐部发布了第一份全球研究报告《增长的极限》，这份研究报告集中考察了世界人口的增长问题、世界经济增长问题、粮食生产、工业化、污染和不可再生的自然资源的消耗还在继续增长的问题，以及技术与技术增长的极限问题，该报告得出的结论是：（1）如果在世界人口、工业化、污染、粮食生产和资源消耗方面按照现在的趋势继续下去，这颗行星将在今后 100 年中达到人口负荷的极限。最可能的结果将是人口和工业生产力双方有相当突然的和不可控制的衰退。（2）改变这种增长趋势和建立稳定的生态和经济的条件，以支撑遥远未来是可能的。全球均衡状态可以这样来设计，使地球上每个人的基本物质需要得到满足，而且每个人有实现他个人潜力的平等机会。（3）我们深信，认识到世界环境在量方面的限度以及超越限度的悲剧性后果，对开创新的思维形式是很重要的，它将导致从根本上修正人类的行为，并涉及当代社会的整个组织。（4）我们断言，全球的发展问题同其他全球问题如此密切地互相联系着，以致必须发展一种全面的战略，向所有主要问题，特别是人和环境的关系问题进攻。

这份研究报告影响深远，可以说震撼了整个世界，以至于联合国在 1972 年在瑞典首都斯德哥尔摩召开了有 113 个国家参加的"联合国人类环境会议"。与会各国共同通过了保护全球环境的"行动计划"和《人类环境宣言》，发布了世界环境宣言的共同看法，其中重要的有：人类既是他的环境的创造物，又是他的环境的塑造者，环境给予人以维持生存的东西，并给他提供了在智力、道德、社会和精神等方面获得发展的机会。生存在地球上的人类，由于科学技术发展速度的迅速加快，人类获得了以无数方法和在空前的规模上改造其环境的能力。人类环境的两个方面，即天然和人为的两个方面，对于人类的幸福和对于享受基本人权，甚至生存权利本身，都是必不可少的。保护和改善人类环境是关系到全世界各国人民的幸福和经济发展的重要问题，也是全世界各国人民的迫切希望和各国政府的责任。现在已达到历史上这样一个时刻：我们在决定在世界各地的行动时，必须更加审慎地考虑它们对环境产生的后果。[①]

1973 年联合国成立了'环境规划署'，并设立了联合国环境规划理事会、环境基金会。1983 年底联合国大会批准成立了世界环境发展委员会。该委员会成立以来，同各国政府、科学家、企业家以及非政府组织进行了广泛的接触和讨论，组织了一系列的世界环境会议，发布了一系列的环境问题决议、声明、宣言和公约，著名的有《关于召开环境与发展大会的决议》《北京宣言》《关于森林问题的原则声明》《里约环境与发展宣言》《21 世纪议程》《保护臭氧层维也纳公约》《濒危野生动植物物种国际贸易公约》《关于消耗臭氧层物质的蒙特利尔议定书》《气候变化框架公约》《生物多样性公约》《防止因倾弃废物及其他物质而引起海洋污染的公约（修正本）》《核材料的实质保护公约》《核事故或辐射紧急情况援助公约》《核事故及早通报公约》《联合国海洋法公

---

① 万以诚、万妍选编：《新文明的路标——人类绿色运动史上的经典文献》，吉林人民出版社，2000 年，第 2 页。

约》，等等，联合国在环境保护问题上的价值导向为环境伦理学的研究提供了有力的理论和舆论的支持，在联合国致力于环境问题的同时，各国政府也先后通过环境立法和成立专门的环境管理组织和管理机构，针对本国的具体环境问题采取了有效措施。各国都建立了环境管理机构，并通过环境立法，增加环境保护资金，对本国环境问题进行统筹规划和协调国家有关保护环境的方针、政策、规划，等等。联合国的行动标志着一个新时代的到来，环境问题成为国际社会的中心议题和世界性的主题，它表明全球为保护环境一致行动已成为世界性的潮流。20 世纪 70 年代开始，欧美发达国家成立了专门的环境研究机构，出版了专业的环境研究杂志，环境与生态、环境与现代工农业、环境与生物保护、环境伦理学研究逐步形成学术研究的热潮。

二、当代西方环境伦理学研究的主要内容

当代西方，随着环境问题的深刻化，欧美发达国家的环境组织和学术研究机构开始对环境问题展开了真正的研究，提出了许多重要的思想和观点，主要涉及文化与环境的关系问题、自然的生存权利问题、生物多样性问题、生态价值观问题，环境伦理学成为热学。

（一）从人类中心转向生态中心

西方近代科学技术的巨大进步，在带来巨大物质财富的同时，也产生了"征服自然"的人类中心主义观念，向自然无限索取和对自然资源掠夺式的开发，造成了巨大的环境问题。今天，随着人类赖以生存的生态系统遭到越来越严重的破坏和环境危机的日益加深，人们已越来越清醒地意识到，人与自然的关系，是人类所面临且必须予以解决的最根本的基础性问题，环境污染和生态失衡问题的解决，不能仅仅依赖经济和法律手段，还必须同时在观念上得以解决。法国哲学家埃德加·莫兰从认识人类学的角度，考察了人类文化环境形成的"观念生态学""观念的生命"和"观念的组织"，他认为人类的观念系统具有保守性和封闭性，具有一种生命状态，它深深地根植于社会—文化—精神—心理的现实中，要改变人们的观念是不容易的。要真正改变人类中心主义的认识论以及由此产生的文化知识系统，也是非常困难的，所以，我们认为，只有从人与自然的观念上，摆正人与自然的位置，在人与大自然之间建立一种新型的伦理关系，人类才会从内心深处尊重和热爱大自然。

这里我们介绍一下国际著名的环境伦理学家，美国科罗拉多州立大学哲学

系终身荣誉教授霍尔姆斯·罗尔斯顿的《环境伦理学：大自然的价值以及人对大自然的义务》（1988）。霍尔姆斯·罗尔斯顿的环境伦理学研究著述非常丰富，其环境伦理学思想引发了学界广泛的关注。自从 1975 年发表《存在着一种生态伦理吗?》的学术论文以来，罗尔斯顿已先后出版了学术专著《科学与宗教：一个批评性的反思》（1983）、《哲学关注荒野》（1986）、《环境伦理学：大自然的价值以及人对大自然的义务》（1988）和《保护自然价值》（1994）。

　　罗尔斯顿的这部《环境伦理学：大自然的价值以及人对大自然的义务》（1988），我们从书名就可以知道，这是一部试图从自然价值观和环境伦理学观念的角度，正确认识人对大自然的义务和承认并尊重自然价值的著作，该书是当代西方环境哲学从人类中心向生态价值中心转变的标志。在环境伦理学的初期发展阶段，许多伦理学家都主张用"权利"这一概念作为环境伦理学的基础，罗尔斯顿指出，权利观念主要是近代西方文化的产物，环境伦理学家最好不要使用作为名词的"right"（权利），因为这一概念所表示的并不是某种存在于荒野中的动物身上的属性，在环境伦理学中，对我们最有帮助且具有导向作用的基本词汇是价值。我们将从价值中推导出我们的（环境）义务。环境伦理学研究的一个的基本主题是：环境保护运动的伦理根据究竟是什么？换句话说，我们为什么有义务维护生态系统的完整和稳定，我们为什么要保护和爱护动植物？一般来说，西方生态中心论者把生态系统理解为一个共同体，人只是这个共同体的一个成员；人对其所属的共同体负有直接的道德义务，而这种义务根源于人类在漫长的生产和生活中逐渐积累的对其他共同体成员形成的情感。由挪威著名哲学家阿伦·奈斯在 1973 年提出深层生态学，提出了生态自我、生态平等与生态共生等重要的生态哲学理念，他们认为，人的存在与整个自然环境密不可分，生态系统也是人的"大我"的一部分，人是由大我和小我（生物学意义上的我）组成的整体，人类的成熟就是从"小我"到"大我"的发展过程，地球上人和人以外的生物的繁荣昌盛有它本身的价值（或内在价值），不取决于它是否能够为人所用；生命形式的丰富多样有助于这些价值的实现，而它本身也是一种价值；除非出于性命攸关的需要，人类无权减少生命形式的丰富多样性。深层生态学作为一种激进的环境主义哲学思潮从一开始就以反人类中心主义世界观的姿态出现。罗尔斯顿的自然价值论则从传统的价值论伦理学出发，从价值中推导出义务，他认为，人们应当保护价值——生命、创造性、生物共同体，因为自然生态系统拥有内在价值，这种内在价值是客观的，不能还原为人的主观偏好，因而维护和促进具有内在价值的生态系统的完整和稳定是人所负有的一种客观义务。罗尔斯顿认为，生态系统也是价值存在的一个单元：一个具有包容力的重要的生存单元，没有它，有机体就不可能生存。共同体比个体更重要，因为它们相对来说存在的时间较为持久，他深刻地指出："自然系统的创造性是价值之母，大自然的所有创造物，只有在它们是自然创造性的实现的意义上，才是有价值的。……凡存在自发创造的地方，就存在着价值。"大自然不仅创造出了各种各样的价值，而且创造出了具有评价能力的人。"在生态系统层面，我们面对的不再是工具价值，尽管作为生命之源，生态系统具有工具价值的属性。我们面对的也不是内在价值，尽管生态系统为了它自身的缘故而护卫某些完整的生命形式。我们已接触到了某种需要用第三个术语——系统价值——来描述的事物"，系统价值并不完全浓缩在个体身上，它弥漫在整个生态系统中。①

国内知名的环境哲学的倡导者余谋昌先生认为，20世纪80年代以后，西方环境伦理学研究在四个方面展开：第一，重新反思了西方文明对待大自然的态度，探讨了西方的主流价值观与环境主义价值观是否相容问题，如现代人类中心主义伦理学就摒弃了传统人类中心主义的强势观点，把人的概念延伸到了未来的世代，认为道德不仅要关怀现在的人，也应关怀尚未出生的人。在处理人与自然的关系问题上，现代的人类中心主从实用主义的角度呼吁放弃内在价值和工具价值的区分。第二，把道德关怀的对象从人扩展到了动物。从道德扩展的角度看，动物福利论是伦理学由人类中心主义向非人类中心主义转变的第一步。第三，系统地阐述了人对所有生命所负有的义务，如生物中心论。第四，系统阐述了人在自然界中的位置以及人对物种及生态系统所负有的义务。霍尔姆斯·罗尔斯顿依据自然主义立场，综合个体主义和整体主义，建立了一种客观价值理论。②

（二）生态价值观的确立

近代以来的科技革命，使得整个世界对科学技术充满了无限信赖的唯科学主义思潮，它认为，人类在征服自然、改造自然方面，没有科学技术解决不了的难题，特别是20世纪以来的科技革命日新月异，人类改变和干预自然的能力不断提高，在人与自然的关系问题上，人类开始放弃过去那种把自然界看成是人类主宰的观念，代之以人是自然的征服者、统治者和大自然的主宰者，人

---

① 霍尔姆斯·罗尔斯顿：《环境伦理学：大自然的价值以及人对大自然的义务》，杨通进译，中国社会科学出版社，2000年，第199、188页。

② 余谋昌、王耀先主编：《环境伦理学》，高等教育出版社，2004年，第30、31页。

与自然的关系逐渐变成了一种征服与被征服、统治与服从、主人与奴隶的关系。这一观念不仅从根本上消除了人类对于自然界的尊重和敬畏，而且还极大地张扬了人类对于自然界的无知与傲慢。这一观念根深蒂固，逐渐成为现代工业文明的思想支柱，成为西方工业文明的精神基础。现代科学已经证明，这种建立在科学技术基础之上的以技术理性为基础的价值观充满了缺陷，首先，地球的资源是非常有限的，重要的是目前已经探明的自然资源已经远远不能满足现代世界人口的需要了，很多资源都是不可再生的，即使能够再生的资源，也因为过度开采和环境破坏，而濒临枯竭。其次，自然界的各种物质、哪怕是最"纯粹的物质"，他们之间都是互相依存，普遍联系的，他们共同构成了自身生产和生存的相互关联之中，任何一个物种的消亡，都是一种生态灾难，都会波及甚至引起整个生态系统的稳定和发展，人类对自然资源的占用和过度使用，已经严重的破坏了生态系统。再次，人类与自然万物生活在同一个生物圈之中，人的生存与自然物质存在唇齿相依的关系。我们可以看到，20 世纪以来的工业技术革命，极大地改变和颠覆了"人与自然"的亲近关系，科学技术露出了自身的弊端，所以一些现代西方哲学家在反思科学技术时，认为科学技术是现代环境问题的根源所在。正如有学者指出的那样："科学技术的高度发展和广泛应用，使人类无论在知识水平、实践能力还是在生活水准方面都发展到一个崭新的阶段，同时也导致技术理性扩张成为社会占主导地位的思维方式和实践原则。在技术理性的支配下，人们将技术作为解决一切社会问题的惟一有效手段，无限制地应用于一切领域，产生了一系列负面效应，导致了人与世界的双重危机，引起了人类普遍的惶恐和不安"，"技术理性作为人本质力量的体现，是认识世界和改造世界的一种积极力量，但由于它所关心的是选择有效的技术手段去达到既定的目标，忽视人的价值和意义，这就注定了仅仅凭借技术理性不能解决社会发展中的所有问题。因此，技术理性无节制地扩张，虽然给我们这个世界带来了空前的效率、巨大的财富，但同时也使技术背离了服务于人的根本宗旨，在自然、社会和人本三个层面上都造成了严重的危机"[①]。

这种建立在人类中心主义思想之上的"科学万能论"，导致了近代以来的西方世界的自我意识极度膨胀，现代科技进步及其广泛应用，由于过分强调科学技术带来的种种好处，强调其功利目的，将其自身限定在解决技术进步和技术创新的层面，忽视了技术社会中人的存在的诗意栖居，漠视科学技术的双刃剑性质，漠视人类对自然环境和自然资源的亲近关系，对科学技术一味采取实

---

① 　林学俊：《技术理性扩张的社会根源及其控制》，《科学技术与辩证法》2007 年第 4 期。

用主义的态度，使得科学技术成为异化人类的技术理性，从而加剧了人与自然的矛盾。面对全球性的生态危机，随着 20 世纪 60 年代兴起的生态运动，以及核技术和现代化学农业等科学技术在生产生活的广泛运用过程中暴露出来的种种弊端，人们开始对科学技术的种种好处进行质疑和批判，哈贝马斯、海德格尔、马尔库塞等当代西方哲学家把科学技术当作当代诸多弊端产生的根源，特别是法兰克福学派，认为科技学术最终导致了"单面人"和"单面社会"。在现代西方，科学技术的技术理性得到了深刻的批判，马尔库塞认为，在机器大工业生产中，人不但受到机器的控制，还受到技术化大众媒体的操纵，使得人们的精神自由和判断力受到了前所未有的影响和弱化，在这个社会中，不仅技术的运用，而且技术本身就是对自然和人的统治。马克思更是一针见血地指出："我们看到，机器具有减少人类劳动和使劳动更有成效的神奇力量，然而却引起了饥饿和过度的疲劳。新发现的财富的源泉，由于某种奇怪的、不可思议的魔力而变成贫困的根源。技术的胜利，似乎是以道德的败坏为代价换来的。随着人类愈益控制自然，个人却似乎愈益成为别人的奴隶或自身的卑劣行为的奴隶。甚至科学的纯洁光辉仿佛也只能在愚昧无知的黑暗背景上闪耀。我们的一切发现和进步，似乎结果是使物质力量具有理智生命，而人的生命则化为愚钝的物质力量。"①

20 世纪 60 年代以来，随着人类对环境问题认识的日益深入，以科学技术为核心的人类中心主义的价值观逐渐转向以生态为核心的生态价值观。正如有学者指出的那样："在当代西方生态哲学思潮中，西方生态中心论者是科学悲观主义的主要代表。在他们看来，生态危机的根源在于人类中心主义价值观以及建立在这一价值观基础上的科学技术，因为人类中心主义价值观只承认人类是唯一具有内在价值的存在物，人类之外的自然界只具有相对于人的工具价值。在这一价值观的支配下，人们产生了利用科学技术实现'控制自然'的观念，从而导致了当代生态危机。对于上述观点，西方生态学马克思主义理论家强调，抽象的'控制自然'的观念以及以此为价值基础的科学技术本身都不是当代生态危机的根源，只有当'控制自然'的观念被纳入到资本主义现代性价值体系之后，才导致技术的非理性运用和生态危机。"②

生态价值观就是以环境或自然价值为核心的价值观，强调人与自然相互作用的整体性，被学者称为"新生态哲学"，刘福森认为，这种新生态哲学有下

---

① 《马克思恩格斯选集》（第 2 卷），人民出版社，1972 年，第 78~79 页。
② 王雨辰：《技术批判与自然的解放》，《马克思主义研究》2008 年第 4 期。

面几个特征：第一，它是以自然存在论为基础的生态世界观。它颠覆和超越西方近代主体形而上学，重塑自然存在论的基础，"生态哲学的自然存在论则是整体论的。自然界作为一个相互联系的整体，其系统的稳定平衡是这一整体指向的最高价值目标。在这个意义上说，生态哲学的自然存在论同西方近代哲学的自然存在论属于两种不同的哲学形态"。第二，它以环境价值为核心的生态价值观。自然界是一个相互联系的整体，每一个物种不但有自身的价值，同时也为其他物种创造生存的条件和价值。这些互相联系的物种对于地球整个生态系统的稳定和平衡都具有积极的意义，这种意义也是"生态价值"。人作为自然界整体中的一员，整个自然系统的稳定和平衡是人类生存的必然条件，这就是"自然价值"或"环境价值"。第三，以"生命同根"为价值前提的生态伦理观和以"生态约束"为特征的新发展观，生态原则是规范和约束社会发展的终极原则。①

更多学者认为，目前所面临的深度的生态危机根源于伴随近代科技文明的出现而形成的生态环境危机，并且科学技术的价值已得到广泛传播，并成为整个社会的主流价值观。事实上，这是有着深厚的社会历史原因的，因为每一次科技革命，都促进了社会生产力的极大发展，带来了整个社会的根本性变革，科学技术成为一个国家综合实力的标杆，是社会经济发展的内生力，"科学技术是第一生产力"成为一个时代的著名论断，因此，要使人类反思和改变这种主流价值观，重新建立起新的生态价值观是非常艰难的，因为它首先需要观念和价值变革。因此，生态价值观作为环境伦理学的基本理念，有学者认为，这种环境伦理学为我们提供了四种不同的伦理理念，其一，开明的人类中心主义。在开明的人类中心主义看来，地球环境是所有人（包括现代人和后代人）的共同财富；任何国家、地区或任何一代人都不可为了局部的小团体利益而置生态系统的稳定和平衡于不顾。人类需要在不同的国家和民族之间实现资源的公平分配，建立与环境保护相适应的更加合理的国际秩序，也要给我们的后代留下一个良好的生存空间。其二，动物解放权利论。环境伦理学为动物保护提供了理论依据，以辛格为代表的动物解放论从功利主义伦理学出发，认为我们应当把"平等地关心所有当事人的利益"这一伦理原则扩展应用到动物身上去。以雷根为代表的动物权利论认为我们之所以要保护动物，是由于动物和人一样，拥有不可侵犯的权利。其三，生物平等主义。敬畏生命和尊重大自然从不同的角度阐释了生物平等主义的基本精神。其四，生态整体主义。罗尔斯顿

---

① 刘福森：《新生态哲学论纲》，《江海学刊》2009 年第 6 期。

认为，人类作为此生态系统内的成员不免会受到环境的压力；然而，在整个生态系统的背景中，人的完整是源自人与自然的交流，并由自然支撑的，因而这种完整要求自然相应地也保持一种完整。正如现代文学典型的看法是：现代人虽然有巨大的技术力量，却发现自己远离了自然；他的技艺越来越高超，信心却越来越少；他在世界上显得非同凡响，非常高大，却又是漂浮于一个即使不是敌对，也可说是冷漠的宇宙之中。① "受现代生态学的启发，生态整体主义认为，一种恰当的环境伦理学必须从道德上关心无生命的生态系统、自然过程以及其他自然存在物。环境伦理学必须是整体主义的，即它不仅要承认存在于自然客体之间的关系，而且要把物种和生态系统这类生态整体视为拥有直接的道德地位的道德顾客。"②

生态价值观的核心是要求树立"自然价值论"和"自然权利论"的生态价值观。霍尔姆斯·罗尔斯顿在《环境伦理学》一书中就十分肯定自然的价值和人对大自然的义务，他认为，如果人类还立足于人类中心主义价值观和主观价值论，仅仅依靠法律和经济手段，无法在根本上解决环境污染和生态失衡的问题，还必须诉诸伦理信念，只有从价值观上摆正了大自然的位置，改变人类对自然的工具性的伦理信念，把道德关怀的对象延伸到自然万物身上，在人与大自然之间建立起一种新型的伦理情谊关系，人类才会从内心深处尊重和热爱大自然；只有在这种尊重和热爱的基础上，威胁着人类乃至地球自身生存的环境危机和生态失调问题才能从根本上得到解决。生态中心论强调，只有确立了"自然价值论"和"自然权利论"的生态价值观，人类才会恢复对自然的敬畏，从而最终解决生态危机。罗尔斯顿在《环境伦理学》的序言中说："我们现代人在开发利用自然方面变得越来越有能耐，但对大自然自身的价值和意义却越来越麻木无知。价值和意义之间的联系决不是偶然的。在一个价值仅仅显现为人的需要的世界中，人们将很难发现这个世界本身的意义；当我们完全以一种彻头彻尾的工具主义态度看待人工产品或自然资源时，我们也很难把意义赋予这个世界。"③ 罗尔斯顿把"自然价值论"作为环境伦理学的基本理论，他认为就是"纯粹的物体"也值得尊重，因为这也是大自然的创生物，它们在构建和重塑自然万物和数百万种存在物中发挥着重要的作用，因此从漫长的自然进化演变的历史来看，自然万物都有着重要的价值。

---

① 霍尔姆斯·罗尔斯顿：《哲学走向荒野》，刘耳、叶平译，吉林人民出版社，2000 年，第 32 页。

② 杨通进：《环境伦理学的基本理念》，《道德与文明》2000 年第 1 期。

③ 霍尔姆斯·罗尔斯顿：《环境伦理学》，杨通进译，中国社会科学出版社，2000 年，第 3 页。

生态价值观的确立被认为是人与自然和谐共处的关键性因素，要破解当代世界的环境问题，关键要破除人类中心主义的价值观，承认并尊重自然价值，著名生态哲学家罗尔斯顿在他的《环境伦理学》和《哲学走向荒野》两部著作中，就十分肯定自然界的价值。他在《哲学走向荒野》的著作中就对"伦理学与自然""自然中的价值"展开讨论，并试图以自然价值为核心，建构一种"生态系统的世界观"，他把生态学称为终极的科学，他借助考韦尔的理论认为，"自然平衡提供了一种客观的规范模式，可以用来作为人类价值的唯一基础。自然平衡可不仅是我们一切价值的源泉，它是我们可以建立的所有其他价值的惟一基础。而其他价值必须符合自然的动态平衡规律。换句话说，自然平衡是一种终极价值"①，这是一种深刻的生态哲学思想。罗尔斯顿的《哲学走向荒野》处处充满了深邃的思想，那是一种接近真理事实的真知灼见，如他在回答"我们能否和应否遵循自然"时认为：首先，从一般意义上论起，有绝对意义、人为意义和相对意义上的遵循自然；从更加具体的意义上，可以有四种特定的相对意义，即自动平衡意义、道德效仿意义、价值论意义和接受自然指导意义。对于自然的价值，他认为自然的价值主要有经济价值、生命支撑价值、消遣价值、科学价值、审美价值、生命价值、多样性与统一性价值、稳定性与自发性价值、辩证的（矛盾斗争的）价值、宗教象征价值。罗尔斯顿把自然作为一个价值之源，他认为人类价值也源于自然，自然是一个不断生发的过程，找到人类自己与此过程的联系，并借此弄清人类自己与其他生命形式的关联是十分重要的。价值绝非单纯满足人类利益，价值包括多个方面的内容，具有源于自然之根的结构，罗尔斯顿认为："有很多自然的东西被编入了我们的遗传程序。我们体内流动着的原生质已经在自然中流动了十多亿年。我们内在的人性已在对外在自然的反应中进化了上百万年。我们的遗传程序在很大程度上决定着我们的性质，使我们都如此相似又如此地不同，而这遗传程序完全是自然的。要说我们行为的最终根据中没有一种很完善的、与自然相适应的东西，那是很难想象的。"②

不过，我们要指出的是，以生态为中心的环境伦理学在当代西方是充满争议的。如当代西方生态学马克思主义既反对生态中心主义的绿色思潮阐发的"自然价值论"和"自然权利论"，也不赞同人类中心主义的绿色思潮脱离制度

①　霍尔姆斯·罗尔斯顿：《哲学走向荒野》，刘耳、叶平译，吉林人民出版社，2000 年，第 13 页。

②　霍尔姆斯·罗尔斯顿：《哲学走向荒野》，刘耳、叶平译，吉林人民出版社，2000 年，第 72 页。

维度为人类中心主义价值观所做的辩护。他们把马克思主义的基本原理及其社会批判功能与人类日益严峻的生态问题相结合，力图探寻一种能够彻底解决生态问题和人类自身发展问题的生态学理念，主要代表人物是马尔库塞、阿格尔、奥康纳、福斯特、岩佐茂等。奥康纳在《自然的理由——生态学马克思主义研究》一书中，以独特的理论视角，首先考察了"人类历史与自然界的历史"，或者说人类系统和自然界系统之间的辩证关系，在"历史与自然"、"文化、自然与历史唯物主义观念"、田野调查，以及"资本主义与自然"等宏观和微观层面来解读人与自然的历史传统模式和环境史。其次，奥康纳考察了资本主义与自然的关系。他认为资本主义具有"经济危机"和"生态危机"这样两种双重矛盾，当今不断恶化的生态环境，其根本原因在于对"自然"不够重视，没有把"自然"作为"生产条件"的地位进行认识和处理，因为"资本主义的生产（其实是所有的生产形式），不仅以能源为基础，而且也以非常复杂的自然或生态系统为基础"①，这就触及了资本主义生态危机产生的根源。西方生态学马克思主义强调要解决当代的生态危机，就应该实现制度和生态道德价值观的双重变革。他认为，制度批判、技术批判、消费批判和生态政治哲学是西方生态学马克思主义的核心论题，"其突出特点就是把技术批判、消费批判同制度批判紧密结合起来，进而直接导致其社会变革理论。生态学马克思主义并不反对技术本身，他们所反对的是技术在资本主义制度支配下的非理性运用；他们的消费批判深受法兰克福学派特别是马尔库塞的影响，其着眼点在于通过批判支配人们心灵世界的异化消费，树立正确的需求观、消费观和幸福观，从而培育对异化制度的反抗意识和自主意识。因此，生态学马克思主义的技术批判和消费批判是服从于制度批判的"②。所以，西方生态马克思主义的学者一方面坚持人类中心主义的价值观，另一方面又坚持应该在新制度的基础上，对人类中心主义价值观的内涵进行重新解释，这就在资本主义的制度层面，展开了深入的批判，是对马克思主义生态哲学思想的继承和发扬。因此，生态学马克思主义认为生态文明是一种不同于工业文明的新型文明，它一方面肯定工业文明的技术进步和技术成就，另一方面又在环境哲学思想上，特别是人与自然关系的问题上与工业文明的自然观有着本质上的不同，由此可见，当代环境哲学中最重要的理论是自然价值理论。

---

① 霍尔姆斯·罗尔斯顿：《哲学走向荒野》，刘耳、叶平译，吉林人民出版社，2000 年，第 196 页。

② 王雨辰：《制度批判、技术批判、消费批判与生态政治哲学》，《国外社会科学》2007 年第 2 期。

在国内，有不少学者对环境哲学的研究有着独特的看法，如张岂之先生在《关于环境哲学的几点思考》中认为，环境哲学的目的并非是要描述环境变化，而是要探讨伴随环境危机而产生的哲学问题，它们主要涉及的是人和自然之间的关系的各类问题。环境哲学必定需要研究环境伦理问题，而当前最紧迫的任务是要解决人们该做什么和如何做的问题。① 刘福森认为，环境概念不同于生态概念，它是以人为参照的。动物与环境是直接同一的、特定的和封闭的，人的环境则是开放的、不确定的，自然界没有专属于人的特定环境。环境价值是一种不同于资源价值、消费性价值的"存在性价值"。在人与环境的伦理关系中，我们"有能力做"的，并非一定是"应当做"的。环境哲学的终极关怀是人类的可持续生存与发展。② 韩立新等学者认为，美国的环境伦理学的发展经过了三个历史时期：早期为防止人类破坏环境而进行的"自然保存（preservation）运动"阶段，近代工业社会建立以后从人的功利主义角度提倡利用天然资源的"自然保全（conservation）运动"阶段和 20 世纪 70 年代以后，以人和自然的共生为价值基础的"环境主义（environmentalism）运动"阶段。20 世纪 70 年代以后，环境运动进入"环境主义运动"阶段，"环境思想的核心从资源保全主义转向了以自然的权利为核心的环境主义，随着这一转向，环境伦理学界展开了激烈的论争，这就是环境主义论争"。从环境伦理学的研究对象来看，环境伦理学是研究人对自然有无伦理义务的学说体系，它包括自然的权利、环境正义、社会变革三个方面的具体内容。③ 杨通进认为，当代的环境伦理学理论主要聚焦在三个问题上：人类中心主义与生态中心主义；权利话语与生态伦理学；自然价值论与环境伦理学。④ 薛富兴认为，20 世纪西方环境哲学的主题是天人关系，它是对 20 世纪世界性环境危机的深入反思，是对近代社会"人类中心主义"天人观的否定。当代环境伦理学的"有限自然""有限地球""有限人类"和"依天立人"理念，将对世界生态文明的新形态之建立产生深刻、广泛和持久的影响。⑤

还有一些学者对当代环境伦理学理论进行了反思，认为中国的环境伦理学应该"本土化"，应该超越当代欧美的环境哲学理论，传承中华传统生态哲学思想。余谋昌先生认为，环境哲学是生态文明的哲学基础，环境哲学的价值

---

① 张岂之：《关于环境哲学的几点思考》，《西北大学学报》2007 年第 9 期。
② 刘福森、曲红梅：《"环境哲学"的五个问题》，《自然辩证法研究》2003 年第 11 期。
③ 韩立新、刘荣华：《环境伦理学的发展趋势与研究对象》，《思想战线》2007 年第 6 期。
④ 杨通进：《环境伦理学的三个理论焦点》，《哲学动态》2002 年第 5 期。
⑤ 薛富兴：《环境哲学的基本理念》，《贵州社会科学》2009 年第 2 期。

论，强调整体性思维，讲求相互联系、相互作用，这与中国哲学恰好吻合。环境哲学不仅认为人具有很高的价值，还认为生命和自然界也有价值，我们要"创造中国环境伦理学学派，建设中国环境伦理学"①。如孙道进的《环境伦理学的哲学困境》就认为人类中心主义与非人类中心主义的环境哲学理论都走向了形而上学的极端。他认为，从总体上看：在本体论上，非人类中心主义坚持的是"荒野"至上的有机论自然观，而人类中心主义坚持的是理性至上的机械论自然观；在价值论上，非人类中心主义坚持的是自然的"内在价值论"，而人类中心主义坚持的是自然的"工具价值论"；在认识论上，非人类中心主义坚持的是"整体主义"的思维方式，而人类中心主义坚持的是"主客二分"的思维力方式；在方法论上，非人类中心主义坚持的是"敬畏生命"的自然无为，而人类中心主义坚持的是对自然"怎么都行"的胡作非为。② 郑慧子认为，环境哲学的实质是当代哲学的"人类学转向"，环境哲学通过对人与自然关系的反思，要求把人的道德关怀扩展到自然或自然生命那里去，确认自然的内在价值，呼唤人类遵循自然规律等，这个由人类自身指向自然的过程，实质上最终反射到了对人类自身的认识上，所以，当代环境哲学成为"人类学时代"的开端和标志。③

有学者指出，当代环境哲学理论的新发展是生态学马克思主义的伦理哲学理论，当代西方生态学马克思主义以马克思的劳动剩余价值理论的生态思想为主线，在三个层面上展开了新的理论研究："第一个层面是以马克思的'社会代谢'概念为核心，重建马克思的自然本体论；第二个层面是以马克思的自然本体论的'自然—社会'框架或生态辩证法改造环境社会学，建构起马克思主义生态科学的社会学；第三个层面是把马克思的物质代谢理论运用于研究生态帝国主义现象，发展了马克思主义的帝国主义理论。通过这三个层面的理论建构，生态学马克思主义打通了马克思哲学与当下实践的关系，进而对当代生态危机和社会危机最重要的问题，即气候恶化和粮食危机，进行了批判性的反思，以此论证资本主义的不可持续性。这一批判性的反思，既论证了马克思劳动价值论的当代意义，又展示了生态学马克思主义的批判性和世界性的特征"④。

---

① 余谋昌：《环境哲学是生态文明的哲学基础》，《绿叶》2006 年第 6 期。
② 孙道进：《环境伦理学的哲学困境·前言》，中国社会科学出版社，2007 年，第 2 页。
③ 郑慧子：《环境哲学的实质：当代哲学的"人类学转向"》，《自然辩证法研究》2006 年第 10 期。
④ 何萍、骆中锋：《国外生态学马克思主义的新发展》，《吉林大学社会科学学报》2015 年第 11 期。

第四章 马克思主义的生态哲学思想

第一节 马克思恩格斯生态哲学思想

马克思、恩格斯所处的时代正是资本主义完成工业革命，科学技术带来了社会生产力的空前进步，人类利用了科学技术摆脱了神学统治，科学技术还没有显露出它对环境的危害的阶段，环境问题也不是整个社会的突出问题，因此马克思、恩格斯还未形成今天我们谈论的生态文明理论。但这并不说明马克思的哲学思想不存在关于生态哲学的内容，正如余谋昌先生所指出的那样："资本的原始积累，既是对工人剩余劳动的剥削，又是对自然价值的剥削，两种剥削同时进行彼此加强，导致工人贫困和自然破坏。19 世纪中叶，马克思在揭示资本主义剥削实质，创造伟大的剩余价值学说时，也揭露了这种剥削所带来的环境问题，阐述了深刻的环境哲学思想。"① 资本主义发展所带来的人与人、人与自然之间的不和谐，已经被马克思恩格斯所认识，并把资本主义的生态问题看成社会问题，这使得马克思恩格斯的生态哲学具有深刻的历史唯物主义思想。

一、国外学者对马克思生态哲学的研究

国外关注马克思生态哲学思想的主要是西方生态马克思主义流派的学者，他们在当代资本主义社会普遍出现严重的生态危机的情况下，开始追溯生态危机的根源，力求在马克思的思想理论中寻求生态思想的源泉，以获得理论上的新视野，并力图寻找人与自然的和谐与解放，从而消除生态危机。西方生态马克思主义比较重要的几位生态学思想家主要有本·阿格尔、安德烈·高兹、詹姆斯·奥康纳、约翰·贝拉米·福斯特等。加拿大滑铁卢大学社会学系教授

---

① 余谋昌：《马克思和恩格斯的环境哲学思想》，《山东大学学报》2005 年第 6 期。

本·阿格尔（后来成为美国德克萨斯大学教授），1979年出版了《西方马克思主义概论》一书，他把整个西方马克思主义流派的重要人物及其思想加以梳理和评述，首次明确提出了"生态马克思主义"的概念，并对生态马克思主义的内涵做了开创性的论述。他认为资本主义生产领域的危机，开始转到消费领域，即生态危机取代了经济危机，西方马克思主义开始"走向生态学马克思主义"。他的这本著作被国内外学术界一致地视为生态马克思主义学派形成的标志。在阿格尔看来，"资本主义由于不能为了向人们提供缓解其异化所需要的无穷无尽的商品而维持其现存工业增长速度，因而将触发这一危机。我们将从马克思关于资本主义生产本质的见解出发，努力揭示生产、消费、人的需求、商品和环境之间的关系"[1]。阿格尔根据马克思关于经济危机和异化劳动的论述，发现消费异化导致了生态危机，因此他试图以生态危机来否定经济危机。西方生态学马克思主义者，他们从马克思对资本主义的批判入手，认为资本主义制度、资本主义的生产方式和生活方式、科学技术变成了工具理性与技术理性，以及无限的生产与消费，这些都是当代生态危机产生的根源。

詹姆斯·奥康纳的《自然的理由》就专门论及"资本主义与自然"，该书以马克思资本理论及波兰尼的社会理论的视角，对当今世界的资本主义与自然和社会世界的"完整性"之间的矛盾做出研究。他运用马克思主义的理论，一方面对资本主义的生产、分配、交换和消费之间的关系、资本主义通过危机而进行的积累，以及技术、能源、空间发展等方面的问题进行了认真的研究；另一方面，又对资本在利用自然界的过程中把自然界既当作水龙头又当作污水池的问题进行了分析。奥康纳在重点关注事物的交换价值的同时，对事物的使用价值的维度也做了重点研究，比如，在关注工人所遭受的经济剥削的同时，也关注了工人所遭受的生物学维度上的剥削；在关注资本主义积累的内在经济障碍的同时，也对资本主义积累所面临的外在性的自然和社会性障碍问题进行了深入的分析。

美国俄勒冈大学社会学教授约翰·贝拉米·福斯特是西方生态马克思主义的重要学者，其主要著作有《脆弱的星球》（1999）、《渴望利润》（2000）、《资本主义与信息时代》（1998）、《保卫历史》（1996）等。福斯特在《生态危机与资本主义》《马克思的生态学》两部著作中通过分析资本主义生产方式的特点，揭示了资本主义制度的反生态性质。如他在《马克思的生态学》一书中认为，马克思在其著作的许多地方都表现出了浓厚的生态意识，他认为马克思的世界

---

① 本·阿格尔：《西方马克思主义概论》，慎之等译，中国人民大学出版社，1991年，第486页。

观是一种"深刻的、真正系统的生态世界观，而且这种生态观是来源于他的唯物主义的"，也就是说，马克思的唯物主义哲学世界观在本质上是一种生态世界观。这不仅体现在马克思建立了一种生态唯物主义的历史观，还体现在马克思提出了生态唯物主义自然观，马克思的唯物主义历史观主要关注的是"实践唯物主义"。福斯特认为，马克思在改造唯物主义时，并没有抛弃作为本体论和认识论层面的唯物主义自然观。马克思既批判了所有的目的论的认识论，即自然和世界中没有目的，自然和世界是非决定论的，同时，他又采用了现在称为"实在论"的本体论立场，强调外部的物理世界独立于思维而存在。"人与自然的关系从一开始"就是"实践的关系，也就是说，是通过行动建立起来的关系"。但是，在更普遍的唯物主义自然观和科学观中，福斯特认为马克思的生态自然观本质上既是"本体论的唯物主义"，又是"认识论的唯物主义"，同时还是"实践唯物主义"①。国内有学者对福斯特的生态马克思主义研究做了较为准确的评价："福斯特研究生态唯物主义的主要目的是在于从哲学层面上重新思考人类社会和自然的关系，从生态唯物主义的立场出发来考察社会和自然维度，从而展现出一幅更大空间和时间范围内的辩证的自然——社会观。福斯特仍然以马克思和达尔文的思想及晚年马克思对美国的社会学家路易斯·亨利·摩尔根的关注为背景来重构马克思的社会历史观及自然——社会观，达到福斯特自己对自然和社会及其关系的理论观点。"②

　　美国著名的社会生态学家詹姆斯·奥康纳的生态学马克思主义理论研究代表作《自然的理由：生态学马克思主义研究》一书认为，马克思对那些把生产过程中的剥削方式自然化的政治经济学家的批判，并没有遮蔽他对自然系统在资本的生产和流通过程的重要性的重视。马克思在三个重要的层面论述了自然物质因素在劳动实践中的主要价值，以及自然界在资本主义经济危机中的重要作用。首先，马克思十分注意各种自然过程在谷物、酒类、木材、陶器加工业以及其他工业中的重要意义。其次，马克思也注意到了不同的工业活动中的劳动过程与自然过程是不相同的。第三，马克思注意到，资本的再生产在总体上是与根据其自然属性或者说根据其使用价值来定位的价值构成的相对比例紧密联系在一起的。总而言之，自然的因素在使用价值中占有重要的分量，按照马克思的说法，自然界在经济危机中就是起一定作用的。奥康纳认为资本主义生产不仅建立在对不可再生性资源的开发和利用上，而且对土地、水资源、空

---

①　福斯特：《马克思的生态学》，高等教育出版社，2005年，第4页。
②　郭剑仁：《福斯特的生态学马克思主义思想研究》，中国知网硕博论文库。

气、野生动物，以及整个生态系统都会产生破坏性的作用，而这又会反过来限制未来的资本主义积累得以实现的可能性区域。"资本主义生产（其实是所有的生产形式）不仅以能源为基础，而且也以非常复杂的自然或生态系统为基础"，奥康纳认为，虽然马克思和恩格斯本人不是"生态经济学家"，但他们都清楚地意识到了资本主义对资源、生态及人类本性的破坏作用。因为马克思生态思想的理论前提是自然（或"生产的外部条件"）仅仅是资本的出发点，而不是其归宿。奥康纳还极为深刻地指出，目前学界还没有对导致生态破坏的"原因"从总体上进行系统的理论分析，以及对资本积累与经济和生态危机的趋势和倾向性、资本积累与社会运动和政治学之间的复杂的内在联系进行系统的理论分析。奥康纳认为，导致这种状况的原因是还缺乏像马克思那样一种对有关"生态危机"的意识形态阐释与社会—科学性阐释的系统说明。任何一种"原因"的理论都必须建立在资本理论、马克思主义的积累和经济危机理论之上，或者说得更准确一点，必须建立在通过经济危机而实现的资本主义积累理论的基础之上。① 国内学者王军在《詹姆斯·奥康纳生态学马克思主义理论述评》一文中对奥康纳的生态学马克思主义研究进行了评述，他认为，奥康纳通过对自然概念重新将马克思历史唯物主义的基础建立在自然之上，从而重建了历史唯物主义。奥康纳认为马克思的理论具有潜在的生态学社会主义的理论视阈，他坚信从生态学必然能够引申出一条新的对资本主义社会批判的思路来。但是奥康纳对马克思进行了非历史的解读。另外，奥康纳还严重忽视了马克思思想中的生态学意蕴（维度），生态视角始终是马克思异化理论的一个有机组成部分，也是马克思的技术批判理论逻辑链条上的一个必要环节。奥康纳生态学马克思主义的核心是对马克思历史唯物主义的"重建"。"奥康纳通过对马克思历史唯物主义理论的修正，试图唤起人们对自然概念的重新认识与重视，他的理论与早期生态学马克思主义代表人物（莱斯和阿格尔）有明显不同，这主要表现在他并不是轻易地否定马克思的任何理论，而是强调马克思主义的不完善性。但是，从总体上看，奥康纳陷入了一种理论的折中主义和多元决定论，他对马克思主义的非历史解读必然导致其对马克思主义的误解，这也是他对马克思主义和生态学综合最终失败的深层次原因。"② 我们认为，这种理解是有见地的，西方生态学马克思主义既在马克思经典著作中寻找理论的源泉，又脱

---

① 奥康纳：《自然的理由：生态学马克思主义研究》，唐正东等译，南京大学出版社，2003 年，第 190～200 页。

② 王军：《詹姆斯·奥康纳生态学马克思主义理论述评》，《哈尔滨工业大学学报（哲学社会科学版）》2005 年第 7 期。

离了马克思主义具体的历史语境。还有学者认为，奥康纳的生态学马克思主义主要的历史贡献在于重构了生态学意义的历史唯物主义，认清了资本主义社会的生态危机，建立了生态社会主义的理想社会。奥康纳的生态学马克思主义拓展了马克思主义理论批判反思的维度，强化了马克思主义生态理论的社会文化色彩，更新了对"自然"观念的再认识。但是奥康纳对"自然"内在价值的认识存有偏颇，对资本主义社会本质的认识不彻底造成了他的生态马克思主义理论的局限性。①

国外生态学马克思主义流派是西方马克思主义最近几年最重要的发展趋势之一，他们以马克思历史唯物主义理论为指导，着力从马克思劳动异化理论，马克思关于资本主义的剩余价值生产理论，资本主义的制度批判、技术批判和价值观批判等多个重要的维度，揭示出当代资本主义生态危机产生的根源，他们大多强调实现社会制度和生态价值观的双重变革才是解决当代生态危机的根本出路。国内学者何萍、骆中锋在《国外生态学马克思主义的新发展》一文中指出，自 2008 年全球金融危机以来，国外生态学马克思主义以开发马克思的劳动价值论的生态思想为主线，开展了三个层面的理论研究：第一个层面是以马克思的"社会代谢"概念为核心，重建马克思的自然本体论；第二个层面是以马克思的自然本体论的"自然—社会"框架或生态辩证法改造环境社会学，建构起马克思主义生态科学的社会学；第三个层面是把马克思的物质代谢理论运用于研究生态帝国主义现象中，发展了马克思主义的帝国主义理论。通过这三个层面的理论建构，生态学马克思主义打通了马克思哲学与当下实践的关系，进而对当代生态危机和社会危机最重要的问题，即气候恶化和粮食危机，进行了批判性的反思，以此论证资本主义的不可持续性。这一批判性的反思，既论证了马克思劳动价值论的当代意义，又展示了生态学马克思主义的批判性和世界性的特征。② 贾学军在《从生态伦理观到生态学马克思主义：论西方生态哲学研究范式的转变》一文中认为，生态学马克思主义是当代西方生态哲学发展的最新历史阶段，西方生态哲学主要经历了三次研究范式的转变，它们分别是非人类中心主义、弱人类中心主义及生态学马克思主义。非人类中心主义主张通过扩展道德关怀对象的外延来寻求生态危机的解决。弱人类中心主义突出了"人"这一概念类的属性，提出应把人类的共同利益、长远利益作为处理

---

① 王柏文、接峰：《詹姆斯·奥康纳的生态学马克思主义述评》，《吉林师范大学学报（人文社会科学版）》2016 年第 7 期。

② 何萍、骆中锋：《国外生态学马克思主义的新发展》，《吉林大学社会科学学报（人文社会科学版）》2015 年第 11 期。

人与自然关系的价值导向和价值目标。这二者共同的不足之处在于它们把生态危机简化为伦理价值问题，却忽略了价值观产生的特定生产方式及社会制度。生态学马克思主义克服了这一缺陷，从对资本主义的生态批判入手，强调了解决生态危机的根本途径在于变革资本主义制度，建立生态社会主义。①

二、马克思主义生态哲学思想

马克思主义哲学是关于自然、社会和思维发展一般规律的学说，它坚持唯物论和辩证法的统一，坚持唯物主义自然观和历史观的统一，是科学的世界观和方法论。实践观点是马克思主义哲学的基础，贯穿于马克思的全部辩证唯物主义和历史唯物主义之中，因此，马克思主义哲学在实践基础上孕育了丰富的生态哲学思想。国内哲学界对马克思生态哲学思想的研究是 20 世纪 80 年代末期以后的事情了。这是因为，第一，整个人类对生态危机的强烈关注是在 20 世纪 60 年代以后才真正开始的。第二，我国的工业化水平在 20 世纪六七十年代尚处于相对较低的阶段，生态环境的危机还不突出。第三，国内马克思生态思想的研究是直接受到西方生态伦理研究的启发而产生的。第四，马克思生态哲学思想的研究是与我国的经济社会发展的现实联系在一起的，是马克思主义中国化的重要理论成果。

国内对马克思生态哲学思想进行研究大约可以追溯到 1992 年。王东启等学者在 1992 年《求是学刊》第 2 期发表了《马克思〈1844 年经济学哲学手稿〉中生态伦理思想的发轫》，这是目前可以检索到的公开发表的较早的马克思生态哲学思想的研究成果。这篇研究成果即使在今天也不过时，因为它抓住了马克思生态哲学思想的内核。第一，资本主义的私有制及其工业化大生产，造成了劳动和人的异化，资本主义的私有制度造成了劳动和资本、土地的分离以及工资、资本利润、地租的分离，必然导致人与社会的分离，劳动所产生的对象即劳动产品作为一种异己的存在物同劳动者相对立，使对象化表现为对象的丧失和被对象所奴役，工人在劳动中耗费的力量越大他本身就越贫乏。人与社会的分离又带来了另一个恶果：造成了人与自然的分离，所以资本主义的私有制是造成生态危机的直接根源，这是马克思生态哲学思想最彻底的地方。第二，该文抓住了马克思生态哲学思想最重要的层面：（1）资本主义的制度批判，（2）自然价值的问题。自然价值的问题在今天也是环境哲学研究的前沿领

---

① 贾学军：《从生态伦理观到生态学马克思主义：论西方生态哲学研究范式的转变》，《理论与现代化》2015 年第 5 期。

域。第三，钩沉了马克思的科学技术哲学思想。马克思认为人是通过自然科学和技术介入自然界，人调控、管理、协调自然的过程是人类自身获得解放的过程，也是无产阶级获得解放的一个基础，只有克服资本主义生产的弊端，使自然科学、工业技术获得合理的发展而形成的人化自然才是真正的、人类的自然界。科学技术不是人类生存的对立面，科学技术也是人类获得自由解放的重要基础和途径。

20 世纪 90 年代以来，马克思生态哲学思想的研究得到了迅速的发展，这对于丰富和发展马克思主义理论，具有重要的现实意义和理论意义。张惠敏在1993 年第 6 期的《中国政治青年学院学报》上发表了《马克思恩格斯生态哲学观初探》，这篇文章一个重要的特色就是考察了恩格斯的《自然辩证法》中的生态哲学思想。张云飞在《中国人民大学学报》（1999 年第 2 期）发表的《社会发展生态向度的哲学展示：马克思恩格斯生态发展观初探》，追溯了马克思生态哲学的形成、发展过程。他认为：第一，马克思主义的生态发展观是在批判机械发展观（在生态上，以割裂人和自然、社会发展与自然生态系统关系为特征的发展观）的过程中产生的。第二，马克思恩格斯的生态发展观是马克思主义社会发展观的重要的组成部分，它科学地揭示出了人和自然、社会发展与自然生态系统的辩证的生态关联。这些研究成果的理论水平和对马克思生态哲学思想的把握，在今天看来也是相当高的。马克思生态哲学思想主要围绕下面的内容展开：

（一）马克思《1844 年经济学哲学手稿》中的生态哲学思想

马克思《1844 年经济学哲学手稿》（以下简称《手稿》）被认为是马克思主义哲学的开端，由三个未完成的手稿组成，其主要的生态哲学思想表现在下面几个方面：第一，"自然是人的无机身体"，人"直接的是自然的产物""就是自然界"，这是马克思从人与自然之关系最基本的层面展开的论述，人的生命来源于自然，人的生存依赖自然，最终也要归于自然，这是一切生物的自然规律，从这个意义上说，人是自然界的一部分。马克思指出，无机的自然界，是人赖以生存的基础。无论是在人的层面还是在动物的层面，人类生活从肉体方面来说就在于人（和动物一样）靠无机界生活，而人和动物相比越有普遍性，人赖以生活的无机界就越广阔。这是人与自然最基础的关系，也就是说，人的生存（肉体的存在为第一需要）要依赖自然界来养活。马克思认为，不仅在第一生存的意义上如此，在精神领域也是如此，马克思在《手稿》中指出："从理论领域说来，植物、动物、石头、空气、光，等等，一方面作为自然科学的对象，一方面作为艺术的对象，都是人的意识的一部分，是人的精神的无机界，是人必须事先进行加工以便享用和消化的精神食粮。"从实践领域说来，这些东西也是人的生活和人的活动的一部分。人在肉体上只有靠这些自然产品才能生活，不管这些产品是以食物、燃料、衣着的形式，还是以住房等形式表现出来，也就是说，自然界为人的生存提供了第一生存上的依赖，人把整个自然界"首先作为人的直接的生活资料，其次作为人的生命活动的材料，对象和工具——变成人的无机的身体。自然界，就它本身不是人的身体而言，是人的无机的身体。人靠自然界生活。这就是说，自然界是人为了不致死亡而必须与之不断交往的人的身体。所谓人的肉体生活和精神生活同自然界联系，也就等于说自然界同自身相联系，因为人是自然界的一部分。人类历史的发展，特别是从现代过度工业化带来的生态危机来看，马克思的这些论断是非常精准的，没有作为人的直接生活资料的自然界，人类就无法生存。日益严重的生态危机，之所以引起整个世界的思考，其症结就在这里。没有大自然，人类就无法继续生存。正如马克思指出的那样，没有自然界，没有感性的外部世界，工人就什么也不能创造，自然界"是工人用来实现自己的劳动，在其中展开劳动活动，由其中生产出和借以生产出自己的产品的材料。但是，自然界一方面这样在意义上给劳动提供生活资料，即没有劳动加工的对象，劳动就不能存在，另一方面，自然界也在更狭隘的意义上提供生活资料，即提供工人本身的肉体生存所需的资料。因此，工人越是通过自己的劳动占有外部世界，感性自然界，他就越是在两个方面失去生活资料"。这段话精辟地指出了人对自然的不可或缺性。其一，自然界是人类生产劳动的场所，不仅如此，自然界还提供"生产出和借以生产出自己的产品的材料"，也就是说，自然界提供了人类的一切劳动产品及产品所需要的材料。其二，自然界还提供人类自身生存的基本的生活资料。其三，资本主义生产关系的异化导致了人与自然的疏离。马克思在《手稿》中通过"异化"的角度来表达其生态哲学思想。马克思认为人与自然的首要关系是人依靠自然界而生存，人是自然的一部分，从这个意义上来讲，人与自然是统一的，但资本主义工业化大生产改变了人类的生产和生活方式，劳动成为人的异化力量，也成了自然的异化力量。马克思从两个方面考察了实践的人的活动，即劳动的异化行为。一是"工人同劳动产品这个异己的，统治着他的对象的关系"，二是"在劳动过程中劳动同生产行为的关系"。"异化劳动从人那里夺取了他的生产对象，也就是从他那里夺去了类生活，即他的现实的类对象性，把人对动物所具有的优点变成缺点，因为从人那里夺走了他的无机的身体即自然界。"在资本主义社会化大生产中，由于资本主义的私有制，资本家总是要千方百计地扩大生产，马克思的剩余价值理论就很能说明资本主义大生产的实质。劳动产品是劳动者（工人）劳动生产出来的，但是却被资本家完全占有，这就直接造成了劳动产品和劳动者的分离，使得劳动本身失去了本来的意义，"夺去了类生活，即他的现实的类对象性，把人对动物所具有的优点变成缺点"，这是现代资本主义生产劳动最惨重的现实，劳动本身变成了异化人的力量。所以马克思说，在资本主义制度下，"人的类本质——无论是自然界，还是人的精神的、类的能力——变成人的异己的本质，变成维持他的个人生存的手段。异化劳动使人自己的身体，以及在他之外的自然界，他的精神本质，他的人的本质同人相异化"。劳动的异化让人丧失了人自身的本质特征，在资本主义的现代化大生产工场中，"他在自己的劳动中不是肯定自己，而是否定自己，不是感到幸福，而是感到不幸，不是自由地发挥自己的体力和智力，而是使自己的肉体受折磨、精神遭摧残"。在这里，马克思指出，劳动成了否定性的力量，变成了折磨和摧残工人否定性力量，"这种劳动使人（工人）只有在运用自己的动物机能——吃、喝、性行为，至多还有居住、修饰等等的时候，才觉得自己是自由活动，而在运用人的机能时，却觉得自己不过是动物"。异化劳动使得人失去自己的本质，变成了否定性的力量，使工人成为"动物"。马克思就这样从资本主义的劳动实践的本质出发，指出了"异化劳动使人自己的身体，以及在他之外的自然界，他的精神本质，他的人的本质同人相异化"。

（二）国内学者对《1844 年经济学哲学手稿》中的生态哲学思想的研究述评

马克思《1844 年经济学哲学手稿》是马克思生态哲学思想的重要文本，国内学者对此有比较深入的研究。下面我们梳理一下学界在该领域所取得的研究成果，这对于我们全面理解马克思生态哲学思想有着重要的意义。

解保军、李建军在《马克思〈1844 年经济学哲学手稿〉中的生态辩证法思想及其启示》中认为，马克思的《1844 年经济学哲学手稿》反映出睿智的生态辩证法思想。他论述了人作为受动的自然存在物与能动的自然存在物、动物生产的片面性与人的生产的全面性、人的解放、社会解放、自然解放、人与自然对象性存在、"人是类存在物"的哲学思想与生态环境保护等多方面的辩证关系。① 彭福扬、彭曼丽在《马克思〈1844 年经济学哲学手稿〉中的生态思想及其意义》一文中认为，马克思《1844 年经济学哲学手稿》一文中的一个基本理论是异化理论，它是理解马克思生态思想的基本出发点。马克思认为，生态问题形式上是人与自然关系的异化，实际上是人与人之间关系的异化。自然的历史是一个不断异化与超越异化的过程，即人与自然关系的异化只有通过人与人、人与社会之间关系异化的解决而解决。在现代科技革命条件下，生态与经济、政治、文化、社会协同发展是实现人与自然关系异化超越的必经途径。② 曾建平在《马克思环境哲学思想论：读〈1844 年经济学哲学手稿〉》一文中认为，《1844 年经济学哲学手稿》包含着马克思环境哲学思想的主要内容，体现为六个方面的有机统一：人的自然性与人的社会性的统一是从人及自然各自的根本属性出发，说明人与自然的矛盾统一，这是马克思环境哲学的思想基础；人与自然的关系和人与人的关系的统一，是从两类关系的关联性出发，说明它们和谐的内在必然性，这是马克思环境哲学的核心内容；自然史与人类史的统一是从人的社会性出发，说明的是人的社会本质，这是马克思环境析学的价值依据；无机身体与有机身体的统一是从人的自然性出发，说明的是人的自然的本质，这是马克思环境哲学的理论特征；物的尺度与人的尺度的统一，是从人的实践本性出发，说明的是人的主体性的特殊规定，这是马克思环境哲学的实践原则；自然主义与人道主义的统一是从人与自然和解的根本旨归出发，说明的是人的全面发展的必由之路和必然之境，这是马克思环境哲学的终级关怀和最高道德境界。③ 郭忠义、侯亚楠在《生态人理念和生态化生存——马克思〈1844 年经济学哲学手稿〉再解读》一文中认为，马克思在《1844 年经济学哲学手稿》中以人与自然的一体化为前提，提出了人与自然共生同体的理念，我们将这个思想提炼成"生态人"理念，这启示着后工业社会中人的"生态化生存"。从马克思的思想看，从"自然人"到"主体人"再到"生态人"，是人与自然相关的三大生存范式。在传统文明、工业文明与后工业文明交错重叠的当代中国，"生态化生存"对于我们具有重大的现实意义。④

---

① 解保军、李建军：《马克思〈1844 年经济学哲学手稿〉中的生态辩证法思想及其启示》，《马克思主义与现实》2008 年第 3 期。

② 彭福扬、彭曼丽：《马克思〈1844 年经济学哲学手稿〉中的生态思想及其意义》，《湖南科技大学学报（社会科学版）》2012 年第 12 期。

③ 曾建平：《马克思环境哲学思想论：读〈1844 年经济学哲学手稿〉》，《井冈山学院学报（哲学社会科学版）》2009 年第 5 期。

④ 郭忠义、侯亚楠：《生态人理念和生态化生存——马克思〈年经济学哲学手稿〉再解读》，《哲学动态》2014 年第 7 期。

国内学者对马克思《1844 年经济学哲学手稿》生态哲学思想的研究比较深入，但由于马克思《1844 年经济学哲学手稿》本身的丰富性和复杂性，我们一方面要防止对该文献的过度解读，一方面要正确理解该文献对人与自然关系的科学界定，特别是要认识到马克思关于劳动异化造成了人与自然关系的分离和资本主义制度是生态危机根源的论断是马克思生态哲学思想的精华。

（三）《德意志意识形态》中的生态哲学思想

《德意志意识形态》作为马克思主义哲学的经典著作，其中的生态哲学思想主要表现在两个方面：

第一，人与自然的辩证统一。马克思非常重视人与自然的关系。在这部著作中，马克思发扬了他在《1844 年经济学哲学手稿》中关于自然的优先地位的思想，"自然是人的无机身体"仍然是马克思坚持的论断之一。首先，马克思指出："全部人类历史的第一个前提无疑是有生命的个人的存在。第一个需要确定的具体事实就是这些个人的肉体组织，以及受肉体组织制约的他们与自然界的关系，当然，我们在这里既不能深入研究人们自身的生理特性，也不能深入研究人们所处的各种自然条件——地质条件、山岳水文地理条件、气候条件以及其他条件。任何历史记载都应当从这些自然基础以及它们在历史进程中由于人们的活动而发生的变更出发。"[①] 马克思实际上指出了一个具有生命的个人的存在与自然的关系是首要需要确定的关系。人是在与自然的相互关系中生存和发展的，人类不能脱离自然界而生存。其次，人虽然依赖自然，但同时，马克思也指出了人对自然的改造。人具有改造自然的能力，马克思看到了人类使用工具对自然的极大改造，人的生产实践活动改造了自在的自然，造就人化自然，因为人不仅仅进行着物质的生产，同时还进行着思想、观念和意识等精神的生产。马克思认为，思想、观念、意识的生产最初是直接与人们的物质活动，与人们的物质交往，与现实生活的语言交织在一起的。所以，物质的生产直接关联着精神的生产，自然世界通过物质生产进入精神生产的世界，也就是说，自然世界逐步变成经过人类改造的"现实的自然界"即人化自然，其中实践活动起到了重要作用，成为人与自然统一的基础，这就是马克思人化自然的重要内涵，它体现了人的本质力量的对象化。马克思指出："自然界起初是作为一种完全异己的、有无限威力的和不可制服的力量与人们对立的，人们

---

① 《德意志意识形态》，《马克思恩格斯全集》第一卷，1994 年，第 62～132 页。以下引用的《德意志意识形态》都出自该书。

同自然界的关系完全像动物同自然界的关系一样。"后来，随着人类实践活动的不断扩大，对自然的影响和改造越来越大，农业、手工业的发展，都使得自然改变了原来的"自在性"，变成了"人化自然"，"周围的感性世界绝不是某种开天辟地以来就存在的、始终如一的东西，而是世世代代工业活动的结果"。所以，人既依赖自然，又通过实践活动影响着自然的世界，从而形成一个互为影响的辩证关系。

第二，自然与历史的统一。自然与历史的关系问题是马克思唯物主义的基本问题。事实上，自然发展变化的历史与人类历史发展是紧密联系在一起的。按照马克思历史唯物主义的观点来看，马克思是在批判费尔巴哈非历史的自然观的时候，阐了自然的历史性，马克思认为，人类的实践活动使得自然的发展和社会历史发展的内在统一性得以互相联系在一起。马克思认为，自然的历史是真正的历史，是人们改造自然、人化自然的历史。人类产生于改造利用自然的过程中，并在改造利用自然的过程中人类自己的历史得以展开。这里马克思指出了两个概念：自然的历史和人类自己的历史。自然总是历史的自然，人类的历史也是自然历史的一部分，历史也是自然的历史。正如有学者指出："马克思始终在人与自然相互作用的过程中，通过不同历史时期的比较，考察自然产生的和由文明创造的生产工具与所有制形式，进而为我们认识'自然的历史'展开了历史的画卷：在自然产生的生产工具的情况下，各个个人受自然界的支配，在大工业的情况下，他们则受劳动产品的支配。""马克思通过考察历史的自然和自然的历史相互关联性，深入批判了青年黑格尔派'自我意识'、'批判'、'唯一者'等对历史的颠倒，进一步揭示了人与自然的统一，进而从历史辩证法的维度深刻地阐释了人与自然的伦理关系和人与人之间的伦理关系相互的制约性。"① 随着现代资本主义工业化发展，历史与自然的矛盾日益加深，人类文明的发展对自然的影响日益加剧，恩格斯在《自然辩证法》中就深刻地指出了人与自然的矛盾：人类的实践活动对自然造成了极大的破坏，自然就开始反过来报复人类："我们不要过分陶醉于我们对自然界的胜利。对于每一次这样的胜利，自然界都报复了我们。美索不达米亚、希腊、小亚细亚以及其他各地的居民，为了想得到耕地，把森林都砍完了，但是他们做梦也想不到，这些地方今天竟因此成为荒芜不毛之地，因为他们使这些地方失去了森林，也失去了积聚和贮存水分的中心。阿尔卑斯山的意大利人，在山南坡砍光

---

① 陈爱华：《〈德意志意识形态〉中人与自然关系的哲学解读》，《马克思主义研究》2006 年第 9 期。

了在北坡被十分细心地保护的松林，他们没有预料到，这样一来，他们把他们区域里的高山畜牧业的基础给摧毁了；他们更没有预料到，他们这样做，竟使山泉在一年中的部分时间内枯竭了，而在雨季又使更加凶猛的洪水倾泻到平原上。"① 20 世纪以来的工业文明造成的环境问题证明了恩格斯当年的告诫并非空穴来风，而是有现实基础的。

马克思生态哲学思想是马克思主义理论体系的重要组成部分，其主要的文本包括马克思恩格斯的《1844 年经济学哲学手稿》《德意志意识形态》《神圣家族》，以及《关于费尔巴哈的提纲》《自然辩证法》《反杜林论》《资本论》等。当然，马克思恩格斯的生态哲学思想不是在其著述中直接表达出来的，而是通过考察资本主义的生产方式而得出来的，如陈凌霄在《马克思自然观中的生态哲学思想》一文中，就从马克思的自然观这个独特的角度，来透视马克思的生态哲学思想："马克思的自然观破除了旧哲学自然观的抽象性和非现实性，蕴含着丰富的生态哲学思想。马克思克服了传统旧哲学在观念范围内理解人与自然关系的局限，探讨了造成生态危机的世界观、认识论和社会历史根源。在马克思看来，传统哲学的观念建构论是造成生态危机的世界观根源；主、客二元对立的思维方式是造成人与自然关系错位的认识论根源；资本生产方式是导致生态危机发生的社会历史根源。"② 所以，我们在考察马克思生态哲学思想的时候，一是选取适当的角度，马克思的很多经典著作都是以手稿的形式留存下来的，其生态哲学思想的论述是在某种特定的语境下展开的，我们在阐释马克思生态哲学思想的时候，一定要联系其经典文献的上下文语境，这样才能更准确地理解其生态思想的脉络。二是要以文本细读的方式，突出马克思生态哲学思想的文献原始性，客观真实而又准确地理解马克思生态哲学思想。三是要防止过度阐释，特别要防止断章取义，要注意马克思生态哲学的发生、发展和成熟的过程，这样才能正确探究其生态哲学思想的内核和精髓。

（四）国内马克思生态哲学研究综述

国内学者对马克思生态哲学思想的研究，主要集中在以下两个方面。

一是从马克思恩格斯的经典著作中发掘马克思生态哲学的内核，如郭忠义、侯亚楠的《生态人理念和生态化生存——马克思〈1844 年经济学哲学手稿〉再解读》一文。该文以文本细读的方式，认为马克思以人与自然的一体化

---

① 《马克思恩格斯选集》第 4 卷，人民出版社，1995 年，第 383 页。
② 陈凌霄：《马克思自然观中的生态哲学思想》，《自然辩证法研究》2016 年第 10 期。

为前提，提出了人与自然共生同体的理念。从马克思的思想看，从"自然人"到"主体人"再到"生态人"，是人与自然相关的三大生存范式。在传统文明、工业文明与后工业文明交错重叠的当下中国，"生态化生存"对我们具有重大的现实意义。①

苏宝芳在《1844 年经济学—哲学手稿》中解读了马克思的环境哲学思想，他认为，在《1844 年经济学哲学手稿》中，马克思针对资本主义社会日益形成的工人与资本家的对立、人类与自然环境的对立，对资本主义经济学、资本主义制度、资本主义社会进行了严肃而科学的批判，从哲学的视角对人与自然的关系、环境问题等做了深刻的论述。马克思不仅深刻地分析了环境问题产生的根源、实质，而且指出了环境问题彻底解决的根本出路。②

徐刚的《马克思恩格斯早期著作中的自然辩证法思想述要（读〈1844 年经济学哲学手稿〉、〈德意志意识形态〉札记）》，通过探讨马克思主义的经典著述《1844 年经济学哲学手稿》《德意志意识形态》中一些散见于各处、没有展开和发挥的论述，认为这是理解马克思经典著述中自然辩证法思想丰富内容和本质的钥匙，它们在这里以萌芽形式，不完备地但是开创性地提出了许多全新的，从来未有过的自然辩证法的重要理论观点。第一，在自然观方面，马克思考察了人类自然观的发展，较全面地表述了辩证唯物主义自然观，由此逻辑上升到唯物史观。第二，在自然科学观方面，马克思提出了自然科学是一种潜在的生产力的观点，开始认为生产实践是科学技术产生和发展的基础，生产关系制约和影响着科学技术发展的目的、方向和速度，继承和创新是自然科学内部矛盾的重要方面，等等。第三，在科学认识论方面，马克思考察了科学认识主客观问题，认为人类的科学认识是符合"美的规律"的。马克思预言了自然科学往后将包括关于人的科学，任何哲学的现实问题都可以在人类改造自然，改造社会的实践中得到解决。③

张秀芬、包庆德在《马克思〈资本论〉生态思想及其论辩之争》一文中，对近年来中外学界针对马克思有无生态思想展开的论辩进行了梳理。作者认为，每一种论争都有其缺陷："一是通过对某些范畴断章取义理解就断定《资

---

① 郭忠义、侯亚楠：《生态人理念和生态化生存——马克思〈1844 年经济学哲学手稿〉再解读》，《哲学动态》2014 年第 7 期。

② 苏宝芳：《马克思环境哲学思想及其当代启示》，《西北工业大学学报（社会科学版）》2007 年第 9 期。

③ 徐刚：《马克思恩格斯早期著作中的自然辩证法思想述要（读〈1844 年经济学哲学手稿〉、〈德意志意识形态〉札记）》，《自然辩证法》1988 年第 5 期。

本论》没有生态思想，有失公允；二是将自己对马克思政治经济学范畴的理解等同于马克思政治经济学本真含义，有些牵强。因为实际上《资本论》有着深刻的生态思想蕴涵，这种蕴涵只是以一种较隐蔽方式得以体现而不被人们重视罢了。这需要深入具体文本进行全面解读。"① 所以我们认为，由于马克思恩格斯思想文本的复杂性和广博性，我们在讨论马克思生态哲学思想的时候，一定要从文献的原始性上进行把握和提炼，这样才能正确理解马克思生态思想的深刻性和复杂性，才有利于准确把握马克思的生态思想。

二是探讨马克思生态哲学思想的中国化。马克思经典著述中的生态哲学思想是马克思主义理论体系的重要组成部分，"马克思和恩格斯关于人与自然关系的思想，人与自然界和谐发展的历史观，以及正确处理人与自然关系的理论，是构建社会主义和谐社会的理论基础，对于今天我们解决环境问题，实现人与人的和解、人与自然的和解，具有重要的指导意义"②。第一，时代呼唤马克思生态哲学思想的中国化。环境问题日益成为中国经济社会发展的严重制约性因素，环境问题也带给了中国众多的社会问题，比如由于环境问题引发的疾病和死亡威胁成为大众日益关注的社会核心问题之一。马克思关于人与自然和谐的思想与中国传统文明中的和谐思想还没有很好的融汇沟通，在国家现代化理论的层面上急需要马克思生态哲学理论的指导。第二，马克思生态哲学思想的中国化，是马克思主义中国化的重要内容。马克思、恩格斯通过唯物历史主义关于自然历史的发展规律和人类历史的发展规律的发现，间接表达了恢宏的生态文明思想。如马克思关于"人本身是自然界的产物"的思想；异化劳动使得人与自然分离的思想；人既有自然属性又社会属性的思想；人类面临的两大和解的思想："人类与自然的和解以及人类本身的和解"；"自然—人—社会"紧密联系的思想。

正如有学者指出的那样：马克思的"生态政治学阐述的自然解放、社会解放与人的解放的内在关联性思想；合理调节人与自然之间物质变换思想折射的社会发展观思想；社会有机体通过物质变换新陈代谢而可持续发展的思想；对不可持续发展的政治经济学与资本主义制度批判的思想；自然异化、劳动异化、商品异化、资本异化与人的异化的思想，等等。这些丰富而深刻的生态文明思想，在全面提高我国生态文明建设水平的当下，尤需深入挖掘和阐发，彰明其精义、弘扬其智慧、光大其真谛，使之成为推进马克思生态理论中国化的

① 张秀芬、包庆德在《马克思〈资本论〉生态思想及其论辩之争》
② 余谋昌：《马克思和恩格斯的环境哲学思想》，《山东大学学报（哲学社会版）》2005 年第 6 期。

有益滋养和思想引领"①。我们认为，在当代中国，生态环境问题已经是整个社会面临的极为紧迫的任务之一，我们要顺应时代潮流，准确把握马克思生态哲学思想的内涵，大力推进马克思生态理论中国化，这对于完整把握马克思主义，建设繁荣和谐的美丽中国，树立科学的发展观，走可持续发展的社会主义生态文明的道路，具有十分重大的理论意义和实践价值。

第二节　从毛泽东到习近平：新中国生态环境思想概述

从 20 世纪 60 年代以来，生态环境问题引发的威胁人类生存的诸多问题，日益引起了整个国际社会和世界各国人民和政府的高度关注。生态环境问题主要表现在两个方面：一是人类不合理的生产导致了自然资源的破坏，造成了生态环境的极度恶化。如过度开垦荒地、过度放牧、掠夺性捕捞、乱采滥挖、砍伐森林所引起水土流失，草场退化、土壤沙化、盐碱化、沼泽化，湿地遭到破坏，森林湖泊急剧减少，矿产资源遭到破坏，野生动植物和水生生物资源日益枯竭，生物多样性减少，旱灾洪水灾害频繁等问题，以致流行疾病蔓延，使得世界各 无一幸免地卷入到生态环境恶化带来的深重灾难面前。二是大规模的工业化生产和城市化，以及工农业高度发展所引起的"三废"（废水、废气、废渣）污染、噪声污染、农药污染等环境问题。生态环境问题在 20 世纪 70 年代以来，已经超出了环境问题本身，而成为生存问题，其本质就是可持续发展问题，所以很多国家把生态环境问题上升为国家战略。

新中国成立以来，我们党在以毛泽东、邓小平、江泽民、胡锦涛、习近平为核心的领导集体的带领下，顺应时代潮流，坚持以马克思主义生态环境理论为指导，根据不同时期我国经济社会发展要求和生态环境的客观实际，提出了各个时期的生态环境建设策略，实现了我们党生态环境建设思想的与时俱进和丰富发展。

一、毛泽东的生态环境思想

新中国成立以后，百废待兴，以毛泽东同志为核心的第一代中央领导集体，面临的首要任务是大力发展社会生产力，努力实现国家工业化。1953 年国家公布的第一个五年计划需要完成的主要任务有两点，一是集中力量进行工

---

① 　方世南：《推进马克思生态理论中国化》，《中国社会科学报》，2016 年 2 月 26 日。

业化建设，二是加快推进各经济领域的社会主义改造。环境问题不是社会的主要问题，但当时刚刚经历了战乱，生产力水平很低，特别是农业的生产条件面临着各种问题，很多大江大河由于历史的原因，长久失修，灾害频发，这引起了毛泽东等党和国家领导人的高度重视，并相继提出了一系列改造自然生态环境的重要措施。这些措施蕴含着中国共产党生态环境建设思想的萌芽，具有重要意义。

毛泽东生态环境建设思想的主要内容有以下一些。

（一）大兴水利，保护河道

我国水资源分布不均，南北差异大、季节分布不均，加之战乱等诸多原因，解放初期，全国大大小小上千条河流，特别像长江、黄河、淮河等这样的大江大河年久失修，几乎每年都会发生洪灾，河堤决口，良田被毁，村庄房屋倒塌，人民的生命财产蒙受重大的损失。水利失修带来的生态灾害是当时主要的环境问题。新中国成立初期的水患，特别是黄河、淮河流域的水患成为威胁广大人民群众生命财产安全的祸患。因此，兴修水利、治理江河，改善老百姓的安居环境就成了毛泽东等党中央领导人面临的重大社会问题。

第一，首先要兴修水利，治理水患。1950 年，淮河流域发生了百年不遇的罕见洪灾，毛泽东果断做出了"一定要把淮河修好"的决策。根据毛泽东在安徽省委送达的淮河水患文件上的批示，他要求当时的水利部务必在当年的 8 月做出导淮计划，淮河流经各地要制定具体可行的治水措施，迅速动工，以防水患再次发生。同时，他还要求相关部门做好研究工作，努力做到根治："除目前防救外，须考虑根治办法，现在开始准备，秋起即组织大规模导淮工程，期以一年完成导淮，免去明年水患。"① 由于淮河支流众多，地域环境复杂，毛泽东又提出了"蓄泄兼筹"的治水策略。

新中国成立之前，由于长期的战乱，造成了江河失修，生态环境脆弱，新中国成立后，比较大的自然灾害很大一部分为水旱灾害。如新中国成立初期的长江、黄河、淮河流域频发的水灾，华北地区的春旱（1955）、松花江洪灾（1956）；黄河洪灾（1958），等等，这些自然灾害使得党和国家领导人对国家的水利工程高度重视。根据有关资料统计，在毛泽东的高度重视和领导下，1951 年苏北运河整修工程和苏北灌溉总渠先后完工，建成了一条长达 168 公

---

① 《毛泽东关于根治淮河的四次批语》，人民网，http://cpc. people. com. cn/GB/64184/66655/4492598. html.

里的苏北灌溉总渠。同年 7 月，淮河上游的石漫滩水库完工。该水库是淮河上游完成的第一个水库，可蓄洪水 4700 万立方米，灌溉农田 9 万亩。1952 年，淮河支流颍河上游的白沙水库和汝河上游的板桥水库开工兴建。1953 年，新沂河嶂山切岭、苏北导沂整沭、淮安杨庙穿运、三河闸、刘老涧节制闸等陆续开工或完成。1954 年，佛子岭水库完工，该水库可蓄洪水 5 亿立方米，灌溉农田 70 多万亩，并可减轻淮河的洪水灾害等。1954 年，淮河再次发生特大洪水，但由于这些水利设施发挥了作用，没有发生水患。1956 年，淮河中游史河上游的梅山水库拦河大坝建成，大坝全长 558 米，坝高 84 米，大大增强了水库的蓄水能力。① 以治理淮河为标志，我国进入了大力兴修水利工程、进行生态治理的历史时期。据不完全统计，1949 年到 1957 年，全国修建大型水库 19 座，中型水库 60 座，小型水库 1000 座。1958 年至 1965 年，全国修建大型水库 210 座，中型水库 1200 座，小型水库 4400 座。1966 年至 1976 年，全国修建大型水库 73 座，中型水库 850 座，小型水库 3700 座。这些数据在今天看来都是惊人的。毛泽东还专门针对黄河、海河等重要河流提出了治理要求。这些水利工程直到今天都还在发挥着巨大的重要，著名的"人工天河"红旗渠，就是新中国水利工程的杰出代表。

第二，"水利是农业的命脉"，合理用水，发展农业生产。1958 年毛泽东在中共八届六中全会上的讲话提纲中指出："以深耕为中心的水、肥、土、种、密、保、工、管八字宪法的思想，确立了。"② 这就是著名的"农业八条宪法"或"农业八字宪法"，其中排在第一位的是"水"。毛泽东提出要合理用水，做到统筹兼顾，综合利用。毛泽东特别要求处理好"远景与近景，干流与支流，上中下游，大中小型，防洪、发电、灌溉与航运，水电与火电，发电与用电"③ 的关系，做到统筹兼顾、综合利用。毛泽东的水利建设思想是其生态治理的重要思想之一。

（二）植树造林，改善环境

新中国成立以后，为了恢复生态环境，保护水土资源，植树造林成为重要的措施。据有关资料表明，毛泽东非常关心和重视林业，留下了许多关于林业

---

① 觉西的博客：《润泽东方：毛时代让世界叹为观止的水利建设成就》，http://blog.sina. com. cn/s/blog_9719aeb40102x537. html.

② 中共中央文献研究室编：《建国以来毛泽东文稿》第七册，中央文献出版社，1992 年，第 638 页。

③ 中共中央关于三峡水利枢纽和长江流域规划的意见，1958 年 3 月 25 日成都会议通过。

问题的文稿。2003 年中共中央文献研究室、国家林业局编的《毛泽东论林业》共收入自 1919 年至 1967 年间毛泽东关于林业问题的文稿 58 篇，其中包括一些调查报告、论文、讲话、谈话的节录和有关按语、批示、信函等，内容十分丰富。其中，最早的一篇文章是毛泽东在 1919 年 9 月撰写的《要研究造林问题》一文，涉及林业问题。1928 年毛泽东在井冈山（湘赣边界）制定的《土地法》第六部分就涉及"山林分配法"，1930 年毛泽东通过寻乌、兴国的实地调查，明确提出"没有树木易成水旱灾"的结论。① 新中国成立初期，经济上采用粗放式的增长方式，特别是"大跃进"期间，水土流失严重、森林被大量砍伐，根据学者的研究，以湖北省为例，20 世纪六七十年代，"全省产林县由 46 个下降到 32 个，成林、过熟林蓄积量比建国初期下降 50%。由于植被破坏，50 年代后期至 70 年代初期，全省水土流失面积约占土地总面积的 1/4，流失面积超过百万亩的县有 10 个"。这时候的工业污染也对生态环境造成了极大的破坏，到了 20 世纪 70 年代，"全国每天工业污水排放量达 3000 万至 4000 万吨，而且绝大部分没有净化处理直接排放，导致很多河流、近海污染"②。这些现象引起了毛泽东的极大关注，他号召发动群众，植树造林，在毛泽东看来，植树造林不仅是要保护好、管理好林木资源，还要引进更好的树种，种植更多的树木，更要尊重林业的功能性。就林木的经济价值，毛泽东曾谈到，"造林不要只造一种，用材林有杉树、松树、梓树、樟树"，"山坡上要多多开辟茶园"，"山区可以种核桃、梨"，"竹子要大发展"③。并且，他还对植树造林的规模提出了要求："种树要种好，要有一定的规格，不是种了就算了，株行距、各种树种搭配要合适，到处像公园，做到这样，就达到共产主义的要求。"④ 毛泽东对当时的垦荒也提出了要求，"在垦荒的时候，必须同保持水土的规划相结合，避免水土流失的危险"⑤。"短距离的开荒，有条件的地方都可以这样做。但是必须注意水土保持工作，决不可以因为开荒造成下游地区的水灾。"⑥

① 中共中央文献研究室、国家林业局编：《毛泽东论林业》，中央文献出版社，2003 年，第 7 页。
② 张连辉：《新中国环境保护事业的早期探索》，《当代中国史研究》2010 年第 4 期。
③ 中共中央文献研究室、国家林业局编：《毛泽东论林业》，中央文献出版社，2003 年，第 54、55 页。
④ 中共中央文献研究室、国家林业局编：《毛泽东论林业》，中央文献出版社，2003 年，第 51 页。
⑤ 顾龙生：《毛泽东经济年谱》，中共中央党校出版社，1993 年，第 369 页。
⑥ 中共中央文献研究室编：《毛泽东文集》（第 6 卷），人民出版社，1999 年，第 466 页。

（三）开展爱国卫生运动

新中国成立以后，由于各种原因，卫生环境较差，疾病肆虐，严重影响了人民的生活环境和生命健康，毛泽东提出了开展爱国卫生运动。该运动影响巨大，至今都为我国卫生环境状况的改善发挥着影响。根据国家卫生和计划生育委员会 2014 年发布的数据，爱国卫生运动持续时间长，效果显著，仅在 1952 年的半年里，"全国就清除垃圾 1500 多万吨，疏通渠道 28 万公里，新建、改建厕所 490 万个，改建水井 130 万眼。共扑鼠 4400 多万只，消灭蚊、蝇、蚤共 200 多万斤。还填平了一大批污水坑塘；广大城乡的卫生面貌有了不同程度的改善"①。

1960 年，党中央发出《关于卫生工作的指示》的号召："以卫生为光荣，以不卫生为耻辱。"使爱国卫生运动在各地开展起来。1966 年至 1976 年期间，爱国卫生运动也没有中断，周恩来同志多次指示，要继续开展爱国卫生运动，并亲自组织指导防疫队和支援西北地区的巡回医疗队，控制传染病，改善缺医少药和不卫生的状况。这一时期的农村卫生运动蓬勃开展，并被概括为"两管、五改"：管水、管粪，改水井、改厕所、改畜圈、改炉灶、改造环境。"两管、五改"已成为组织指导农村爱国卫生运动的具体要求和行动目标。②

改革开放以后，爱国卫生运动得以继续开展。1989 年国务院发布《关于加强爱国卫生工作的决定》，这个决定具有重要的指导意义，它认为爱国卫生工作，是具有中国特色的一种卫生工作方式，符合我国社会主义初级阶段的国情。文件指出，当前，爱国卫生工作的任务十分繁重，而且面临许多新的课题，并做了具体的规定：一、用开展群众性爱国卫生工作的办法，同疾病做斗争，是我国创造的成功经验。应当把爱国卫生工作深入持久地开展下去。二、全国和各级爱国卫生运动委员会是国务院和各级人民政府的非常设机构，负责统一领导、统筹协调全国和各地爱国卫生和防治疾病工作。要实行科学管理，落实远、近期规划目标，奖优罚劣，逐步使爱国卫生工作经常化、制度化、规范化。三、全国和各级爱国卫生委员会办公室，是全国和各级爱国卫生委员会的办事机构。1990 年，国务院批准对全国 455 个城市进行卫生大检查，此后，国家开展了"卫生城市"评比和"国家卫生城市"命名等工作。2014 年，国

---

① 国家卫生和计划生育委员会：《爱国卫生运动》，http：//www. nhfpc. gov. cn/jnr/agwsrzsxx/201404/185fef4d1cde420a847740533546a65f. shtml。

② 国家卫生和计划生育委员会：《爱国卫生运动》，http：//www. nhfpc. gov. cn/jnr/agwsrzsxx/201404/185fef4d1cde420a847740533546a65f. shtml。

务院发布《关于进一步加强新时期爱国卫生工作的意见》，是时隔25年国务院又一次专题印发指导开展爱国卫生工作的重要文件。文件指出，做好新时期的爱国卫生工作，是坚持以人为本、解决当前影响人民群众健康突出问题的有效途径，是改善环境、加强生态文明建设的重要内容，是建设健康中国、全面建成小康社会的必然要求；《关于进一步加强新时期爱国卫生工作的意见》要求，通过广泛开展爱国卫生运动，使城乡环境卫生条件明显改善，影响健康的主要环境危害因素得到有效治理，人民群众文明卫生素质显著提升，健康生活方式广泛普及，有利于健康的社会环境和政策环境进一步改善，重点使公共卫生问题防控干预取得明显成效，城乡居民健康水平得到明显提高。同时，《关于进一步加强新时期爱国卫生工作的意见》对"爱国卫生运动"的开展及其意义做了高度评价："爱国卫生运动是党和政府把群众路线运用于卫生防病工作的伟大创举和成功实践，是中国特色社会主义事业的重要组成部分。"①

　　毛泽东的生态思想还有很多很丰富的内容，比如"厉行节约，反对浪费"、主张科学研究自然规律，等等。毛泽东在自然科学研究会的成立大会上讲道："人们为在自然界中得到自由，就要用自然科学来了解自然，克服自然和改造自然，从自然里得到自由。"② 毛泽东生态建设思想是与中国现代化的历史实践分不开的，具有鲜明的实践性和现实的、长远的指导意义。

二、邓小平的生态环境思想

　　邓小平生态环境思想是在改革开放的时代背景下逐渐形成和发展起来的，其中既有对毛泽东生态环境思想的继承发扬，同时也有自己的生态环境思想。

（一）植树造林，保护环境

　　邓小平继承和发扬了毛泽东的"植树造林，绿化祖国"的生态环境建设思想。邓小平重视森林资源的保护，重视植树造林对环境的重要作用。1981年7月长江上游四川盆地周边地区发生了历史上罕见的大面积连续6天暴雨，雨区主要集中在嘉陵江干流中游、涪江中下游、沱江上中游以及岷江与渠江中游部分，致使长江上游干流重庆至宜昌河段发生了新中国成立以后少见的洪灾。这场特大水灾波及135个县（市），1180多万人口的广大地区，造成直接经济损

---

① 国务院：《国务院关于进一步加强新时期爱国卫生工作的意见》，中国政府网，http：//www.gov.cn/zhengce/content/2015－01/13/content_9388.htm。

② 孙宝义、刘春增等：《毛泽东谈读书学习》，中央文献出版社，2008年，第226页。

失 20 多亿元。对这次洪灾产生的主要原因，邓小平认为主要是上游山区的毁林开垦和过度采伐造成的。邓小平对万里谈到此次水灾时指出："最近发生的洪灾涉及林业问题，涉及森林的过量采伐。看来宁可进口一点木材，也要少砍一点树。报上对森林采伐的方式有争议。这些地方是否可以只搞间伐，不搞皆伐，特别是大面积的皆伐。中国的林业要上去，不采取一些有力措施不行，是否可以规定每人每年都要种几棵树，比如种三棵或五棵树，要包种包活，多种者受奖，无故不履行此项义务者受罚。国家在苗木方面给予支持。可否提出个文件，由全国人民代表大会通过，或者由人大常委会通过，使它成为法律，及时施行。总之，要有进一步的办法。"① 在他的倡导下，1981 年 12 月，第五届全国人民代表大会第四次会议通过了《关于开展全民义务植树运动的决议》，使植树造林、绿化祖国成为法定的公民义务。植树造林成为当代中国全民参与绿化祖国、保护环境的重要形式，取得了显著的成效。在邓小平林业建设思想中，植树造林、绿化祖国始终是一件大事。他曾多次指出："植树造林，绿化祖国，是建设社会主义、造福子孙后代的伟大事业。"② 1982 年，邓小平在为全军植树造林总结经验表彰先进大会上题词："植树造林，绿化祖国、造福万代"；同年 12 月，在对林业部关于开展全民植树造林义务植树运动情况报告的批语中写道："这件事，要坚持二十年，一年比一年好，一年比一年扎实。为了保证时效，应有切实可行的坚持和奖惩制度。"③ 1991 年，为纪念全民义务植树运动十周年，邓小平同志提出了"绿化祖国，造福万代"的重要论断。他把植树造林作为我国一项长远的基本国策坚持下来，并要求"保证时效"，要有"检查和奖惩制度"，这保证了植树造林的全民性、持续性和制度性，他把植树造林与中华民族子孙福祉联系起来，这就大大彰显了植树造林的重要性，极大地鼓舞了全民植树造林的热情。

（二）依靠科学技术，保护生态环境

产业革命以来，西方发达资本主义国家依靠科学技术，极大地改变了人类历史的伟大进程，科学技术成为一个国家综合实力的重要标志。邓小平非常重视科学技术在环境保护方面的作用。在 1978 年 3 月召开的全国科学大会上，邓小平同志向全党和全国人民指出："现代科学技术正在经历着一场伟大的革

① 《邓小平论林业与生态建设》，《内蒙古林业》2004 年第 8 期卷首语。
② 邓小平：《植树造林》，《邓小平文选》第三卷，人民出版社，1993 年，第 21 页。
③ 邓小平：《植树造林》，《邓小平文选》第三卷，人民出版社，1993 年，第 21 页。

命。近三十年来，现代科学技术不只是在个别的科学理论上、个别的生产技术上获得了发展，也不只是有了一般意义上的进步和改革，而是几乎各门科学技术领域都发生了深刻的变化，出现了新的飞跃，产生了并且正在继续产生一系列新兴科学技术。当代的自然科学正以空前的规模和速度，应用于生产，使社会物质生产的各个领域面貌一新。特别是由于电子计算机、控制论和自动化技术的发展，正在迅速提高生产自动化的程度。同样数量的劳动力，在同样的劳动时间里，可以生产出比过去多几十倍、几百倍的产品。社会生产力有这样巨大的发展，劳动生产率有这样大幅度的提高，靠的是什么？最主要的是靠科学的力量、技术力量。"[1] 在这个讲话中，邓小平同志还指出，"四个现代化，关键是科学技术的现代化。没有现代科学技术，就不可能建设现代农业、现代工业、现代国防。没有科学技术的高速度发展，也就不可能有国民经济的高速度发展"[2]。邓小平还在 1988 年 9 月会见捷克斯洛伐克总统胡萨克时提出"科学技术成为第一生产力"的著名论断。同时，邓小平同样认为，生态环境的保护和新兴能源的利用必须依赖科学技术手段。他指出："马克思讲过科学技术是生产力，这是非常正确的，现在看来这样说可能不够，恐怕是第一生产力。将来农业问题的出路，最终要由生物工程来解决，要靠尖端技术。对科学技术的重要性要充分认识。"[3] 有学者深刻地指出："科学技术是第一生产力的观点是邓小平从我国国情出发做出的科学论断，即我国人口众多，资源相对短缺，社会经济发展受到形势严峻的资源、环境等因素制约，如果我国走历史上西方国家崛起之旧路，就势必对世界的和平与发展带来难以承受的压力与冲击，因此我国必须寻求资源耗费少、环境污染小的发展渠道。1983 年他在同胡耀邦等人的谈话时强调：'解决农村能源，保护生态环境等等，都要靠科学。'邓小平的这些思想为我国的生态环境建设打上了深深的科技烙印，尤其是在林业建设方面，林业科技者积极投身于林业建设的主战场，在种苗、遗传、育种、森林护理等方面，解决了大量全局性和关键性的技术难题，促进了生态环境水平的提高。"[4] 邓小平关于科学技术是第一生产力的论断是马克思主义中国化的重

①　邓小平：《在全国科学大会开幕式上的讲话》，《邓小平文选》第二卷，人民出版社，1994 年，第 86、87 页。

②　邓小平：《在全国科学大会开幕式上的讲话》，《邓小平文选》第二卷，人民出版社，1994 年，第 86、87 页。

③　邓小平：《科学技术是第一生产力》，《邓小平文选》第三卷，人民出版社，1993 年，第 275 页。

④　胡洪彬：《邓小平生态环境思想论纲》，《纪念建党 85 周年、纪念红军长征胜利 70 周年学术研讨会论文集》。

要理论成果，实践证明，科学技术不仅是生产力和生产关系的决定性因素，现代科学技术除了决定着生产力的发展水平和速度、生产的效率和质量，同时还决定着生产中的产业结构、产品结构与劳动方式。不仅如此，科学技术还为人类利用新的自然资源，开发已有自然资源的新用途，把一些"废料"重新加以利用等，提供了技术支撑，极大地减轻了环境污染和资源浪费。现代科学技术还研发出自然界未有的新材料和新物种，在农业、林业和现代工业化中发挥着越来越重要的作用。依靠科学技术实现自然资源有效利用和永续利用，在保护生态环境方面，将发挥越来越重要的作用。

（三）制定法律法规，依法保护环境

邓小平生态建设思想的一个重要特点，就是将环境保护纳入法律法规，依法保护生态环境。据国家环境保护总局、中共中央文献研究室汇编的《新时期环境保护重要文献选编》，从 1978 年 12 月党的十一届三中全会到 1993 年期间，有关环境保护的决定、通知、法律、条例、规划、批示等就多达 40 余项。邓小平同志早在 1978 年 12 月的中共中央工作会议闭幕会上的讲话《解放思想，实事求是，团结一致向前看》的报告中明确提出："为了保障人民民主，必须加强法制。必须使民主制度化、法律化，使这种制度和法律不因领导人的改变而改变，不因领导人的看法和注意力的改变而改变。现在的问题是法律很不完备，很多法律还没有制定出来。……所以，应该集中力量制定刑法、民法、诉讼法和其他各种必要的法律，例如工厂法、人民公社法、森林法、草原法、环境保护法、劳动法、外国人投资法等等，经过一定的民主程序讨论通过，并且加强检察机关和司法机关，做到有法可依，有法必依，执法必严，违法必究。"[①] 在这个报告里，邓小平明确指出要"应该制定环境保护法"。

作为我们党的第二代领导核心，邓小平对环境保护工作特别重视。这主要体现在以下方面：第一，成立环境保护的专门机构。为了更好地保护森林资源，1979 年国家成立了新的林业部。为了使义务植树运动持久的推向深入，1982 年中央专门成立了绿化委员会，统一组织领导全民义务植树运动和国土绿化工作，同时要求县以上各级人民政府均应设立专门的绿化委员会，统一领导本地区的义务植树运动和绿化工作。1982 年国家还成立了环境保护局。1984 年，成立了国务院环境保护委员会。1988 年，国务院决定独立设置国家

---

① 国家环境保护总局、中共中央文献研究室编：《新时期环境保护重要文献选编》，中央文献出版社，2001 年，第 1 页。

环境保护局，作为国务院的直属机构。我国的环保机构从无到有，从弱到强，不断壮大。1998 年我国开始成立正部级的国家环境保护总局，2003 年成立了国家环境保护部。

第二，环境保护立法工作不断加强。1979 年 9 月第五届全国人大常委会第十一次会议原则通过了《环境保护法（试行）》，这是我国第一部独立的环境保护法。1989 年 12 月第七届全国人大常委会第十一次会议通过了全面修订后的《中华人民共和国环境保护法》，并于当日公布后正式施行，它作为我国环境保护方面的基本法，对保护和改善生活环境与生态环境，防治污染和其他公害，建立健全环境保护法律体系，促进社会主义现代化建设的发展，都发挥了重大的影响和作用。这部法律 2014 年 4 月 24 日第十二届全国人民代表大会常务委员会第八次会议修订并于 2015 年 1 月 1 日起正式实施，被称为"史上最严"的环境保护法。除此之外，针对特定的污染防治领域而制定的单项法律还有很多，比如 1982 年通过的《海洋环境保护法》、1984 年全国人大通过的《水污染防治法》、1987 年通过的《大气污染防治法》等。此外，国务院还根据需要制定了关于环境保护的各种通知、决定、规定、条例，如 1982 年制订了《关于发布〈征收排污费暂行办法〉的通知》、1983 年颁发了《国务院关于结合技术改造防治工业污染的几项规定》、1984 年颁发了《国务院关于环境保护工作的决定》。在邓小平等领导同志的高度重视下，环境保护成为我国的一项基本国策。依法保护环境，也成为邓小平生态建设思想的重要内容。

有学者指出，邓小平生态思想是中国特色社会主义生态文明思想的源头活水。邓小平的生态思想为江泽民及其后党的领导人的生态思想奠定了基础。邓小平的生态思想可以归纳为三个大的方面：一是在理念上，邓小平主张人口、经济、社会与环境协调发展的理念。二是在环境保护的措施上，既治理污染又要求清除污染源。三是在环境保护的手段上，强化科技和法制对生态环境保护的作用[1]。学者刘海霞、王宗礼在《邓小平生态环境思想探析》一文中认为，邓小平的生态环境思想至今闪耀着真理的光辉。邓小平在探索中国特色社会主义道路的过程中，深入思考了人与自然的关系问题，他在继承马克思主义生态观的基础上，提出了以为民谋利为基点和归宿，以科技进步为支撑，以生态治理为保障，以实现人口、资源、环境和经济社会协调持续发展为核心的生态环

---

① 厉磊：《邓小平的生态思想及其当代价值》，《理论界》2016 年第 9 期。

境思想①。

总之，邓小平生态思想是在建设有中国特色社会主义的伟大实践中逐步发展和完善起来的，具有鲜明的实践性品格，他在林业生态资源保护，植树造林、绿化祖国，依靠科技保护环境和推进环保法制化过程中都有不可磨灭的历史贡献。

三、江泽民、胡锦涛的生态建设思想

江泽民的生态建设思想继承和发展了邓小平生态建设思想，是在建设中国特色社会主义的工业化进程中逐步发展起来的。其生态建设思想主要表现在以下几个方面。

（一）江泽民十分重视植树造林，绿化祖国的全民义务植树活动

1991 年 3 月江泽民在为纪念全民义务植树十周年的活动中，发出了"全党动员、全民动手、植树造林、绿化祖国"的号召，并题词："绿化美化祖国，再造秀美山川"。他指出："我们来植树，主要是提倡一种良好的风气，提倡一种精神，树立一种植树造林、绿化祖国的意识。"1995 年 4 月 1 日，江泽民在顺义县潮白河畔植树时说："植树造林、绿化祖国、改善生态环境是利国利民的大事，也是造福千秋万代的事业，我们一定要深刻认识植树造林对促进经济发展的重大意义。"1997 年，江泽民就曾在《关于陕北地区治理水土流失建设生态农业的调查报告》上做出批示："历史遗留下来的这种恶劣的生态环境，要靠我们发挥社会主义制度的优越性，发扬艰苦创业的精神，齐心协力地大抓植树造林，绿化荒漠，建设生态农业去加以根本的改观。经过一代一代人长期地、持续地奋斗，再造一个山川秀美的西北地区，应该是可以实现的。"2000年 4 月 1 日，江泽民在中华世纪坛参加植树造林活动时说："开展全民义务植树活动，提高了人民群众的绿化意识，也美化了我们的生活环境，一定要长期坚持下去。西部大开发首先要改善环境，加强生态建设，植树种草的工作要抓紧抓好。"② 江泽民同志把植树造林与经济社会发展、西部大开发联系起来，提倡植树造林成为一种风气、一种精神、一种绿化环境保护环境的意识，无疑

---

① 刘海霞、王宗礼：《邓小平生态环境思想探析》，《中南大学学报（社会科学版）》2014 年第 12 期。

② 《江泽民同志对造林绿化的题词和指示》，http：//www. forestry. gov. cn/Zhuanti/Content－zgzsj/115492. html.

具有重要的指导意义。

（二）保护环境的实质就是保护生产力

1996 年国务院召开的第四次全国环境保护会议上，时任总书记的江泽民发表重要讲话，提出了"保护环境的实质是保护生产力"的论断。会议提出保护环境是实施可持续发展战略的关键，保护环境就是保护生产力。国务院做出了《关于加强环境保护若干问题的决定》，明确了跨世纪环境保护工作的目标、任务和措施。这次会议确定了坚持污染防治和生态保护并重的方针，实施《污染物排放总量控制计划》和《跨世纪绿色工程规划》两大举措。全国开始大规模地展开了重点城市、流域、区域、海域的污染防治及生态建设和保护的工程。环境问题成为中国现代化进程中的重大问题，成为经济发展的首要问题。

实践证明，生态环境的优势可以转化为经济的优势，增强经济社会发展的综合竞争力。2001 年 2 月，江泽民在海南考察时又再次明确指出："要增强广大干部群众的环保意识和生态意识。要使广大干部群众在思想上真正明确，破坏资源环境就是破坏生产力，保护资源环境就是保护生产力，改善资源环境就是发展生产力。"[①] 学者刘建涛、艾志强在《江泽民生态思想的三重视域透析》一文中认为：江泽民的这些重要论述"从生产力的高度来观照自然资源环境，凸显了自然资源环境在现代生产力系统运行中的极端重要性和基础性地位，强调人类保护环境、维护生态平衡的能力也是生产力，揭示了自然系统生产力的生产和再生产是社会生产力持续发展的永恒的自然基础，彻底扭转了传统征服自然的传统生产力观，形成了符合可持续发展要求的新生产力"[②]。

（三）保护环境，实现可持续发展

江泽民继承和发展了邓小平关于人口、社会和环境协调发展的思想，明确提出可持续发展战略。1994 年 3 月，国务院常务会议讨论并原则通过了《中国 21 世纪议程》，提出了以下要求：①确立了中国可持续发展的战略目标、战略重点和重大行动；②加快可持续发展的立法进程并付诸实施；③制定了促进可持续发展的经济政策；④确立了参与国际环境与发展领域合作的原则立场和主要行动领域；等等。该文件第四部分，专门了论了述资源的合理利用与环境

---

① 江泽民：《在海南考察工作时的讲话》（2001 年 2 月 27 日），《江泽民论有中国特色社会主义（专题摘编）》，中央文献出版社，2002 年，第 282 页。

② 刘建涛、艾志强：《江泽民生态思想的三重视域透析》，《辽宁工业大学学报（社会科学版）》2015 年第 4 期。

保护。其中，包括水、土等自然资源的保护与可持续利用；生物多样性的保护；防治土地荒漠化、防灾减灾；保护大气层，控制大气污染和防治酸雨等。同时，该文件还指出，应将资源与环境保护列为第一优先发展领域。2002 年 3 月，江泽民还在《在中央人口资源环境工作座谈会上的讲话》中指出："实现可持续发展，越来越成为各国推进经济和社会发展的战略选择。我国有十二亿多人口，资源相对不足，在发展进程中面临的人口资源环境的压力越来越大。我们绝不能走人口增长失控、过度消耗资源、破坏生态环境的发展道路，这样的发展不仅不能持久，而且最终会给我们带来很多难以解决的难题。我们既要保持经济持续快速健康发展的良好势头，又要抓紧解决人口资源环境工作面临的突出问题，着眼于未来，确保实现可持续发展的目标"[①]，并把实现经济社会和人口资源环境的协调发展作为可持续发展的核心问题。他把控制人口、节约资源、保护环境放到了重要位置。可以说，江泽民的生态建设思想是我国建设有中国特色社会主义生态文明的重要组成部分，具有重要的历史地位。

胡锦涛的生态建设思想是在继承和总结建设有中国特色社会主义生态建设经验的基础上丰富和发展起来的，主要有两个方面的重要内容：第一，阐明了生态文明的科学内涵。在十七大上，胡锦涛在全面建设小康社会目标的基础上，对我国发展提出了新的更高的要求，即增强发展协调性，努力实现经济又好又快发展；扩大社会主义民主；加强文化建设，明显提高全民族文明素质；加快发展社会事业，全面改善人民生活；建设生态文明，基本形成节约能源资源和保护生态环境的产业结构、增长方式、消费模式。同时，胡锦涛还在报告中第一次把建设生态文明作为一项国家发展战略任务明确提了出来："循环经济形成较大规模，可再生能源比重显著上升。主要污染物排放得到有效控制，生态环境质量明显改善。生态文明观念在全社会牢固树立。"[②] 胡锦涛把生态文明的科学内涵界定为："建设生态文明，实质上就是要建设以资源环境承载力为基础、以自然规律为准则、以可持续发展为目标的资源节约型、环境友好型社会。"[③] 这样就将我国解决生态环境问题提到了国家发展道路的理论高度上，使我国的经济社会发展与人口资源环境之间的关系有了理论上的指导。

第二，提出了科学发展观。胡锦涛在 2006 年 4 月 1 日参加首都义务植树

---

① 江泽民：《在中央人口资源环境工作座谈会上的讲话》，《江泽民论有中国特色社会主义（专题摘编）》，中央文献出版社，2002 年，第 283 页。

② 《全面建成小康社会》，https：//baike．so．com/doc/7023380－7246283．html.

③ 《十六大以来胡锦涛建设生态文明思想述略》，中国网，http：//www．china．com．cn/cpc/2011－06/21/content＿22826274．htm.

活动时强调，要从全面落实科学发展观的高度，持之以恒地抓好生态环境保护和建设工作，着力解决生态环境保护和建设方面存在的突出问题，切实为人民群众创造良好的生产生活环境。要通过全社会长期不懈的努力，使我们的祖国天更蓝、地更绿、水更清、空气更洁净，人与自然的关系更和谐。胡锦涛同志在十八大报告中提出，要大力推进生态文明建设。胡锦涛说，建设生态文明，是关系人民福祉、关乎民族未来的长远大计。面对资源约束趋紧、环境污染严重、生态系统退化的严峻形势，必须树立尊重自然、顺应自然、保护自然的生态文明理念，把生态文明建设放在突出地位，融入经济建设、政治建设、文化建设、社会建设各方面和全过程，努力建设美丽中国，实现中华民族永续发展。胡锦涛指出，要坚持节约资源和保护环境的基本国策，坚持节约优先、保护优先、自然恢复为主的方针，着力推进绿色发展、循环发展、低碳发展，形成节约资源和保护环境的空间格局、产业结构、生产方式、生活方式，从源头上扭转生态环境恶化趋势，为人民创造良好的生产生活环境，为全球生态安全做出贡献。他明确指出，当前和今后一个时期，要重点抓好四个方面的工作：一是要优化国土空间开发格局；二是要全面促进资源节约；三是要加大自然生态系统和环境保护力度；四是要加强生态文明制度建设。十八大报告是我国生态文明建设的里程碑，对我国的生态文明建设具有指导性地位和巨大的历史意义。科学发展观的基本内涵就是坚持以人为本，保持经济社会和人口资源环境的协调发展，实现可持续发展。科学发展观的提出，是我们党对现代化建设指导思想的重大发展，成为新时期我们党的指导思想。

四、习近平的新时代生态文明思想

根据中国政协网的统计，自从十八大以来，习近平总书记 60 余次谈到生态文明建设。习近平总书记的生态文明思想有着丰富的内涵，这主要体现在以下三个方面。一是科学的继承了马克思主义生态文明思想，是马克思主义生态思想中国化的产物。二是科学总结中国当代经济社会发展与环境之间的矛盾而得出了科学结论。习近平继承和发扬了毛泽东、邓小平、江泽民、胡锦涛等中共领导人关于生态环境建设的思想，在此基础上又有创新和发展。三是习近平总书记的生态文明思想是中国传统生态文化思想的现代转化。习近平总书记的生态文明思想具有以下几个方面的重要内容。

（一）尊重自然、顺应自然、保护自然的生态文明理念

2013 年习近平总书记主持十八届中央政治局第六次集体学习时指出："推

进生态文明建设，必须全面贯彻落实党的十八大精神，以邓小平理论、'三个代表'重要思想、科学发展观为指导，树立尊重自然、顺应自然、保护自然的生态文明理念，坚持节约资源和保护环境的基本国策，坚持节约优先、保护优先、自然恢复为主的方针，着力树立生态观念、完善生态制度、维护生态安全、优化生态环境，形成节约资源和保护环境的空间格局、产业结构、生产方式、生活方式。"① 习近平总书记的生态文明理念强调"尊重自然、顺应自然、保护自然"，这是对中国传统生态思想的继承，具有深厚的中国传统文化的内涵。中国传统生态思想主张人与自然的和谐，主张尊重自然，顺应自然和保护自然。儒家主张"天人合一"，道家主张"人法地、地法天、天法道、道法自然"，是中国传统文化中人与自然的"和谐"与"天人合一"思想的集中体现。

习近平对中华"和合"文明有精深独到的见解。他说："这种'贵和尚中、善解能容、厚德载物、和而不同'的宽容品格，是我们民族所追求的一种文化理念。自然与社会的和谐，个体与群体的和谐，我们民族的理想正在于此，我们民族的凝聚力、创造力也正基于此。"② 习近平还对"绿水青山"与"金山银山"之间的辩证关系进行了深刻的阐释，他指出，我们"在实践中对绿水青山和金山银山这'两座山'之间关系的认识经过了三个阶段：第一个阶段是用绿水青山去换金山银山，不考虑或者很少考虑环境的承载能力，一味索取资源。第二个阶段是既要金山银山，但是也要保住绿水青山，这时候经济发展和资源匮乏、环境恶化之间的矛盾开始凸显出来，人们意识到环境是我们生存发展的根本，要留得青山在，才能有柴烧。第三个阶段是认识到绿水青山可以源源不断地带来金山银山，绿水青山本身就是金山银山，我们种的常青树就是摇钱树，生态优势变成经济优势，形成了浑然一体、和谐统一的关系，这一阶段是一种更高的境界"③。

（二）生态就是资源，保护生态就是保护生产力

2016 年 5 月 23 日，习近平总书记考察黑龙江伊春林区时指出，我国生态资源总体不占优势，对现有生态资源保护具有战略意义。伊春辖区内分布着

---

① 《习近平谈治国理政》之八：《建设生态文明》，中国共产党新闻网，2015 年 8 月 5 日，http：//cpc. people. com. cn/xuexi/n/2015/0805/c385474—27412488. html。

② 《习近平外交观中的民族品格》，新华网，2015 年 10 月 11 日，http：//news. xinhuanet. com/politics/2015—10/11/c_1116787336. htm。

③ 《习近平"两座山论"的三句话透露了什么信息》，新华网，http：//www. xinhuanet. com/politics/2015—08/06/c_1116159476. htm。

140 多种森林群落，有 300 多种野生药材，自然资源十分丰富。习近平说，生态就是资源、生态就是生产力。他指出，国有重点林区全面停止商业性采伐后，要按照绿水青山就是金山银山、冰天雪地也是金山银山的思路，摸索接续产业发展路子。同时，习近平特别强调林区转型发展既要保护好生态，也要保障好民生；合理利用资源，保护生态平衡，促进经济持续发展，保护生态环境就是保护生产力。① 有学者指出，"习近平总书记关于保护生态环境就是保护和发展生产力的新思想，凸显了生态环境作为生产力要素在 21 世纪中国特色社会主义建设中的独特作用，是马克思主义生产力理论的继承和发展。马克思主义的生产力概念，不仅包括社会生产力，还包括生态生产力，是社会生产力和生态生产力的总和"②。

改革开放以来，我国以经济发展为中心，开始了工业化进程，但由于我国现代化基础薄弱，技术设备差等原因，在发展经济的同时造成了资源和环境的破坏，引发了突出的环境问题。中国是一个有 13 亿多人口的大国，我们建设现代化国家，走欧美产业革命老路，用传统工业化以资源消耗破坏环境为代价的模式，实践证明已经是走不通了。人口、经济社会与生态环境的协调发展，保护生态环境，走可持续发展的道路，是整个世界经济社会发展的主流。既要发展经济，又要保护环境，增强人民福祉，是摆在我国现代化面前的一条极其艰难的道路。发达国家一两百年出现的环境问题，在我国三十多年来的快速发展中就集中的凸显出来，这说明我国不能走欧美发达国家的老路，国家要实现工业化、信息化、城镇化、农业现代化，就必须走出一条新的发展道路，这就是生态文明的道路。

正如习近平总书记指出的那样，我们只有更加重视生态环境这一生产力的要素，更加尊重自然生态的发展规律，保护和利用好生态环境，才能更好地发展生产力，在更高层次上实现人与自然的和谐。习近平总书记反复强调要下大决心、花大气力改变我们的思想观念，要把经济发展与生态保护结合起来，改变不合理的产业结构、资源利用方式、能源结构、空间布局、生活方式，绝不能以牺牲环境为代价而发展经济，绝不走"先污染后治理"的老路，而应探索走出一条环境保护新路，实现经济社会发展与生态环境保护的共赢。③

---

① 《习近平在黑龙江考察调研，强调生态就是生产力》，新华网，2016 年 6 月 17 日，http://news. xinhuanet. com/city/2016-06/17/c_129071218. htm.

② 李雪松、孙博文、吴萍：《习近平生态文明建设思想研究》，《湖南社会科学》2016 年第 3 期。

③ 《习近平总书记系列讲话读本》之八：《绿水青山就是金山银山》，中国共产党新闻网，2014 年 7 月 11 日，http://cpc. people. com. cn/n/2014/0711/c64387-25268583. html.

（三）生态文明建设是一个系统工程，必须实行最严格的生态环境保护制度

习近平对我国的环境问题产生的根源有深刻的认知和体察，这根源于他任职河北正定县委书记、福建和浙江等地主要领导时的工作经历和对经济社会发展的现实迫切需要的体察。他认为，"保护好生态环境，要有科学和系统的视野。一个良好的自然生态系统，是大自然亿万年间形成的，是一个复杂的系统。如果种树的只管种树、治水的只管治水、护田的单纯护田，很容易顾此失彼，最终造成生态的系统性破坏"①习近平在浙江担任主要领导时，在浙江大力推动生态省建设，他形象地指出：搞生态省建设，好比我们在治理一种社会生态病，这种病是一种综合征，病源很复杂，有的来自不合理的经济结构，有的来自传统的生产方式，有的来自不良的生活习惯等，其表现形式也多种多样，既有环境污染带来的"外伤"，又有生态系统被破坏造成的"神经性症状"，还有资源过度开发带来的"体力透支"。总之，它是一种疑难杂症，这种病一天两天不能治愈，一副两副药也不能治愈，它需要多管齐下，综合治理，长期努力，精心调养。②这充分显示了习近平生态文明建设的系统论思想。

2013 年 11 月，习近平在党的十八届三中全会上做关于《中共中央关于全面深化改革若干重大问题的决定》的说明时指出："我们要认识到，山水林田湖是一个生命共同体，人的命脉在田，田的命脉在水，水的命脉在山，山的命脉在土，土的命脉在树。"他要求采取综合治理的方法，把生态文明建设融入经济建设、政治建设、文化建设、社会建设的各方面与全过程，要将其作为一个复杂的系统工程来操作。要加快建立生态文明制度，健全国土空间开发、资源节约利用、生态环境保护的体制机制，推动形成人与自然和谐发展现代化建设新格局。他强调：要把建设节约型社会、发展循环经济的要求体现和落实到制度层面，把发展循环经济纳入国民经济和社会发展规划，建立和完善促进循环经济发展的评价指标体系和科学考核机制；要抓紧制定和完善促进资源节约使用、有效利用的法律法规，进行系统的科学的严格的管理。习近平总书记的生态文明思想具有鲜明的中国特色，既有传统生态文化思想的深刻影响，同时又具有鲜明的时代性，既是世界观又是方法论。

---

① 《十八大以来习近平 60 多次谈生态文明》，中国网，2015 年 4 月 4 日，http：//www. china. com. cn/cppcc/2015-04/04/content_35241952. htm。

② 《系统学习习近平总书记十八大前后关于生态文明建设的重要论述》，《学习时报》2015 年 3 月 30 日。

从毛泽东到习近平，我们党的几代领导同志，都十分重视生态环境的保护，都在环境保护方面根据时代特点和经济社会发展的实际，提出了适合当代中国发展的生态建设思想，这是我们党宝贵的思想财富和思想智慧。毛泽东作为党的第一代领导集体的核心，在兴修水利、植树造林方面做出了卓越的贡献。邓小平倡导全民义务植树活动，把植树造林确定为我国的一项基本国策；他主张人口、经济社会与生态环境的协调发展，主张依靠科技和法制，治理生态环境，对我国当代生态文明建设提供了多方面的思想与智慧。江泽民继承和发扬毛泽东、邓小平的植树造林、绿化祖国的思想，号召"绿化美化祖国，再造秀美山川"，注重人口、资源、环境相协调，提出了保护环境就是保护生产力的著名论断和保护环境，走可持续发展的生态文明道路。胡锦涛科学地界定了生态文明的概念，提出了科学发展观，主张把生态文明建设纳入中国特色社会主义事业"五位一体"总布局，把生态文明建设上升到国家战略的层面。习近平强调"生态兴则文明兴，生态衰则文明衰"的生态价值观，提出了绿水青山就是金山银山、生态就是资源、要尊重自然顺应自然保护自然的生态文明发展理念，阐述了生态环境治理是一个系统的工程，必须多管齐下，实行系统的科学的严格管理。我们党的几代领导人对生态问题的接续探索，为我国社会主义生态文明建设提供了重要的理论指导。

第三节　中国特色社会主义生态文明建设

改革开放以来，党中央、国务院在面对生态环境问题上，采取了一系列的政策措施，如将植树造林确定为一项基本国策，依靠科技手段治理环境，大力整顿污染企业，调整产业结构，制定环境保护的法律法规，有力地促进了中国特色社会主义生态文明建设的发展。就目前来看，中国的生态环境保护虽然取得了一些成绩，但仍不容乐观。城市工业化污染严重，雾霾天气频发，生态环境失衡；农村水土流失严重，土地沙漠化甚至荒漠化严重；生态环境遭到了严重破坏。总的来说，我国局部地区的生态环境得到了改善，但整个国家的生态环境治理难度和复杂性增加，中国特色社会主义生态文明建设还处在积极的探索之中。

一、生态文明建设成为我国的国家发展战略

从新中国成立以来，我们党和国家领导人就十分重视生态环境的保护和利

用，从毛泽东的"植树造林、绿化祖国"的号召到植树造林成为我国的一项基本国策，邓小平、江泽民、胡锦涛、习近平等党和国家领导人都不断地强调生态环境保护的重要性和紧迫性，生态文明建设取得了巨大的成效。

当今，生态文明的理念逐步上升为国家战略，走生态文明的发展道路成为21世纪中国特色社会主义建设的共识。我国生态文明建设经历了一个认识发展的过程。早在改革开放初期，作为人口众多、资源短缺、与发达国家差距显著和人民生活水平相对低下的发展中大国，我国以经济建设为中心，摆脱贫困一直是我们党和国家的主要目标和百姓的迫切心愿，"发展是硬道理"深入人心。随着经济的快速增长，生态的破坏和环境的代价开始逐步显露出来。20世纪90年代，我国政府开始关注经济、社会与环境协调发展的问题，1994年，我国率先制定并出台《中国21世纪议程——中国人口、资源、环境发展白皮书》；1996年，我国在"九五计划"中，提出了转变经济增长方式、实施可持续发展战略的主张。党的十五大提出了科教兴国与可持续发展战略，提出要"正确处理经济发展同人口、资源、环境的关系。资源开发和节约并举，把节约放在首位，提高资源利用效率。统筹规划国土资源开发和整治，严格执行土地、水、森林、矿产、海洋等资源管理和保护的法律。实施资源有偿使用制度。加强对环境污染的治理，植树种草，搞好水土保持，防治荒漠化，改善生态环境"①。改善生态环境，加强对环境污染的治理，坚持经济发展同人口、资源、环境的协调发展成为可持续发展的重要因素。党的十六大把"生态良好的文明发展道路"作为全面建设小康社会的重要目标："可持续发展能力不断增强，生态环境得到改善，资源利用效率显著提高，促进人与自然的和谐，推动整个社会走上生产发展、生活富裕、生态良好的文明发展道路。"② 党的十七大首次把建设生态文明写入党的报告，作为全面建设小康社会的新要求之一："基本形成节约能源资源和保护生态环境的产业结构、增长方式、消费方式。……生态文明观念要在全社会牢固树立。"③ 提出建设生态文明，是我国经济发展模式转变的标志，是我们党发展中国特色社会主义的理论创新成果，是对人类文明发展理论的丰富和完善，是对当前中国环境问题、人与自然和谐

---

① 《扎扎实实做好人口资源环境工作　坚定不移实施可持续发展战略》，人民网，http：//www. people. com. cn/GB/paper464/5671/577342. html。

② 《全面落实科学发展观　加快建设环境友好型社会》，人民网，http：//paper. people. com. cn/rmrb/html/2006－04/19/content_3483144. htm。

③ 《生态环境的产业结构、增长方式和消费模式（党的十七大报告解读》，人民网，http：//paper. people. com. cn/rmrb/2007－11/25/content_33627429. htm。

发展的深刻洞察，是实现我国全面建设小康社会宏伟目标的基本要求，也是对日益严峻的环境问题国际化主动承担大国责任的庄严承诺。

党的十八大明确提出了建设生态文明的发展道路，把生态文明放在"五位一体"的国家发展战略中的突出位置，生态文明建设成为关系人民福祉和民族未来发展的长远大计，十八大报告是这么表述的："建设生态文明，是关系人民福祉、关乎民族未来的长远大计。面对资源约束趋紧、环境污染严重、生态系统退化的严峻形势，必须树立尊重自然、顺应自然、保护自然的生态文明理念，把生态文明建设放在突出地位，融入经济建设、政治建设、文化建设、社会建设各方面和全过程，努力建设美丽中国，实现中华民族永续发展。"① 可以说，党十八大为中国的现代化发展在发展道路、发展理念上确定了新方向和新理念，并从优化国土空间开发格局、全面促进资源节约、加大自然生态系统和环境保护力度、加强生态文明制度建设四个重要层面进行实践："坚持节约资源和保护环境的基本国策，坚持节约优先、保护优先、自然恢复为主的方针，着力推进绿色发展、循环发展、低碳发展，形成节约资源和保护环境的空间格局、产业结构、生产方式、生活方式，从源头上扭转生态环境恶化趋势，为人民创造良好生产生活环境，为全球生态安全做出贡献。"②

从上面的梳理，我们可以看出，党的十五大明确提出可持续发展战略。党的十六大明确提出走新型工业化发展道路，发展低碳经济、循环经济，建立资源节约型、环境友好型社会，建设创新型国家，建设生态文明等新的发展理念和战略举措。党的十七大进一步明确提出了建设生态文明的新要求，并将到2020年成为生态环境良好的国家作为全面建设小康社会的重要目标之一。"绿色发展"被明确写入"十三五"规划并独立成篇，表明了我国走绿色发展道路的决心和信心。党的十八大报告首次单篇论述生态文明，首次把"美丽中国"作为未来生态文明建设的宏伟目标，把生态文明建设摆在总体布局的高度来论述，表明生态文明的理念逐步成为我们党的治国方略，成为中国的国家发展战略，走生态文明的发展道路成为21世纪中国特色社会主义建设的共识。2014年，环保部发布的首份《全国生态文明意识调查研究报告》调查数据显示，78.0%的受访者认为建设"美丽中国"是每个人的事，93.0%的受访者了解生态文明，其余的受访者表示会加强对相关知识的关注和学习。调查显示，我国

① 《生态文明关系人民福祉民族未来》，人民网，http：//paper. people. com. cn/rmrb/html/2012－12/14/nw. D110000renmrb_20121214_6－04. htm。

② 《决胜全面建成小康社会夺取新时代中国特色社会主义伟大胜利》，人民网，http：//paper. people. com. cn/rmrb/html/2017－10/28/nw. D110000renmrb_20171028－1－05. htm。

公众对党和国家建设生态文明与"美丽中国"的战略目标高度认同，其中，对于党的十八大报告中提出的建设"美丽中国"战略，99.5%的被调查者选择了高度关注、积极参与等选项，可见，生态文明观念已经深入人心。

二、生态文明的制度体系逐步建立和完善

当今世界，生态环境问题的表现形式越来越复杂，所涉及的地域面积越来越广阔，带来的观念革命和社会改革越来越深刻。近年来，我国各地大气污染严重，城市水污染治理难度增大，过度砍伐森林造成的水土流失、土地荒漠化日益严重，与此同时，海洋环境问题、电子等新型污染物、农村环境问题、环境污染事故、环境社会性群体事件等，也越来越严峻。随着世界经济贸易进程的加快，造成环境问题的根源也越来越复杂，工农业生产、资源开发、城市建设、城乡居民生活、国土空间开发、资源利用、国内外贸易与物流运转等，都可能造成极大的环境问题，因此，生态文明必须加强制度建设，制度建设成为生态文明建设的关键性因素。

我国在生态文明制度建设方面，制定了一系列的法律制度。1972 年 6 月 5 日，人类历史上第一次关于环境问题的全球性国际会议——联合国人类环境会议在瑞典首都斯德哥尔摩召开。在"人类环境会议"的影响下，我国在 1973 年由国务院颁布了《关于保护和改善环境的若干规定（试行草案）》。这一文件是 1979 年颁布的《中华人民共和国环境保护法（试行）》的雏形。文件中规定了"全面规划，合理布局，综合利用，化害为利，依靠群众，大家动手，保护环境，造福人民"的环境保护工作方针，并就全面规划、工业的合理布局、改善老城市的环境、资源的综合利用、土壤和植物的保护、水系和海域的管理、植树造林、环境监测、环境科学研究和宣传教育、环境保护投资和设备等十个方面的问题，做了较全面的规定。1974 年，国务院颁布了《中华人民共和国防治沿海水域污染暂行规定》。这是我国第一个防治沿海海域污染的法规。1978 年修订的《中华人民共和国宪法》第一次对环境保护做了规定："国家保护环境和自然资源，防治污染和其他公害。"这就为我国的环境保护工作和以后的环境立法提供了宪法依据。1979 年 9 月 13 日，第五届全国人大常委会通过了我国第一部环境保护法《中华人民共和国环境保护法（试行）》，该法依据 1978 年宪法有关环境保护的规定，并借鉴了国外环境立法经验，规定了环境保护的原则、基本制度和管理措施，并将其作为强制性的法律制度确定下来。1989 年 12 月 26 日，第七届全国人民代表大会常务委员会第十一次会议通过

了修改后的《中华人民共和国环境保护法》，它被称为我国环境立法和实践工作的里程碑。该法是根据1982年宪法制定的，是在总结《中华人民共和国环境保护法（试行）》经验的基础上经过修订完善的。该法共分6章47条，分别为总则、环境监督管理、保护和改善环境、防治环境污染和其他公害、法律责任、附则。经过20多年的努力，中国的环境保护法律体系日臻完善，已颁布了5部环境保护的专项法律——《海洋环境保护法》《林污染防治法》《大气污染防治法》《环境噪声污染防治法》《固体废弃物污染环境防治法》；颁布了8部资源法——《森林法》《草原法》《渔业法》《矿产资源法》《野生动物保护法》《水土保护法》等，以及多项环境法规和近万项国家标准。除此以外，我国还加入了若干国际环境保护公约和条约。这里特别值得一提的是，2014年4月24日，十二届全国人大常委会第八次会议审议通过了《中华人民共和国环境保护法》修正草案，《中华人民共和国环境保护法》自1989年颁布实施以来，25年后首次修订，新《中华人民共和国环境保护法》进一步明确了政府对环境保护监督管理职责，完善了生态保护红线等环境保护基本制度，强化了企业污染防治责任，加大了对环境违法行为的法律制裁，法律条文也从原来的47条增加到70条，增强了法律的可执行性和可操作性，被称为"史上最严"的环境保护法。新的环境保护法共十一章，我们认为前四章的主要内容是最值得关注的：（1）引入了生态文明建设和可持续发展的理念。新法明确要求推进生态文明建设，促进经济社会可持续发展，要使经济社会发展与环境保护相协调，充分体现了环境保护的新理念。（2）明确了保护环境的基本国策和基本原则。新法进一步强化环境保护的战略地位："保护环境是国家的基本国策"，并明确"环境保护坚持保护优先、预防为主、综合治理、公众参与、污染者担责的原则"。（3）完善了环境管理基本制度：一是完善了环境监测制度。二是完善了环境影响评价制度。三是完善了跨行政区污染防治制度。四是完善了防治污染设施"三同时"制度、重点污染物排放总量控制制度和区域限批制度，补充了总量控制制度。五是明确排污许可管理制度。六是增加生态保护红线规定。（4）突出强调政府监督管理责任。新的环境保护法调整篇章结构，突出强调政府责任、监督和法律责任。新的《中华人民共和国环境保护法》对于保护和改善环境，防治污染和其他公害，保障公众健康，推进生态文明建设，促进经济社会可持续发展，具有十分重要的意义。从2015年1月1日开始实施《大气污染防治法》之后，国家又制定实施了《水污染防治法》《土壤污染防治法》等法律法规，中国生态环境法治体系不断完善。十八届四中全会指出，"用最严格的法律制度保护生态环境"。这表明，党和国家对于生态文明法律制度的建设将会更加规范、更加严格、更加系统，同时也为生态文明制度建设提供了严格的法律制度保障。

十八大以来，我国的生态文明制度建设不断加强。2015 年 4 月 25 日，中共中央国务院出台了《关于加快推进生态文明建设的意见》（下文简称《意见》），《意见》指出：生态文明建设是中国特色社会主义事业的重要内容，关系人民福祉，关乎民族未来，事关"两个一百年"奋斗目标和中华民族伟大复兴中国梦的实现。党中央、国务院高度重视生态文明建设，先后出台了一系列重大决策部署，推动生态文明建设取得了重大进展和积极成效。但总体上看，我国生态文明建设水平仍滞后于经济社会发展，资源约束趋紧，环境污染严重，生态系统退化，发展与人口资源环境之间的矛盾日益突出，并成为经济社会可持续发展的重大瓶颈。《意见》从十个方面健全生态文明制度体系。（1）健全法律法规。《意见》全面清理现行法律法规中与加快推进生态文明建设不相适应的内容，加强法律法规间的衔接。研究制定节能评估审查、节水、应对气候变化、生态补偿、湿地保护、生物多样性保护、土壤环境保护等方面的法律法规，修订《土地管理法》《大气污染防治法》《水污染防治法》《节约能源法》《循环经济促进法》《矿产资源法》《森林法》《草原法》《野生动物保护法》等。（2）完善标准体系。加快制定、修订一批能耗、水耗、地耗、污染物排放、环境质量等方面的标准，实施能效和排污强度"领跑者"制度，加快标准升级步伐。（3）健全自然资源资产产权制度和用途管制制度。（4）完善生态环境监管制度。建立严格监管所有污染物排放的环境保护管理制度。（5）严守资源环境生态红线。树立底线思维，设定并严守资源消耗上限、环境质量底线、生态保护红线，将各类开发活动限制在资源环境承载能力之内。（6）完善经济政策。健全价格、财税、金融等政策，激励、引导各类主体积极投身生态文明建设。（7）推行市场化机制。（8）健全生态保护补偿机制。（9）健全政绩考核制度。建立体现生态文明要求的目标体系、考核办法、奖惩机制。把资源消耗、环境损害、生态效益等指标纳入经济社会发展综合评价体系，大幅增加考核权重，强化指标约束，不唯经济增长论英雄。（10）完善责任追究制度。建立领导干部任期生态文明建设责任制，完善节能减排目标责任考核及问责制度。《意见》指出，加快建立系统完整的生态文明制度体系，引导、规范和约束各类开发、利用、保护自然资源的行为，用制度保护生态环境。

十八届三中全会指出，要加快生态文明制度建设。会议指出，建设生态文明，必须建立系统完整的生态文明制度体系，实行最严格的源头保护制度、损害赔偿制度、责任追究制度，完善环境治理和生态修复制度，用制度保护生态环境。主要措施有：（1）健全自然资源资产产权制度和用途管制制度。（2）健全国家自然资源资产管理体制，统一行使全民所有自然资源资产所有者职责。（3）划定生态保护红线。建立国土空间开发保护制度，建立资源环境承载能力监测预警机制，对水土资源、环境容量和海洋资源超载区域实行限制性措施，建立生态环境损害责任终身追究制。（4）实行资源有偿使用制度和生态补偿制度。（5）改革生态环境保护管理体制。建立和完善严格监管所有污染物排放的环境保护管理制度，独立进行环境监管和行政执法。对造成生态环境损害的责任者严格实行赔偿制度，依法追究刑事责任。十八届三中全会有关生态文明三个制度一个体制的论述，解决生态文明建设的实践操作问题即"怎么做"的问题。

2015年10月召开的第十八届五中全会将生态文明建设和可持续发展有关理念提到了历史上的新高度。十八届五中全会公报全文5917字，而涉及生态文明、绿色发展、生态安全、农业结构转型、食品安全、低碳发展等有关描述共14处842字，占整个篇幅的14%。这说明我们党和国家对生态环境与健康发展的重视程度，达到了新的历史高度。其主要有内容有以下一些。生态环境质量总体改善。提出了"创新、协调、绿色、开放、共享"的新发展理念。大力推进农业现代化，加快转变农业发展方式，走产出高效、产品安全、资源节约、环境友好的农业现代化道路。增强发展协调性，形成资源环境可承载的区域协调发展新格局。坚持绿色发展，必须坚持节约资源和保护环境的基本国策，坚持可持续发展，坚定走生产发展、生活富裕、生态良好的文明发展道路。加快建设资源节约型、环境友好型社会，形成人与自然和谐发展现代化建设新格局，推进美丽中国建设，为全球生态安全做出新贡献。促进人与自然和谐共生，构建科学合理的城市化格局、农业发展格局、生态安全格局、自然岸线格局，推动建立绿色低碳循环发展产业体系。推动低碳循环发展，建设清洁低碳、安全高效的现代能源体系，实施近零碳排放区示范工程。全面节约和高效利用资源，树立节约集约循环利用的资源观，建立健全用能权、用水权、排污权、碳排放权初始分配制度，推动形成勤俭节约的社会风尚。加大环境治理力度，以提高环境质量为核心，实行最严格的环境保护制度，深入实施大气、水、土壤污染防治行动计划，实行省以下环保机构监测监察执法垂直管理制度。筑牢生态安全屏障，坚持保护优先、自然恢复为主，实施山水林田湖生态保护和修复工程，开展大规模国土绿化行动，完善天然林保护制度，开展蓝色海湾整治行动。从十七大提出的"生态文明"的发展理念到十八届五中全会关于生态文明制度建设，至此，我国初步形成了一个有系统性的中国生态文明的理论框架。

三、环境保护工作顺利开展，整体环境质量得到改善

改革开放以来，我国的环境保护意识越来越强，环境保护工作得到顺利地开展。党和国家领导人对环境问题高度重视，特别是十八大以来，习近平总书记 60 余次提到生态文明建设。我们根据央广网的有关报道，梳理一下习近平总书记 2016 年对生态环境问题的重要论述和谈话，以此证明国家领导人对环境问题的高度重视。2016 年习总书记首次离京赴重庆调研，对当地官员说，长江生态环境保护刻不容缓，保护好三峡库区和长江母亲河，事关重庆长远发展和国家发展全局。要深入实施"蓝天、碧水、宁静、绿地、田园"环保行动，建设长江上游重要生态屏障。2016 年全国"两会"期间，习近平总书记在黑龙江代表团参加审议时重点询问了大小兴安岭停伐转型情况，并叮嘱大家要保护湿地。两个月之后，习总书记赴黑龙江伊春林区考察，指出要对有限林业资源实行保护，并提出了生态就是生产力，保护生态就是保护生产力的著名论断。在青海省生态环境监测中心考察时，习总书记听取青海生态文明建设总体情况和三江源地区生态保护情况的汇报后指出，三江源对于国家的生态战略意义非常重要，是国家的生命之源，保护好三江源，对中华民族发展至关重要。2016 年 12 月，全国生态文明建设工作推进会在浙江召开，习近平总书记做出重要指示，强调要把生态文明建设纳入制度化、法治化轨道。要加大环境督查工作力度，严肃查处违纪违法行为，着力解决生态环境方面突出问题，让人民群众不断感受到生态环境的改善。

中国的环境保护工作从认识到实践，都发生了重要的变化，首先是观念改变了。良好的生态环境为全社会所共享，经济发展不能以牺牲环境为代价成为社会的共识，生态文明成为继农业文明、工业文明之后人类选择的新的发展道路。我们党十八大将建设生态文明和环境友好型、资源节约型社会确立为主要战略任务，生态文明上升为我国的国家发展战略，保护资源环境成为经济社会全面协调的可持续发展的关键性因素。我们以 2015 年 10 月 9 日我国举办的"辉煌十二五"系列报告会中环境保护部部长陈吉宁的报告数据为例来进行说明。2015 年环境保护部对不符合环境保护工作要求的 151 个国家项目不予审批，而这些项目涉及交通运输、电力、钢铁、煤炭、化工石化等行业，总投资

7600 多亿元。① 这在以前是不可想象的，经济发展让位于环境保护，在我国得以实现。另外，"我国大力实施天然林资源保护、退耕还林、退牧还草等生态修复工程，建成以自然保护区为骨干的生物多样性就地保护网络体系，85％的陆地生态系统类型和野生动植物得到有效保护"②。

其次，政府在生态文明建设中发挥着越来越重要的作用，落实环保"党政同责""一岗双责"。如 2016 年中央环保督察组在河北开展环保督察问责工作，督察组负责人常纪文说："对各地来说，中央对河北的环保督察是一个重大警示。""督察反馈再次强调了环境保护不单是政府的事。推动生态文明建设，落实环保'党政同责''一岗双责'不仅是一项重要工作，更是各地必须完成的一项重大政治任务。在这个问题上，必须与党中央保持高度一致，一些违法违规的做法千万要不得，一旦出现问题，就是重大政治问题。"③ 这次环保督查指出的问题之尖锐，落实责任之严格，前所未有。中央环境保护督查全面开展，数以千计的干部被问责，这对于提升地方党委和政府的生态文明建设意识有巨大的促进意义。

再次，更重要的是，建立了环保网络举报平台和制度，促进了公众参与环境保护。环保部开通了"12369"环保举报热线和微信举报平台。公众通过手机的无线通信、GPS 定位、拍照、录像等功能，可以快捷地完成污染问题的取证举报，这样每一部手机都可以成为一个移动监控点，每一名公众就是一位环保监督员，这对环境保护是一个巨大的促进，信息公开力度的持续加大和公众的广泛参与，是我国环境保护体制改革的重要举措，极大地彰显了新环保法的威力。

近年来，我国的整体环境质量有所改善。我们选取 2014 年、2015 年两年《中国环境状况公报》中的权威发布为例，来说明目前我国的环境保护的成效。2014 年，我国环境保护在五个方面取得明显成效：第一，大气、水、土壤污染防治迈出新步伐，全面实施《大气污染防治行动计划》。一是加强重点行业污染治理；二是推进区域协作；三是加强大气环境执法监管；四是完善监测预警体系；五是加快出台配套政策；六是强化基础支撑。通过努力，2014 年，

---

① 《"辉煌十二五"系列报告会第二场聚焦生态环境保护》，2015 年 10 月 10 日，http：//news. xinhuanet. com/energy/2015－10/10/c_128302763. htm。

② 《"十二五"以来特别是党的十八大以来，我国生态环境保护取得明显成效》，《中国青年报》，2015 年 10 月 10 日。

③ 常纪文：《督查具有高度政治严肃性和权威性》，新华网，2016 年 5 月 4 日，http：//news. xinhuanet. com/politics/2016－05/04/c_128956014. htm。

首批实施新环境空气质量标准监测的 74 个城市细颗粒物（PM2.5）年均浓度为 64 微克/立方米，同比下降 11.1％。第二，主要污染物总量减排年度任务顺利完成。严格减排目标责任考核；环境保护部对存在突出问题的城市环评限批，对多个企业挂牌督办，减排工程建设顺利推进；完善减排政策体系。第三，环境保护优化经济发展作用继续显现。2015 年党的十八届五中全会提出创新、协调、绿色、开放、共享的发展理念，党中央、国务院对生态文明建设和环境保护做出一系列重大决策部署，各地区、各部门坚决贯彻落实，以改善环境质量为核心，着力解决突出环境问题，环境状况取得积极进展。

最后，环境执法监管更为严格。我们以 2015 年环境保护部公布的数据为例，2015 年国家环境保护部严格执行《中华人民共和国环境保护法》，对地方政府环保责任进行督查。环境保护部"对 33 个市（区）开展综合督查，公开约谈 15 个市级政府主要负责同志；各地对 163 个市开展综合督查，对 31 个市进行约谈、20 个市县实施区域环评限批、176 个问题挂牌督办，推动一批突出环境问题得到解决。对企业偷排、偷放等恶意违法排污行为和篡改、伪造监测数据等弄虚作假行为为重点，依法严厉打击环境违法行为。全国实施按日连续处罚、查封扣押、限产停产案件 8000 余件，移送行政拘留、涉嫌环境污染犯罪案件近 3800 件。各地环保部门下达行政处罚决定 9.7 万余份，罚款 42.5 亿元，比 2014 年增长 34％。开展环境保护大检查，全国共检查企业 177 万家次，查处各类违法企业 19.1 万家，责令关停取缔 2 万家、停产 3.4 万家、限期整改 8.9 万家"①。这些数据显示，环境问题成为当前经济社会发展的主要问题之一，经济的发展不能以牺牲环境为代价，《中华人民共和国环境保护法》得以真正实施，环境执法会越来越严格和规范，环境保护执法成为生态文明建设的重要步骤。

四、我国生态文明建设存在的问题

（一）环境总体恶化趋势尚未得到根本改变

中国是世界上最大的发展中国家，与世界发达国家比较起来，科技水平整体水平还很低，目前正处在实现工业化和农业现代化的发展过程中，经济发展模式还处于转型阶段，经济发展与环境保护存在较大的矛盾，工业化城市的污

---

① 国家环境保护部：《2015 年中国环境状况公报》，2016 年 5 月 20 日。

染较重，全国 338 个地级以上城市，空气质量不达标的就占 78％左右，特别是大城市的环境污染的态势十分严峻。近年来的雾霾天气，在部分地区严重威胁着人的生存和交通、食物等工农业生产安全。根据国家"人与生态网"的消息："中国江河湖泊都已遭到了不同程度的污染，城市面临着日益严重的水污染问题；工业固体废物，特别是城市垃圾和粪便处理已成为城市发展中棘手的环境问题之一；汽车噪声是城市区域环境噪声源。中国农村生态破坏严重，森林破坏不仅使木材和林副产品资源短缺，珍稀野生动植物濒危灭绝，还加剧了自然灾害发生频率和危害程度，加重了水土流失，加速了全球性气候变暖和水库的淤塞等，使陆地生态环境日益恶化。草原退化是草原开发利用中最突出的问题，中国西北、华北北部和东北西部地区土地沙化最严重。水土保持工作总的态势是：点上好转，面上在扩大，治理赶不上破坏，水土流失有加剧的趋势。我国水土流失面积占国土总面积的 38.2％。建国 40 多年来，因水土流失减少耕地 267×104 km²，每年的经济损失约 100 亿元。据有关统计，全国约 89％的贫困地区属于水土流失区。"[1] 2017 年 1 月 12 日在北京召开的 2017 年全国环境保护工作会议上，环保部部长陈吉宁指出，我国生态系统总体稳定，环境质量在全国范围和平均水平上总体向好，但某些特征污染物和部分时段部分地区局部恶化，环境保护形势依然严峻。监测数据表明，2016 年 9 月、11 月、12 月，全国空气质量不升反降，优良天数比例同比分别下降 5.1、7.5、6.3 个百分点，PM2.5 浓度分别上升 2.9％、7.4％、5.4％。11 月份，京津冀区域 PM2.5 浓度上升 8.5％，共发生 5 次影响范围较广、持续时间较长的重污染过程。2016 年 12 月，全国出现大范围、长时间、重污染雾霾天气，北京等地启动红色预警，多地超标。从上面的情况，我们可以看出，我国的环境问题总体上存在着恶化的趋势，环境质量的根本好转是一个漫长的过程，既是攻坚战，又是持久战。

（二）环境问题产生的主要原因

环境问题产生的根源很复杂，特别是对于我国的环境问题来说，既有历史原因的累积，也有现实经济社会发展的矛盾累积。我们认为，我国环境问题的根源主要有下面几个方面的原因：第一，发展不足。2011 年 12 月 20 日，时任国务院副总理的李克强在第七次全国环境保护大会上的讲话中指出："我国

---

[1]　人与生态网：《中国环境问题的基本状况》，http：//amuseum. cdstm. cn/AMuseum/renyushengtaihuanjing/docc/wenmingbrow. asp—id=1903&classid=60. html。

是世界上最大的发展中国家，正处于全面建设小康社会、加快转变经济发展方式的关键时期。我国的基本国情、所处的发展阶段和现实情况都表明，发展经济改善民生的任务十分繁重，经济转型的要求日益迫切，环境保护任重道远。我国正处于工业化中后期和城镇化加速发展的阶段，发达国家一两百年间逐步出现的环境问题在我国集中显现，呈现明显的结构型、压缩型、复合型特点，环境总体恶化的趋势尚未根本改变，压力还在加大。当前，一些地区污染排放严重超过环境容量，突发环境事件高发。总的来看，环境保护仍是经济社会发展的薄弱环节。"① 我国经济发展《联合国人类环境宣言》指出："在发展中国家中，环境问题大半是由于发展不足造成的。千百万人的生活仍然远远低于人们生活所需要的最低水平。他们无法取得充足的食物和衣服、住房和教育、保健和卫生设备。因此，发展中国家必须致力于发展工作，牢记他们的优先任务和保护及改善环境的必要。"

第二，生态保护执法监管能力较为薄弱。由于我国还是发展中国家，还处在社会主义的初级阶段，经济发展水平较低，生态保护的投入不足，生态保护的法律意识和生态意识淡薄，环境保护的执法能力建设滞后，生态环境损害赔偿制度改革和生态补偿机制仍需完善，排污许可证管理制度还未形成，国家重点生态功能区、国家森林公园和自然保护区管理机制不健全，保护环境的法律法规和标准规范体系不够完善，城市大气治理任务繁重，生态保护和资源开发利用仍然存在矛盾突出的问题。

第三，生态环境问题的产生还有其他更复杂的根源。有学者认为，"从表面上看，环境问题是一个技术问题、经济问题；但从深层次考察，环境问题则也是哲学问题、宗教问题和伦理问题。环境问题的根本解决，不仅有赖于技术进步和经济法律制度的变革，更有赖于人类文明的转型和伦理观念的觉悟"②。张永清在《析我国环境问题产生的四大根源》一文中认为，我国环境问题的产生主要有四大根源③：认识论根源，包括人类中心主义的价值观念、业务知识欠缺，管理者素质低下、法律意识淡薄，依法办事观念不强。经济根源，包括企业追求高利润、环保意识薄弱、地方官员为追求政绩，重经济发展、轻环境保护。制度根源，包括法律监管不严，排放标准没有严格执行、城市扩张的无序化严重等。科技根源，主要指科学技术给我们带来好处的同时，也带给我们

---

① 《李克强副总理在第七次全国环境保护大会上的讲话》，《环境保护》2012 年第 1 期。
② 吴卫星、印卫东：《对产生环境问题的根源探析》，《上海环境科学》2003 年第 1 期。
③ 张永清：《析我国环境问题产生的四大根源》，《理论前沿》2008 年第 23 期。

无穷的烦恼。贾凤姿在《我国环境问题产生的哲学思想根源》一文中指出：环境问题是人类活动（经济活动和社会活动）所消耗掉的资源和排放的污染物超过了地球的承载能力而导致的问题，它正在逐渐成为影响人类生存与发展的关键因素。虽然我国环境问题形成的原因十分复杂，但从根源上看还是思维方式问题，人类中心主义的世界观、形而上学的发展观、不公正的伦理观、片面的私德观，使得生产者在生产经营活动中忽视对社会集体应履行的义务，忽视社会集体的权益，对环境的损害没有产生任何负罪感，此外，还包括以"GDP论英雄"的政绩观。他认为，生态环境问题归根到底是世界观问题，世界观决定发展观、道德观和政绩观。① 还有学者认为，全球生态危机的真正根源是资本主义制度。周光迅、王敬雅在《资本主义制度才是生态危机的真正根源》一文中认为："一般认为，人类的生态危机根源之一是人与自然关系的错位、工具理性和价值理性的错位；根源之二是特定阶段上的认识主体，还没有把握自然界整体平衡与发展的规律，即还没有遵循科学发展的原则；根源之三是指人与人之间由于利益关系而形成的对立、矛盾和冲突。这些观点虽然从不同角度、一定程度上说明了生态危机产生的原因，但我们认为，如果不从制度层面上更深入地探讨这一问题，则很难产生令人信服的答案。我们认为，以生产资料私有制和雇佣关系为基础的资本主义制度，不仅是人与自然、人与人之间矛盾的根源，更是全球性生态危机的根源。"② 他们认为，资本主义的发展史是一部生态破坏史，一方面，资本主义的大生产基于对利润的无限追求，造成了对自然资源的过度消耗；另一方面，资本家为了降低成本，争相使用大量廉价的化学产品，这些有害物质又进一步加剧了对自然环境的破坏。资本主义借助全球市场的初步建立，更是把生态灾难带到了世界各地。正如美国学者约翰·贝拉米·福斯特所言："资本主义经济把追求利润增长作为首要目的，所以要不惜任何代价追求经济增长，包括剥削和牺牲世界上绝大多数人的利益。这种迅猛的增长通常意味着迅速消耗能源与材料，同时向环境倾倒越来越多的废物，导致环境急剧恶化。"

中国特色社会主义生态文明是中国共产党在进行中国特色社会主义建设过程中，不断总结经验教训，与时俱进地顺应世界生态文明运动潮流，探索中国特色社会主义生态文明的理论与实践的结果，具有丰富的历史经验和深厚的历

---

① 贾凤姿：《我国环境问题产生的哲学思想根源》，《社会科学辑刊》2008 年第 1 期。

② 周光迅、王敬雅：《资本主义制度才是生态危机的真正根源》，《马克思主义研究》2015 年第 8 期。

史文化传统。党的第一代领导人毛泽东在新中国成立以来对生态建设的认识、思考及社会实践上的成就，为我国的生态恢复和生态建设打下了坚实的基础，毛泽东生态思想的实践性品格为中国特色生态文明建设奠定了第一块基石。邓小平、江泽民、胡锦涛和习近平等党和国家领导人高度重视中国特色生态文明建设，逐步把生态文明提升到国家发展战略、人民福祉的时代高度，特别是习近平总书记多次对生态文明建设发表重要讲话，他在 2016 年 1 月 18 日《在省部级主要领导干部学习贯彻党的十八届五中全会精神专题研讨班上的讲话》中指出："各级领导干部对保护生态环境务必坚定信念，坚决摒弃损害甚至破坏生态环境的发展模式和做法，决不能再以牺牲生态环境为代价换取一时一地的经济增长。要坚定推进绿色发展，推动自然资本大量增值，让良好生态环境成为人民生活的增长点、成为展现我国良好形象的发力点，让老百姓呼吸上新鲜的空气、喝上干净的水、吃上放心的食物、生活在宜居的环境中、切实感受到经济发展带来的实实在在的环境效益，让中华大地天更蓝、山更绿、水更清、环境更优美，走向生态文明新时代。"2015 年 4 月 25 日，中共中央国务院发布了《关于加快推进生态文明建设的意见》（下文简称《意见》），《意见》指出，生态文明建设是中国特色社会主义事业的重要内容，关系人民福祉，关乎民族未来，事关"两个一百年"奋斗目标和中华民族伟大复兴中国梦的实现，我们党把生态文明建设上升到国家的战略发展、关乎民族前途未来的高度，在十八大以后的"十三五规划"《国家新型城镇化规划（2014—2020)》《西部大开发"十三五"规划》等国家重大发展战略规划中，生态文明建设贯穿始终，要求牢固树立尊重自然、顺应自然、保护自然的理念，坚持绿水青山就是金山银山，动员全党、全社会积极行动、深入持久地推进生态文明建设，加快形成人与自然和谐发展的现代化建设新格局，开创社会主义生态文明新时代。

五、生态文明建设取得了突出的成就

改革开放以来，我国生态文明建设取得了辉煌的成就，概括起来主要表现在以下几个方面。

（一）植树造林取得巨大成就

改革开放以来，我国先后实施了"三北"防护林、天然林保护、退耕还林、京津风沙源治理等重点生态工程。根据国家林业局权威发布的《第八次全国森林资源清查主要结果（2009—2013 年)》统计报告，森林总量持续增长。

森林面积由 1.95 亿公顷增加到 2.08 亿公顷，净增 1223 万公顷；森林覆盖率由 20.36％提高到 21.63％，提高 1.27 个百分点；森林蓄积由 137.21 亿立方米增加到 151.37 亿立方米，净增 14.16 亿立方米，其中天然林蓄积增加量占 63％，人工林蓄积增加量占 37％。人工林快速发展。人工林面积从原来的 6169 万公顷增加到 6933 万公顷，增加了 764 万公顷；人工林蓄积从原来的 19.61 亿立方米增加到 24.83 亿立方米，增加了 5.22 亿立方米。人工林面积 0.69 亿公顷，蓄积 24.83 亿立方米。森林面积和森林蓄积分别位居世界第 5 位和第 6 位，人工林面积仍居世界首位，人工造林对增加森林总量的贡献明显。[1]

（二）国土绿化状况持续改善

根据全国绿化委员会办公室 2016 年 3 月发布的《2015 年中国国土绿化状况公报》，国土绿化的主要成果有：第一，全国完成森林抚育 831.4 万公顷，城市建成区绿地率 36.34％，完成公路绿化里程 7.36 万公里，完成运营铁路绿化里程 2023 公里，沙化土地治理 191.9 万公顷，新增湿地保护面积 34.5 万公顷，人工种草 1097.32 万公顷，全国年均种子生产量 2500 万公斤，林木良种 280 万公斤，全国花卉种植面积 127.02 万公顷。第二，重点生态修复工程建设扎实推进。天然林资源保护工程完成造林 49.9 万公顷，1.15 亿公顷森林得到有效保护。大小兴安岭、长白山林区，河北省的天然林全部纳入停伐范围。退耕还林工程完成退耕还林 53.3 万公顷。京津风沙源治理工程完成营造林 24.7 万公顷。"三北"防护林及长江流域等重点防护林体系工程完成造林 142.55 万公顷。第三，防沙治沙稳步推进，完成沙化土地治理面积 191.9 万公顷。第四，自然保护区建设和野生动植物保护不断加强，湿地保护力度进一步加大。第五，实施湿地保护工程项目 48 个，新增湿地保护面积 34.5 万公顷。新指定安徽升金湖国家级自然保护区、广东南澎列岛海洋生态国家级自然保护区、甘肃张掖黑河湿地国家级自然保护区 3 处国际重要湿地。第六，草原建设持续推进。建设草原围栏 275.4 万公顷，退化草原补播 88.6 万公顷，建设人工饲草地 20.37 万公顷，新增人工种草 1097.32 万公顷。第七，森林、草原资源保护力度不断加大。这些成就说明，我国在尊重自然、顺应自然、保护自然的生态文明理念得以全面落实和实践，国土绿化事业取得新成效。

---

[1]　国家林业局：《第八次全国森林资源清查主要结果（2009—2013 年）》，中国林业网，2014 年 2 月 25 日。

（三）国家森林公园和自然保护区陆续建立

在我国，国家森林公园的建设规模不断扩大，数量不断增多，这是我国生态文明建设的重要举措。森林公园是国家在森林资源和森林景观保存完整、人文景观比较集中、科学研究和文化价值较高，地理位置独特，旅游服务基础设施齐备的景区，由国家林业局批准，设立国家森林公园。国家森林公园的设置具有重要意义，一是森林资源及其自然景观的保存与保护，二是资源环境的科学研究，三是推动旅游观光，教育，休闲娱乐，文化产业的可持续发展。从1982年国家设立第一个国家森林公园张家界国家森林公园开始，截至2015年底，全国共建立森林公园3234处，规划总面积1801.71万公顷。其中，国家级森林公园826处（新设立39处）、国家级森林旅游区1处，面积1251.06万公顷；省级森林公园1402处，县（市）级森林公园1005处。四川共有126处。不仅如此，我国还设立国家级自然保护区，根据《中华人民共和国自然保护区条例》的规定："自然保护区，是指对有代表性的自然生态系统、珍稀濒危野生动植物物种的天然集中分布区、有特殊意义的自然遗迹等保护对象所在的陆地、陆地水体或者海域，依法划出一定面积予以特殊保护和管理的区域。"自然保护区是推进生态文明、建设美丽中国的重要载体；是保护生物多样性、筑牢生态安全屏障、确保各类自然生态系统安全稳定、改善生态环境质量的有效举措，也是我国强化自然保护区建设和管理；是贯彻落实创新、协调、绿色、开放、共享新发展理念的具体行动。1956年，我国建立了第一个自然保护区广州鼎湖山国家级自然保护区。20世纪80年代以来，随着社会各界环保意识的增强和环保法规体系的日益完善，我国自然保护区数量不断增加，截至目前，全国共建立自然保护区2740个，总面积147万平方公里，约占陆地国土面积的14.83%，高于世界平均水平。国家"十三五"规划纲要提出"实施生物多样性保护重大工程。强化自然保护区建设和管理，加大典型生态系统、物种、基因和景观多样性保护力度，科学规划和建设生物资源保护库圃"。2016年5月22日在我国举行的国际生物多样性暨中国自然保护区发展60周年大会上，环境保护部部长陈吉宁表示，我国自然保护区已初步形成布局基本合理、类型比较齐全、功能相对完善的体系，为保护生物多样性、筑牢生态安全屏障、确保生态系统安全稳定和改善生态环境质量做出重要贡献。陈吉宁表示，下一步将完善自然保护区网络，加快编制完成《全国自然保护区发展规划》，全面提高自然保护区管理系统化、精细化、信息化水平，优化保护区空间布局；严格监督管理和执法，同时加快划定生态保护红线，确保各级各类自然保护区纳入红线；实施重大保护工程，提升重要生态功能区、自然保护区、生物多样性保护优先区的生态系统稳定性和生态服务功能，研究建立自然保护区公共监督员制度等措施。从上面的规划中，可以看出我国的国家森林公园和自然保护区的数目在不断增多，保护力度在不断加强，生态文明建设已取得显著成效。

　　不仅如此，我国各省（市、区）根据自身经济社会和环境保护的需要，制定了更加细致有效的环境保护措施，如四川省人民政府在 2016 年 9 月底发出了《关于印发四川省生态保护红线实施意见的通知》（下文简称《通知》），《通知》在全省划定了 13 个红线区块，总面积 19.7 万平方公里，覆盖 21 个市（州）、146 个县（市、区），生态保护红线区域将我省事关国家和区域生态安全的极重要、极敏感、极脆弱区域以及其他重要生态区域划入生态红线，涉及重点生态功能区、生态敏感脆弱区、自然保护区、饮用水源保护区及风景名胜区、地质公园、水产种质资源保护区、森林公园、湿地公园等。生态保护红线是国家和区域生态安全的底线，对支撑经济社会可持续发展具有重要意义。各类自然保护区的建立对于保护自然环境与自然资源作用、科学研究、宣传教育、涵养水源和净化空气、保护生物多样性、合理可持续利用自然资源、旅游产业、生态文明的国际合作都具有重大的战略意义和实践意义。

第五章　生态文化建设与革命老区可持续发展

第一节　生态文化传播与老区公民生态道德的培育

2015 年 9 月，中共中央、国务院发布了《生态文明体制改革总体方案》（下文简称《方案》），《方案》指出："加强舆论引导。面向国内外，加大生态文明建设和体制改革宣传力度，统筹安排、正确解读生态文明各项制度的内涵和改革方向，培育普及生态文化，提高生态文明意识，倡导绿色生活方式，形成崇尚生态文明、推进生态文明建设和体制改革的良好氛围。"《方案》指出了生态文化传播引导的内容、生态文化建设和体制改革的内容，正确解读了生态文明各项制度的内涵，指明了改革方向，强调了生态文化的培育与普及、生态文明意识的培育、绿色的生活方式的重要性。其中就有公民生态道德意识的培育问题。我们以革命老区特别是四川革命老区的生态文化建设与老区公民道德培育为例，来加以重点论述。

一、生态道德的基本内涵及其研究现状

生态道德，又称生态伦理或环境道德，是人类对待自然万物的一种道德态度及道德行为规范。生态道德是生态文明的一个重要组成部分，是从环境问题引发出来的新的伦理道德范式。道德是伦理学研究的范畴，在传统伦理学中，道德仅仅对人类而言有着意义和价值，道德主要是研究人与人之间的社会关系，并用共同形成的道德规范和价值判断来约束人的行为，所以，在传统伦理学中，道德只是对人而言的。但随着工业文明带来的环境问题日益威胁人类自身及其生存环境时，人类开始反思环境问题产生的根源，开始重新思考人与自然的关系，这就使得人们从一种新的视角，从人与自然的本源关系上，认识和思考人与自然的关系、自然存在的价值及人与自然之间的相互关系，从而产生了新的价值观念。这种新的价值观念的成果之一就是人类从道德的角度来思考

自然及其他生命的价值问题，这是新的价值伦理的问题，是传统伦理道德所没有的内容，这就是生态道德。有学者指出："所谓生态道德是指反映生态道德的主要本质、体现人类保护生态环境道德要求，并须成为人们的普遍信念而对人们行为发生影响的基本概念。生态道德的主要特征是：第一，他们必须是反映人与自然、人与人之间的最本质、最主要、最普遍的道德关系的基本概念；第二，他们的规定性必须体现一定的社会整体对人们的道德要求，显示人们认识和掌握道德现象的一定阶段；第三，他们必须是作为一种信念存在于人们内心，并能时时指导和制约人们的行为。"① 国内生态文明研究学者余谋昌先生认为，从道德的角度来思考人在自然界所处地位和作用，人类对自然界的行为怎样才算正确与公正？生命和自然界的价值和权利问题，人类对生物和自然界的生存是否应当承担责任和义务的问题，这些问题提出的是新的伦理学问题。"这些问题在传统的道德法典中不曾记载过，因而是一个新问题。而且，它被评价为'我们时代最新颖和最富有挑战性的问题'。因为这些问题的解答意味着可能完全改变我们曾经长期珍视的价值观念、经济活动（生产方式）和生活方式。因而这不仅仅是人类道德的进化，而且是整个人类生活的进化。"②

　　生态道德的兴起源于从 20 世纪 60 年代开始的世界生态环境危机。18 世纪 60 年代，以英国工业革命完成为标志的人类工业文明时代来临了。随着欧美主要资本主义国家先后完成工业革命，社会生产力得到极大的发展，正如马克思在《共产党宣言》中所惊叹的那样："资产阶级在它的不到一百年的阶级统治中所创造的生产力，比过去一切时代创造的全部生产力还要多，还要大。自然力的征服，机器的采用，化学在工业和农业中的应用，轮船的行驶，铁路的通行，电报的使用，整个大陆的开垦，河川的通航，仿佛用法术从地下呼唤出来的大量人口，——过去哪一个世纪料想到在社会劳动里蕴藏有这样的生产力呢？"社会生产力生产出大量的物质财富，大量的自然资源从广阔的自然界中被开采出来，源源不断的进行工业化生产，物质生活有了极大的提高。人口的大量增长，科学技术的突飞猛进，一方面造成了工业文明的繁荣，一方面也使得人类产生了征服自然的思想，人类成为自然的主宰，人类中心主义的思想意识或伦理道德开始逐步形成。正如有学者指出的那样："人类中心主义、人类沙文主义等思想泛滥。如法国哲学家笛卡尔提倡借助实践哲学使自己成为自

---

　　① 窦玉珍、彭峰、焦跃辉：《论人与自然关系的道德调节》，《2001 年环境资源法学国际学术会议论文集》。

　　② 余谋昌：《生态文化论》，河北教育出版社，2001 年，第 391 页。

然界的主人和统治者；德国哲学家康德提出了'人是自然界的最高立法者'的论断；英国哲学家洛克（John Locke）进而指出：'对自然的否定就是通往幸福之路。'这些理论思想在实验科学、产业和科学技术的迅猛发展中，成为指导人类实践的纲领。"①

工业革命促进了社会生产力的迅速发展，使商品经济最终取代了自然经济，手工工场过渡到大机器生产的工厂，带来了生产力的巨大飞跃，改变了人与自然的关系。同时，我们也应该看到，工业革命后，随着社会生产力的提高，自然资源的过度开采和粗放式的工业化，带来了巨大的环境问题。一是无节制的开采，使得自然资源开始枯竭；二是人口的大量增加，环境污染的加剧；三是人类赖以生存的各种资源如土地资源、森林资源、水资源变得日益紧张或逐渐枯竭；四是为了掠夺更多的资源，发达资本主义国家在世界各地发动了各种战争，造成了整个世界的动荡和生态环境的恶化。"至此，人类史无前例地狂妄起来，人们相信，人类完全可以主宰自己的命运，人类还可以主宰大自然，成为大自然的主人，因为人们相信：我们的科学将越来越深刻，直到最终达到对所有现象的终极说明。在祛魅的世界图景中，人类中心主义挺立起来。人类中心主义的目的就在于追求人类的至高无上。"②

越来越多的学者对人类中心主义伦理思想进行了批判，他们认为人类中心主义特别是西方近代工业革命以来逐渐形成的人类中心主义的伦理思想是生态危机产生的根源。学者王英深刻地指出了生态危机产生的思想和社会历史根源。她认为克服全球生态危机，应着力反思和校正西方近代以来形成的一些思想观念。其一是人类中心主义。"人类中心主义是导致全球生态危机的罪魁祸首。人类中心主义以人的利益为认识、实践的出发点和归宿，认为自然的价值在于其对人类的有用性，而没有给予自然足够的人文关怀，西方文化中的犹太—基督教价值观被认为是人类中心主义的主要思想来源。在基督教教义中，神是创造天地的主，而人类是神的最高产物，对自然有着绝对的管理权和支配权。生态思想家帕斯莫尔认为，基督教鼓励人们把自己当作自然的绝对的主人，对人来说所有的存在物都是为他安排的。在这样的思想观念主导下，人类以自己为中心，一味强调人类利益至上，而自然成为人类无限索取的对象。这就必然导致全球生态危机。"其二是唯科技论。"在当代世界，科技的不当运用与处理对人类社会和生态环境造成巨大损害，如核污染、核泄漏事件等已不鲜

---

① 徐莹：《生态道德教育实现方法研究》，山东人民出版社，2013年，第2页。
② 卢风：《论"苏格拉底式智慧"》，《自然辩证法》2003年第1期。

见。"当人类凭借科学技术征服自然的时候，自然也在以自己的方式默默对抗甚至报复人类，从而导致生态危机。①

在西方，生态伦理学的兴起，一开始就是对人类中心主义伦理道德的反思。早在 20 世纪初期，面对工业化造成的环境污染，一些西方思想家开始反思近两千年来的在西方占主导地位的人类中心主义的伦理思想观念。如英国功利主义哲学家边沁就第一个主张把道德范围扩大到动物身上；英国文学家劳伦斯在一系列的文学作品中表达了对人类破坏环境的厌恶，他抨击工业文明对自然资源无节制掠夺，表达了自然之美、人与自然和谐相处的美好愿景。英国思想家塞尔特在 1892 年就出版了《动物权利与社会进步》，他认为，所有的生命都有天赋权利和自由权利，都应受到尊重。美国思想家穆尔第一个提出了"大自然拥有权利"的伦理思想。穆尔认为大自然和所有存在物都有价值，人类必须尊重自然及其价值。法国现代伦理学的奠基人施韦兹（又译为"施韦泽"）在《文明的哲学：文化与伦理学》和《敬畏生命：五十年来的基本论述》中形成了"敬畏生命"的新伦理学思想："善是保存生命，促进生命，使可发展的生命实现其最高的价值。恶则是毁灭生命，伤害生命，压制生命的发展。这是必然的、普遍的、绝对的伦理原理。"② 正如该书的译者在该书的译者序《施韦泽的敬畏生命伦理学述评》中评价的那样："施韦泽的伦理学作为一种道德信念，从综合了人和自然的生命范畴出发，提出了道德的生命本体论原则，扬弃了道德生活中人和自然的区分和对立，促使人们重新思考对人类、对动植物、对整个自然的关系。人连对动物、植物的生命都要敬畏，难道能不敬畏人的生命吗？这样，敬畏生命的伦理学就不仅扩展了人类的道德责任和活动的领域，深化和强化了人的道德意识，而且由于强调积极入世的原则和创立者本人的身体力行，成为 20 世纪具有特殊道德感召力的伦理学说之一，促使人们在当今世界中实现更高的文化理想：实现进步和创造有益于个人和人类的物质、精神、伦理的更高发展的各种价值。"施韦兹的生态伦理学思想被称为"尊重生命的伦理学"，他认为尊重生命就是要敬畏"所有的生命意志"，过去的伦理学的道德只涉及人对人的行为，只是对人讲道德，是人与人之间关系的伦理学。施韦兹认为，这种传统的伦理学是不完整的，"因为它认为伦理只涉及人对人的行为。实际上，伦理与人对所有存在于他的范围之内的生命的行为有

---

① 王英：《全球生态危机的思想根源在西方》，《人民日报》，2015 年 5 月 19 日，第 7 版。
② ［法］施伟泽：《敬畏生命：五十年来的基本论述》，陈泽环译，上海社会科学院出版社，2002 年，第 9 页。

关。只有当人认为所有生命，包括人的生命和一切生物的生命都是神圣的时候，他才是伦理的"。也就是说，只有尊重生命的伦理学才"是完整的"，他说："只有体验到对一切生命负有无限责任的伦理才有思想根据。人对人行为的伦理决不会独自产生，它产生于人对一切生命的普遍行为。从而，人必须要做的敬畏生命本身就包括所有这些能想象的德行：爱、奉献、同情、同乐和共同追求。"① 他预言道，"不可避免的是，人们总有一天会对未被禁止的对其他生物的残忍行为表示反感，并要求一种也同情它们的伦理"，这样，"由于敬畏生命的伦理学，我们不仅与人，而且与一切存在于我们范围之内的生物发生了联系。关心它们的命运，在力所能及的范围内，避免伤害它们，在危难中救助它们。我立即明白了：这种根本上完整的伦理学具有完全不同于只涉及人的伦理学的深度、活力和动能。由于敬畏生命的伦理学，我们与宇宙建立了一种精神关系。我们由此而体验到的内心生活，给予我们创造一种精神的、伦理的文化的意志和能力，这种文化将使我们以一种比过去更高的方式生存和活动于世"②。施韦兹的"尊重生命的伦理学"从"尊重生命"上升到了"精神的、伦理的文化"意义，这是施韦兹生态伦理学的另一个重要意义。他认为，当代的文化危机的根源就是我们的伦理问题。所以，为了摆脱文化危机，施韦兹主张建立敬畏生命的伦理学，它的目的是"把肯定人生与伦理融为一体。它的目标是：实现进步和创造有益于个人和人类的物质、精神、伦理的更高发展的各种价值"③。正因为施韦兹的生态伦理学开启了人与自然关系的新篇章，国内知名的生态文化学者余谋昌先生指出："'敬畏生命'的伦理学，它作为新的世界观的核心，对现实、对人类行为，它起一种指南针的作用；这种新的伦理学对于文化的发展，特别是对于改变文化衰落的现象，是必要的。也就是说，施韦兹根据生存的愿望，从伦理学的高度提倡保护地球上的生命，建构敬畏生命的伦理学；同时根据文化发展的需要，从世界观的高度提出尊重生命的伦理学。这里，敬畏生命，崇拜生命，尊重生命，三者具有相同的含义。因而我们把施韦兹创新性的伦理学，称为'尊重生命的伦理学'。"④

美国的生态学理论的奠基人莱奥波尔德《大地伦理学》由于拓宽了道德研

---

① ［法］阿尔贝特·史怀泽（施韦兹）著、汉斯·瓦尔特·贝尔编：《敬畏生命》，陈泽环译，上海社会科学院出版社，1995年，第9页。

② ［法］阿尔贝特·史怀泽（施韦兹）著、汉斯·瓦尔特·贝尔编：《敬畏生命》，陈泽环译，上海社会科学院出版社，1995年，第8页。

③ ［法］阿尔贝特·史怀泽（施韦兹）著、汉斯·瓦尔特·贝尔编：《敬畏生命》，陈泽环译，上海社会科学院出版社，1995年，第10页。

④ 余谋昌：《生态伦理学：从理论走向实践》，首都师范大学出版社，1999年，第30页。

究的范围被尊崇为现代西方生态伦理学的创始人。他提出了"大地共同体"的生态学概念，主张把道德权利扩展到自然界的动植物、土壤、水域等自然实体。他认为，要改变人是自然的征服者地位，强调人只是自然界的普通一员。这意味着人类应当尊重他的生物同伴，而且也以同样的态度尊重大地和社会。莱奥波尔德主张把道德对象的范围从人际关系的领域，扩展到人与自然关系的领域，这是人类道德的进步，也是一种新的伦理学的兴起。美国的另一个生态学者霍尔姆斯·罗尔斯顿开创的生态伦理学影响巨大，他的《哲学走向荒野》被列入"世界绿色经典文库"。罗尔斯顿本来是学物理学的，但他却迷上了生物学、动物学和地质学、矿物学、古生物学等学科，这些工作使得他在走向大自然（荒野）时，被现实环境所震惊，他说："我很久以来都以为自然界的存在是理所当然的事，可这曾经非常辽阔的自然界，现在却在人类发展的浪潮中走向消亡。当我发现自己所喜爱的森林被大片清除，看到人们因为采矿而使山岭成为荒山秃岭，看到表土层被侵蚀而流失，看到野生动物数目锐减时，我对自然的奇异感变成了一种恐怖感。我加入了保护罗杰斯山和罗安山的工作，也加入了维修阿巴拉契亚山区小路和将其部分改道的工作。自然界并不是粗暴的；可当我刚懂得这一点时，就看到了我们人类是如何粗暴地对待她。"① 罗尔斯顿在《哲学走向荒野》中认为，我们应该在至少多种意义上"遵循自然"，如在绝对的意义上遵循自然、在人为的意义上遵循自然、在相对的意义上遵循自然、在道德效仿的意义上遵循自然、在价值论的意义上遵循自然、在接受自然指导的意义上遵循自然。他认为，自然具有多种价值，如经济价值、生命支撑价值、消遣价值、科学价值、审美价值、生命价值、多样性与统一性价值、稳定性与自发性价值、宗教象征价值等。他批评西方思想文化中的人与自然不连续性的思想观念，认为"现在生态学的基调是要我们再次认识到关联性，认识到我们与生物共同体的固有联系，从而肯定我们的有机性本质这样一种智慧"②。因为这一点，生态学成为一门伦理科学，罗尔斯顿的生态学也被学界称为"遵循自然"的伦理思想。罗尔斯顿说："生态系统中有某种智慧，令人不单是畏服，而更多的是景仰。这样看的话，遵循自然就不仅是为了达到某种与自然无关的目的而精明地采用的手段，而本身就是一种目的。或者更精确地说，我们的一切价值都是在人类与环境的相关性中构建出来的。人类的成就无

---

① ［美］霍尔姆斯·罗尔斯顿：《哲学走向荒野》，刘耳、叶平译，吉林人民出版社，2000年，第7～8页。

② ［美］霍尔姆斯·罗尔斯顿：《哲学走向荒野》，刘耳、叶平译，吉林人民出版社，2000年，第83页。

疑是超出了任何环境的规定，但这与环境并非是敌对的，而是对环境作了补充。"① 有论者指出："在罗尔斯顿荒野哲学提出前，人类中心主义价值观始终占据着主导地位，造成了极大的学术差异。人类中心主义观点经过了漫长的进展和扩充得到了很多人的认可。而非人类中心主义倡导的动物解放、自然主体等观点因为缺乏系统的理论基础，一直没有发展之力。而罗氏荒野哲学命题的提出，充实并发展非人类中心主义思想基础，为非人类中心主义理论带来了系统的思想理论和前瞻性的观点，在生态伦理学占有了举足轻重的地位。"②

1988年罗尔斯顿出版了他的《环境伦理学：大自然的价值以及人对大自然的义务》一书，该书被称为"环境伦理学的经典著作"。国内学者朱雨晨认为，罗尔斯顿的生态伦理学有着重要的影响和理论创新："罗尔斯顿以现代生态学为基础的环境整体主义思想，正是这一基础的深刻性决定了它的革命性质，是人类自然意识的一次时代扩展。首先，它超越了狭隘的人类学视野，价值观不再以人类为中心，将人类视为凌驾于自然之上的主体，强调主体对客体的支配，人类对于自然的征服与改造。转而强调人与自然和谐，人对自然的尊重。其次，它拓宽了价值的视野，不仅仅局限于人类，或是像传统仁慈主义一样扩展到生物界，而是看到了自然界过程、系统和整体，提出了整个自然系统的价值。最后，虽然罗尔斯顿并未使用'后现代'这一概念，但是其理论被认为是后现代主义在环境哲学方向的发展，并对之后的后现代绿色运动有着指导和价值诉求的意义。"③

生态伦理学在西方有不同的争议，形成了两大主潮：现代人类中心主义的生态学派和自然中心主义生态学派。国内学者对现代西方生态伦理学的研究也充满争议，主要集中在下面几个方面：关于生态伦理学的学科性质问题；关于生态伦理学的研究对象问题；关于人与自然之间是否存在伦理关系问题；关于自然的价值问题；关于自然的权利问题；关于生态伦理学的理论基础问题；关于生态伦理的主体问题；关于"走进"还是"走出"人类中心主义的问题，等等。有学者认为，生态伦理学的未来发展趋势是"从对立走向统一"："人类中心主义和非人类中心主义的对立，表面看是争论自然物有无道德地位的问题，深层症结是现代性哲学开辟的人与自然对立之世界观在生态伦理学中的反映。只不过是人类中心主义执着于以人为中心，非人类中心主义固守于以自然为中

---

① ［美］霍尔姆斯·罗尔斯顿：《哲学走向荒野》，刘耳、叶平译，吉林人民出版社，2000年，第87页。

② 李斯持：《走向荒野：罗尔斯顿生态伦理探究》，"硕博论文库"，黑龙江大学，2015年。

③ 朱雨晨：《罗尔斯顿关于生态伦理的辨析和批判》，《读天下》2016年第21期。

心。前者坚持：自然物仅仅是人类生存的物质基础，是服务于人之目的的工具；人唯有统治、占有自然物，做自然的主人，方显人之为人的本色。后者主张：自然物同人一样拥有天赋权利和内在价值，人是与自然物平等的存在。人只有承认自己是生命共同体的普通成员、大地共同体的普通公民、生态系统中的普通物种、生物链条上的一个普通环节，才能保证人对自然物的尊重。"[①]但是不论是人类中心主义还是生态中心主义，他们都割裂人与自然的统一关系。余谋昌先生认为，生态伦理学在为生态文明服务的过程中发展，具有光辉的前景。我国的生态伦理学是从西方的生态伦理学的译介和研究开始的，生态伦理学研究要从分立走向整合。"整合的途径是，生态伦理学基本理论的实践应用应努力使一种新的道德标准即一种进行持续生活的道德标准得到广泛的传播和深刻的支持，并将其转化为行动。在这种行动中，实现各种生态伦理学理论的整合，创建有中国特色的开放和统一的生态伦理学"，"中国的生态伦理学只有具有自己的模式、自己的话语体系才能在中国被传播、被接受，并在国家政策和人民大众的日常生活中得到体现"[②]。我们认为，中国的生态伦理学有着丰富的传统文化积淀，几千年的中华文明，形成了"天人合一""道法自然""民胞物与""万物与我齐一"等人与自然和谐共处的伦理观念，我们应当在吸收西方生态伦理学思想的同时，继承和发扬中华传统文化优秀的生态伦理思想资源，培育新的生态道德，积极推动社会的生产方式、生活方式和思维方式的创新，成为我国乃至世界的生态文明建设的积极力量。

二、老区公民生态道德培育的途径

2010 年四川省政府认定 81 个县（市、区）为革命老区，其中达州市包括通川区、达川区、宣汉县、万源市、渠县、开江县、大竹县七个县（市、区）。2016 年 7 月国务院发布的《川陕革命老区振兴发展规划》，范围以原川陕苏区为核心，包括 68 个县（市、区），总面积 15.7 万平方公里。四川省境内包括巴中市巴州区、恩阳区、通江县、南江县、平昌县，广元市利州区、昭化区、朝天区、旺苍县、青川县、剑阁县、苍溪县，达州市通川区、达川区、宣汉县、开江县、大竹县、渠县、万源市，南充市顺庆区、高坪区、嘉陵区、南部县、营山县、蓬安县、仪陇县、西充县、阆中市，绵阳市涪城区、游仙区、三台县、盐亭县、安县、梓潼县、北川县、平武县、江油市等 5 个市 37 个县

---

① 曹孟勤：《从对立走向统一：生态伦理学发展趋势研究》，《伦理学研究》2005 年第 6 期。
② 余谋昌：《从生态伦理到生态文明》，《马克思主义与现实》2009 年第 2 期。

（市、区）。这些四川革命老区的生态特征主要有以下一些。第一，四川革命老区面积广阔，人口众多。革命老区分布在全省 11 个市（州），占全省 21 个市（州）级行政建制单位的 52.38％，其中达州市、广元市、巴中市为全部革命老区。全省有 56 个县有老区，占全省 181 个县级行政建制单位的 30.94％，其中 35 个县为全部老区县，10 个县为大部老区县，11 个县为少部老区县。全省有 1345 个老区乡镇，占全省 5039 个乡镇的 26.69％。根据四川统计局 2015 年的统计，四川老区现有人口 4000 多万，占全省人口的 30％。第二，老区地处深山大川，地质灾害频发，生态环境脆弱。第三，老区生态资源丰富，但由于历史与现实的诸多原因，经济社会发展落后，科技水平低，开发利用程度不高，这导致了老区生态保护意识不强，生态道德建设的任务十分紧迫和繁重。

2016 年出台的《川陕革命老区振兴发展规划》中的第八章"加强生态建设与环境保护"明确要求加大生态建设力度、推进环境污染防治、推动生产生活方式绿色化、加强环境影响评价。我们认为，四川革命老区公民的生态道德的培育也要围绕《川陕革命老区振兴发展规划》中有关要求加大生态文化的传播宣传力度，提高公民生态道德意识。我们认为，主要的实施途径有以下几个方面。

（一）加大生态文化宣传传播的力度

其一，以政府宣传为主导，发挥政府宣传职能，特别是通过现代新媒体电视公益广告、生态环境发展纪录片、城市公益广告、公共场所的广告宣传、移动通信、网络平台等多种媒体，有意识地宣传与生态文化相关的知识、法规、理念，强调国家关于建设生态文明的目标、要求、政策措施等，培育公民的生态道德意识。其二，加大宣传破坏生态环境带来的严重后果，揭露破坏生态、污染环境的恶行，激励和动员公众自觉规范和约束自己的行为，唤醒公民的环境保护意识。由于老区经济社会发展滞后，公民的环境保护意识往往让位于经济发展，只顾眼前利益，所以应着重宣传公民应该有的环境意识、环境权利与责任，把爱护环境变为公民的共同追求和目标，使建设生态文明成为全社会的自觉行为和准则。其三，通过对生态化生产生活方式的宣传，倡导社会发展绿色经济、生态经济，开展绿色和理性消费，培育先进生态文化，塑造生态精神，营造发展生态文明、培育公民生态道德的氛围和社会环境。2015 年，由环保部和地方各级政府组织的以"践行绿色生活"为主题的环境保护宣传活动得到了广泛和深入的开展，在增强全民环境意识、节约意识、生态意识，选择低碳、节俭的绿色生活方式和消费模式方面有着重要的促进作用。这种主题活动容易在全社会产生重大影响，形成人人、事事、时时崇尚生态文明的社会氛围，为生态道德培育奠定坚实的社会和群众基础，推动公民生活方式环保、健康和绿色化。其四，推动政府主导、民间组织与社会公众参与，探索市场化和社会化、经济效益和社会效益相结合的生态文化传播宣传模式。在今天，生态文明的传播途径已经非常广泛，探索多种传播机制，特别是让广大社会公众参与的机制，能使更广泛的社会阶层，认识到生态环境保护的重要性和紧迫性。正如有学者指出的那样："生态道德要求人们在处理与自然关系时要有一种道德的情怀或底线，将善恶、良心、正义、义务等道德基本单元应用到处理人与自然关系中，从人类能动性的角度出发，倡导公民主动承担起对自然界的道德责任和义务。同时，在谋取物质利益时要有所顾忌和节制，不因为获得物质利益而破坏生态环境，将道德关怀施惠于自然界，保护生物物种的多样性以及生态环境的平衡发展。可以说，生态道德是人类道德思想领域的一次巨大变革，从赋予人类进行价值评判的权利和角度，彰显了人类对于公共利益的伦理关怀，在更高层次上使人性得以张扬，对于解决生态危机，促进人与自然协调发展具有重要意义。"① 只有通过这种真正的生态道德文化的传播、接受和内化，老区的公民生态道德才可能真正被建立起来。

（二）加强环境道德普及教育

环境道德普及教育是生态道德培育的重要内容，也是生态文明建设的逻辑起点。国内知名的生态学学者刘湘溶早在 1996 年就撰文指出：生态道德普及教育要围绕培养与加强公众的自然价值观，自然权利观和自然道德观进行。他认为，在自然价值观上，要破除长期以来我们形成的三种错误的看法：一是认为自然界本身无价值；二是认为自然界相对于人之需要而言的价值只是或主要是资源价值；三是认为自然界的资源价值无限丰富，取之不尽，用之不竭。这些看法目前仍深深地扎根在人们的脑中，支配着人们的实践，通过环境伦理教育我们要破除这三种错误看法。② 刘先生的这种认识是正确的，这三种错误看法，实际上已经成为长期以来我们生态道德的一部分，所以必须加以破除，不然新的生态伦理道德难以实现。我们认为这三种错误看法，特别是在我们四川革命老区的一些贫困地区，严重依赖自然的地区，不仅仅是一些民众，包括一些地方领导干部，"靠山吃山，靠水吃水"的思想仍然很严重；一些地方因为

---

① 徐梓淇：《论生态公民及其培育》，"硕博论文库"，复旦大学，2013 年。
② 刘湘溶：《论环境伦理教育》，《湖南师范大学学报》（人文社科版）1996 年第 4 期。

179

这种些思想的存在，环境问题、破坏自然资源的问题仍然存在，要培育老区的公民生态道德，首先要破除这些错误的思想观念，确立新的生态道德观念。

第一，自然界除了人类需要的各种价值之外，还有自身的价值。自然界的价值问题是生态伦理学目前研究的主要理论问题之一，受到广泛的争议。但大多数学者认为，自然界有其自身的内在价值。其中，美国的生态伦理学家罗尔斯顿对自然界自身价值的论述相对而言比较系统和全面。我们多次提到罗尔斯顿的《哲学走向荒野》和《环境伦理学：大自然的价值以及人对大自然的义务》，罗尔斯顿的自然价值论首先反对流行于现代西方的以人的偏好为标准的主观主义的工具价值论，他认为对于生存及之上的文化而言，地球是极其重要和极具价值的。

四川革命老区地处山区，自然资源丰富，我们首先要树立这种自然资源除了其应用或者说直接的使用价值之外，还有更广泛的价值，如生态体验价值。四川革命老区有着丰富的自然景观和自然生态资源，保护并建立生态体验基地成为老区振兴发展的必经途径。现代旅游业的高度发达，可以说是生态体验价值的一个重要表征。有学者认为，"生态体验是生态道德教育的新模式，生态体验范畴从感性生命个体的生存实践出发，凸显教育的践履性、享用性和反思性表达，凸显教育中的美善和谐因子。生态体验是一种臻于和谐美善境界的道德教育模式。它从自然生态、类生态和内生态之三重生态圆融互摄的意义上反思和重构道德教育过程，凸显营造既适合于知识学习又有利于人格健康成长的教育文化氛围，使导引者和体验者双方全息沉浸、全脑贯通、激发生命潜能，陶养健康人格"①。

生态体验通过人与自然美景的融合、激荡，从而涵养健康人格，这一点早在春秋时期的著名思想家孔子那里得到实践：《论语》中有一篇《子路曾皙冉有公西华侍坐》，孔子就对曾皙的政治理想发出"吾与点也"的感叹。曾皙说："莫春者，春服既成，冠者五六人，童子六七人，浴乎沂，风乎舞雩，咏而归。"这大概算是较早的生态体验的记载了。老子主张"道法自然"，庄子也说"天地有大美而不言，四时有明法而不议，万物有成理而不说。是故圣人无为，大圣不作，观于天地之谓也"。道家就是主张通过生态体验（也是审美体验）的方式来把握自然万物，追求一种"天人合一""物我交融、物我两忘"的精神境界，获得对生命意义的体验和感悟。我们认为，这是道家生态道德实践方法的一个重要内容。

---

① 刘惊铎：《生态体验：道德教育的新模式》，《教育研究》2006 年第 11 期。

现代旅游业的发展实践可以证实，生态体验价值可以极大地促进经济发展的生态模式，生态体验是人类回归自然，与自然融为一体的最有效最直接的方式，它又被人们称为"体验经济""审美经济"。四川革命老区具有生态体验的天然自然景观，所以老区经济的发展要走生态文明的道路，一个值得大力探索的着力点就是体验经济的开发。四川革命老区要大力营造生态体验的场所，加强基础设施建设，发展生态体验产业和产品。有学者指出，"生态休闲是人类回归自然的追求，它既是一种休闲方式，更是一种先进的休闲理念，其实质是对自然的感悟和对生态环境的体验。在当今环境问题不断出现和人类自身发展需要的背景下，以生态体验为目的的生态休闲在寻求内在心灵世界与外部自然世界之间的生态平衡与和谐方面发挥着重大的作用"①。叶朗先生更是从美学的高度认为："休闲并不是无所事事，而是在职业劳动和工作之余，人的一种以文化创造、文化享受为内容的生命状态和行为方式"，"休闲的本质和价值在于提升每个人的精神世界和文化世界。"② 生态体验本质上就是摆脱日常生活的功利状态，在人与自然山水的和谐相处中，互相激荡，融为一体，从而得到精神的极大提升和健康道德的涵养。

第二，除此之外，罗尔斯顿认为，自然界还有审美的价值，生态多样性和物种多样性统一的价值，自然史和文化史方面的历史价值，科学的价值，文化象征价值，性格培养价值，医学治疗价值，辩证的价值，稳定性和开放性价值，尊重生命的道德价值，哲学和宗教价值，等等。生态道德的普及教育要让更多的老区人民认识到自身所处的大自然的价值，要把这些潜在的、越来越重要的价值凸显出来，这样，保护大自然和发展老区经济才有足够的道德认识基础、社会伦理基础，从而奠定良好的生态文明建设所应该有的社会舆论基础。

我们以美国的黄石公园为例来略做说明。美国黄石公园成立于1872年，经过百余年的发展，目前已经成为一个具有世界性和全人类性的自然文化保护运动的典范。如今，美国黄石国家公园集生态保护、科学研究、环境教育等多种价值功能于一体，百度百科的译介文字说："国家公园以生态环境、自然资源保护和适度旅游开发为基本策略，通过较小范围的适度开发实现大范围的有效保护，既排除与保护目标相抵触的开发利用方式，达到了保护生态系统完整性的目的，又为公众提供了旅游、科研、教育、娱乐的机会和场所，是一种能够合理处理生态环境保护与资源开发利用关系的行之有效的保护和管理模式。

---

① 李春生：《生态体验：从休闲到生态休闲》，《自然辩证法》2006年第10期。
② 叶朗：《欲罢不能》，黑龙江人民出版社，2004年版，第75页。

尤其是在生态环境保护和自然资源利用矛盾尖锐的亚洲和非洲地区，通过这种保护与发展有机结合的模式，不仅有力地促进了生态环境和生物多样性的保护，同时也极大地带动了地方旅游业和经济社会的发展，做到了资源的可持续利用。"① 黄石公园的环境保护模式所带来的经济价值、文化价值不可估量，特别是自然景观的生态旅游价值带来的地方旅游业和经济社会的可持续发展，已经成为世界各国经济发展的重要模式。

四川革命老区要获得经济社会的可持续发展，就要坚持生态保护策略，要贯彻习近平总书记的"建设生态文明是关系人民福祉，关系民族未来的大计。我们既要绿水青山，也要金山银山。宁要绿水青山，不要金山银山，而且绿水青山就是金山银山"的讲话精神②，"绿水青山就是金山银山"是四川革命老区振兴发展在生态道德培育方面的着力点和经济振兴发展的新理念。

（三）建立中国特色的生态道德体系

近年来，持续恶劣的环境污染，亟须建立中国特色的生态道德体系。环境保护部发布的《2015年中国环境状况公报》显示："2015年，全国338个地级以上城市中，有73个城市环境空气质量达标，占21.6%；265个城市环境空气质量超标，占78.4%。338个地级以上城市平均达标天数比例为76.7%；平均超标天数比例为23.3%，其中轻度污染天数比例为15.9%，中度污染为4.2%，重度污染为2.5%，严重污染为0.7%。"③ 这些数据一方面说明我们的经济发展方式还需要进一步完成产能转型，另一方面说明社会公众的环境保护意识不强，生活方式还需要进一步的改变。因为空气污染的源头因素很多，主要来自于工农业生产和居民生活。例如，随着小汽车的普及和交通的高速发展，每个城市基本上车满为患，交通拥堵，而城市污染源的一个重要源头就是汽车尾气。特别是近年来以雾霾为主的环境污染对人身体以及心理的负面影响日益彰显，已经成为"会呼吸的痛"。由于雾霾的组成成分十分复杂，包括数百种大气化学颗粒物质，如矿物颗粒物、海盐、硫酸盐、硝酸盐、有机气溶胶粒子、燃料和汽车废气等，它能直接进入并黏附在人体呼吸道和肺泡中，对人的呼吸系统和心脑血管带来影响，甚至诱发癌症，2013年世界卫生组织就宣

---

① 百度百科：《国家公园》，http：//baike. baidu. com/link? url=IirPZFZERvl_pu34LeRJRL WCIxsSC47HNbyjyeTw683OQpeMj9mBqNCKko3AtyVN_6u9D64FFPJU1Vntkyb9qHMD2MnzSeeHfa2 Fm9mD72vB6bCz682e14B3L8ZffbsZ。

② 习近平在2013年9月7日哈萨克斯坦纳扎尔巴耶夫大学回答学生问题时的谈话。

③ 中华人民共和国环境保护部：《2015年中国环境状况公报》，2016年6月1日。

布空气污染物是地球上"最危险的环境致癌物质之一";同时,雾霾天气还对人的心理情绪、儿童成长、交通安全和生态环境带来危害。生态环境的恶化很大一部分源自生态意识的缺失,特别是经济发展落后的四川革命老区,践行文化文明的发展道路,公民生态道德体系的建设显得刻不容缓。

要建立中国特色的生态道德体系,有多方面的文化资源可以利用。

其一,要借鉴西方生态伦理的有益成果。如生态整体主义的生态道德观就值得借鉴。"整体主义超越了以人类利益为根本尺度的人类中心主义,超越了以人类个体的尊严、权利、自由和发展为核心思想的人本主义和自由主义,颠覆了长期以来被人类普遍认同的一些基本的价值观;它要求人们不再仅仅从人的角度认识世界,不再仅仅关注和谋求人类自身的利益,要求人们为了生态整体的利益而不只是人类自身的利益自觉主动地限制超越生态系统承载能力的物质欲求、经济增长和生活消费。"① 生态整体主义的核心思想是"把生态系统的整体利益作为最高价值而不是把人类的利益作为最高价值,把是否有利于维持和保护生态系统的完整、和谐、稳定、平衡和持续存在作为衡量一切事物的根本尺度,作为评判人类生活方式、科技进步、经济增长和社会发展的终极标准。"② 西方现代生态伦理思想基本上是以价值平等的生态伦理为主流的,主张经济社会发展的可持续性,这些生态伦理观念基本上得到了世界各国人民的认同,四川革命老区的生态道德培育,要科学借鉴现代西方生态伦理发展的优秀成果,生态道德的培育要与生态伦理的最新发展趋势同步,走经济社会可持续发展的道路。

其二,更多的要从中国传统生态道德中汲取营养,传统文化是中国的本土文化,四川革命老区所处地方农业文明历史悠久,人民顺应自然,按照自然运行的节律(如中国文化的"二十四节气")来安排人的活动,人对自然和谐共处的文化传统保存得较为完整。我们传统文化中的人与自然的关系称为天人关系,对天地有敬畏之心,儒家文化在肯定人是万物之灵的同时,又提出了"制天命而用之"的理念,人事要与天地自然的规律相参照,"人者以天地万物为一体",《周易》说"天地之大德曰生",把"生生"(尊重生命)作为人之"大德"。儒家提倡的"民胞物与是儒家生态伦理的文化关怀。宋代张载提出的'民胞物与'思想是天人合一的哲学理念在实践层面的落实。它内在地肯定了自然万物与人类本身的相通性,人不仅应以同胞关系泛爱众,更应以伙伴关系

---

① 王诺:《"生态整体主义"辩》,《读书》2007 年第 6 期。
② 王诺:《"生态整体主义"辩》,《读书》2007 年第 6 期。

兼爱物，从而为合乎德性的践行提供了一种观念阐释"①。在道家文化中"道法自然"是以"道"为宇宙的本体，在"道"的世界中人与自然同源共生，"道家提倡自然，反对人为，就是要人们顺应自然的本来，反对人类出于自己的需要随意违反自然的本性，强行干预世界。既承认人是自然的一部分，又强调人不应该与自然对立"②。道家文化基于"道法自然"的基本观念，提出了极具整体生态意义的思想。佛教主张众生平等，在众生平等与佛性、众生平等与缘起、众生平等与因果法则。佛教的众生平等的思想对于生态道德的建设具有重要的启发意义，这是老区生态道德建设重要的文化资源之一，我们认为应该深入挖掘。当然，对于传统文化中的生态伦理思想，我们要进行现代诠释并注入新的现代生态理念，正如有学者指出的那样："如儒家的'天人合一'可以理解为人与自然的对立统一的关系，这意味着人在利用和改造自然的过程中，不能够仅满足于人与自然的分裂的状态，而追求人与自然的相统一。道家的'道法自然'应体现出人尊重自然，遵循自然规律与法则办事。佛教的'慈悲'不应只是不杀生和与自然和谐相处，而应加入人内心产生对自然的感受、发现和体验自然之美。现代的生态伦理本质上要求的和谐是一种利益上的和谐、价值上的和谐与认同上的和谐。因而，我们在解读中国传统的生态伦理思想时，应努力使其内在精神可操作化。"③

其三，要整理总结新中国成立以来生态建设的经验，这是中国生态道德建设最重要的实践基础。如自毛泽东、邓小平、江泽民、胡锦涛和习近平等党和国家领导人提出的"植树造林，绿化祖国"的生态建设思想。"植树造林，绿化祖国"的思想可以说是最具中国特色的生态道德建设思想。再如，毛泽东勤俭节约的消费伦理观，也是中国生态道德建设的重要思想，毛泽东强调要尽一切努力最大限度地保存一切可用的生产和生活资源，采取办法坚决反对任何人对于生产和生活资源的破坏和浪费，节约利用生产资源和生活资源，提高能源和资源的利用率。毛泽东不仅在治国方面倡导勤俭节约，而且在个人生活上也厉行节约。由于四川革命老区大多数地方还处于贫困山区，勤俭节约是老区大多数人的传家宝，这种生产生活方式既符合传统美德又体现了现代生态伦理道德的要求，应该成为生态道德体系的重要组成内容。邓小平提出了经济发展与

① 邵鹏、安启念：《中国传统文化中的生态伦理思想及其当代启示》，《理论月刊》2014 年第 4 期。
② 高武全：《传统文化中的生态伦理观》，《重庆科学学院学报》（社会科学版）2010 年第 19 期。
③ 邵鹏、安启念：《中国传统文化中的生态伦理思想及其当代启示》，《理论月刊》2014 年第 4 期。

环境保护并重的发展模式，人口与环境协调发展、生态建设法制化和制度化等生态伦理思想，也是老区经济社会发展，生态道德建设不可缺少的重要内容。中国特色生态道德体系建设，最重要的一点就是要从中国的经济社会发展实际出发，习近平总书记在 2013 年全国宣传思想工作会议上的讲话中指出："宣传阐释中国特色，要讲清楚每个国家和民族的历史传统、文化积淀、基本国情不同，其发展道路必然有着自己的特色；讲清楚中华文化积淀着中华民族最深沉的精神追求，是中华民族生生不息、发展壮大的丰厚滋养；讲清楚中华优秀传统文化是中华民族的突出优势，是我们最深厚的文化软实力；讲清楚中国特色社会主义植根于中华文化沃土、反映中国人民意愿、适应中国和时代发展进步要求，有着深厚历史渊源和广泛现实基础。中华民族创造了源远流长的中华文化，中华民族也一定能够创造出中华文化新的辉煌。独特的文化传统，独特的历史命运，独特的基本国情，注定了我们必然要走适合自己特点的发展道路。对我国传统文化，对国外的东西，要坚持古为今用、洋为中用，去粗取精、去伪存真，经过科学的扬弃后使之为我所用。"① 中国特色生态道德体系的建设，就是要既有民族特色，又有现代生态文明的新内涵。

老区生态道德培育是老区生态文化传播的重要内容，在农业文化和工业文明发展的漫长时代中，没有生态伦理学或环境伦理，这是人类文明发展史上的必然现象，因为在农业文明时代，人类尊重自然，顺应自然，自然对人类还保持着亲善的面孔，人在与自然和谐共处中实现生活的价值和意义，人们相信只有人有价值和意义，生命和自然界没有价值和意义，因而只对人讲道德，无需对生命和自然界讲道德。但是，随着工业文明进程的日益加深，由于环境污染、人口爆炸式的增长、化学工业的普遍使用、资源的过度开采，等等，这些人类活动带来了生态严重破坏，从而导致的生态危机，成为威胁人类自身生存的全球性问题。人类开始重新思考人与自然的关系，把道德的范畴从人扩展到自然万物，重新认定人是自然的一部分，没有生态环境的可持续发展，人类就不可能获得幸福和安宁的自然家园。老区生态道德的培育是老区生态文明建设的出发点和归宿，从目前老区生态文化传播和生态道德的培育来看，还处于一个非常低的阶段，还需要付出极大的努力。

---

① 习近平：《在全国宣传思想工作会议上的讲话》，2013 年 8 月 19 日。

第二节　生态文化建设与老区城市可持续发展

一、生态可持续发展理论与老区城市的可持续发展

环境与可持续发展是全球最为关注的热点问题之一，人类发展历史上，还没有哪个时期把生态环境问题与人类发展如此紧密、如此急迫，如此重要的联系在一起过。那么，我们首先要看看什么是"可持续发展"理论？我们进行了可持续发展理论的学术史历程的梳理，到目前为止，由于各国政治、经济、社会发展模式的各种差异，可持续发展理论的内涵有着多种理解，但一个铁的事实是，世界各国已经把可持续发展作为人类发展共同追求的目标。根据有关研究成果，不同的学者和研究机构从不同的层面来界定和理解可持续发展理论，有的侧重于从自然属性定义可持续发展，如 1991 年 11 月，国际生态学联合会和国际生物科学联合会联合举行的关于"可持续发展问题"专题研讨会中对可持续发展理论的理解。"该研讨会的成果发展并深化了可持续发展概念的自然属性，将可持续发展定义为'保护和加强环境系统的生产和更新能力'，即是说可持续发展是不超越环境系统更新能力的发展，认为可持续发展是寻求一种最佳的生态系统，以支持生态的完整性和人类愿望的实现，使人类的生存环境得以持续。"① 有的侧重于从社会属性定义可持续发展，"既强调了人类的生产方式与生活方式要与地球承载能力保持平衡，保护地球的生命力和生物多样性，同时，提出了人类可持续发展的价值观，着重论述了可持续发展的最终落脚点是人类社会，即改善人类的生活品质，创造美好的生活环境"②。还有的侧重于从经济和科技属性定义可持续发展，"认为可持续发展的核心是经济发展，实施可持续发展，除了政策和管理因素之外，科技进步起着重大作用。没有科学技术的支撑，人类的可持续发展无从谈起"③。

使可持续发展理论得到广泛接受和认可的阐述，可能是联合国世界环境与发展委员会应联合国的要求编制的"全球的变革日程"发布的长篇调查报告

---

① 刘培哲：《可持续发展理论与〈中国 21 世纪议程〉》，《地学前缘》（中国地质大学），1996 年第 3 期。

② 刘培哲：《可持续发展理论与〈中国 21 世纪议程〉》，《地学前缘》（中国地质大学），1996 年第 3 期。

③ 刘培哲：《可持续发展理论与〈中国 21 世纪议程〉》，《地学前缘》（中国地质大学），1996 年第 3 期。

《我们共同的未来》。世界环境与发展委员会的成员们，受托于联合国第 38 届大会，在布伦特兰夫人领导下，系统地研究了人类面临的重大经济、社会和环境问题，他们以"可持续发展"为基本纲领，从保护和发展环境资源、满足当代和后代人的需要出发，提出了一系列政策目标和行动建议。布伦特兰夫人在这个长篇报告的序言《从一个地球到一个世界》中说："《我们共同的未来》不是对一个污染日益严重、资源日益减少的世界的环境恶化、贫困和艰难不断加剧状况的预测；相反，我们看到了出现一个经济发展的新时代的可能性，这一新时代必须立足于使环境资源库得以持续和发展的政策。我们认为，这种发展对于摆脱发展中世界许多国家正在日益加深的巨大贫困是完全不可缺少的。"布伦特兰夫人认为，可持续发展一个重要的特征是既要满足当前经济社会的发展需要，同时又不能危及下一代人满足其发展需要的能力，"人类有能力使发展持续下去，也能保证使之满足当前的需要，而不危及下一代人的满足其需要的能力。可持续发展的概念中包含着制约的因素——不是绝对的制约，而是由目前的技术状况和环境资源方面的社会组织造成的制约以及生物圈承受人类活动影响的能力造成的制约。人们能够对技术和社会组织进行管理和改善，以开辟通向经济发展新时代的道路"①。也就是说，可持续发展一个核心的概念是人类的发展不能超出环境资源和生物圈的承载能力。这一发展理论得到了世界各国的认同和支持。

　　这里我们要特别指出的是联合国可持续发展委员会发布的《21 世纪议程》，它是 1992 年 6 月 3 日至 14 日在巴西里约热内卢召开的联合国环境与发展大会通过的重要文件之一。该文件着重阐明了人类在环境保护与可持续发展之间应做出的选择和行动方案，并提供了 21 世纪的行动蓝图，涉及与地球持续发展有关的所有领域。《21 世纪议程》是世界范围内可持续发展行动计划，它是 21 世纪在全球范围内各国政府、联合国组织、发展机构、非政府组织和独立团体在人类活动对环境产生影响的各个方面的综合的行动蓝图。《21 世纪议程》主要在四个大方面进行了充分的论述，如第一部分"社会与经济方面"，包括：加速发展中国家可持续发展的国际合作与有关的国内政策、消除贫穷、改变消费形态、人口动态与可持续能力、保护和增进人类健康、促进人类住区的可持续发展、将环境与发展问题纳入决策过程。又如第二部分"保存和管理资源以促进发展"，包括：保护大气层、统筹管理和规划陆地资源的方法、制止砍伐森林、脆弱生态系统的管理、促进可持续的农业和农村发展、养护生物

---

① 世界环境与发展委员会：《我们共同的未来》，王之佳，等译，吉林人民出版社，1997 年。

多样性，等等。《21 世纪议程》所指定的可持续发展战略、社会可持续发展、经济可持续发展、资源的合理利用与环境保护的各种方案，是目前为止较为全面的人类可持续发展的有效办法。中国根据《21 世纪议程》制定了《中国 21 世纪议程》，该议程又称《中国 21 世纪人口、环境与发展白皮书》，以此作为中国可持续发展总体战略、计划和对策方案，这是中国政府制定国民经济和社会发展中长期计划的指导性文件。1992 年 7 月由国务院环境与发展委员会组织编制，于 1994 年 3 月 25 日在国务院第十六次常务会议上讨论通过。在这个文件中，城市可持续发展被放在"人类住区可持续发展"中。

在现代社会，城市早已经成为人类社会发展和活动的主要场所，特别是自工业革命以来，城市以其优越的地理位置和便利的交通，积聚了一定区域内的物质集运、市场资本、文化教育、技术变革等多种因素，使得城市逐渐成为人类政治、经济、文化活动的中心，从而得到了空前的发展和繁荣，城市的人口不断增加，发展规模不断扩大。随着世界各国的城市化进程日益加深，城市问题逐渐显现，城市长期发展带来的环境问题日渐突出，城市可持续发展成为当代世界发展的重要主题之一。

据学者研究，国外城市可持续发展的内涵主要有以下一些：第一，从资源角度来界定。这一派的学者认为"城市要想可持续发展，必须合理地利用其本身的资源，寻求一个友好的使用过程，并注重其中的使用效率，不仅为当代人着想，同时也为后代人着想"。第二，从环境角度来界定。这一派学者认为，"利用环境生态规律来解决城市环境问题，是城市可持续发展所面临的一个基本问题"。第三，从经济和社会角度看待城市的可持续发展，如世界卫生组织（WHO）。世界卫生组织提出，"城市可持续发展应在资源最小利用的前提下，使城市经济朝更富效率、稳定和创新方向演进；对大多数城市来讲，特别第三世界城市，只有提高城市的生产效率以及物质产品的产出，这样才能永保其生命活力"[①]；耶夫塔克从社会学的角度提出，"城市可持续发展在社会方面应追求一个人类相互交流、信息传播和文化得到极大发展的城市，以富有生机、稳定、公平为标志，而没有犯罪等。恰林基也指出可持续城市社会特性包含两个方面：可持续城市是生活城和市民参与的城市。应使公众、社团、政府机构等所有的人积极参与城市问题讨论以及城市决策"。"国外学者多从城市资源、环境、经济和社会的角度（侧重某个方面或从综合角度），应用系统的方法来分析可持续发展在城市发展中的应用，特别在分析城市现实问题的基础上，通过

---

① 张俊军、许学强、魏清泉等：《国外城市可持续发展研究》，《地理研究》1999 年第 6 期。

可持续发展原则和手段来调控和解决现实问题，以达到城市可持续发展，这是国外城市可持续发展研究的基本思路。"①

国内城市可持续发展的理论和评价指标，一方面借鉴了国外城市可持续发展的有关理论，如另一方面也逐渐形成了有中国特色的城市可持续发展理论和评价体系。《中国 21 世纪议程》中涉及城市可持续发展的主要是"通过正确引导城市化，加强城镇用地管理，加快城镇基础设施建设和完善住区功能，促进建筑业发展，向所有人提供适当住房、改善住区环境"，把城市的可持续发展归纳到社会可持续发展的范围里。目前国内学者在城市可持续发展评价上有的从城市发展状态、发展动态和发展实力等角度进行了评价；有的学者倾向于从经济社会与环境协调发展的角度进行评价；还有的是从经济发展、社会发展和人口资源与环境发展的角度评价城市的可持续发展水平。城市的可持续发展的指标体系和评价方法有很多种，到目前为止仍没有形成统一的指标体系和评价方法。有学者研究认为："国家尺度上，德国、芬兰等把重点放在项目上；英国主要集中在社会方面，建立了'生活质量评估'的可持续发展指标体系；瑞典等国则是从效率、公平和参与、适应性、价值和给后代的资源 4 个方面出发构建指标体系。"② 一般来说，评价城市可持续发展的指标主要包括：经济发展水平、社会进步和生态环境三个主要的方面，其中生态文化建设成为近年来城市可持续发展的重要评价指标，这其中主要涉及大气污染达标率、工业废水排放达标率、人均绿地面积、城市绿化覆盖率、人均生态用地等，城市经济发展和社会进步必须要有良好的生态文化建设为依托，才能实现经济社会与环境相协调的可持续发展。本书以位于四川东部的革命老区为例，对此做一些分析。

川东革命老区城市大多远离中心大城市，由于历史与现实的经济社会发展水平的限制，比起我国东部和沿海发达地区的城市，发展较为滞后，其主要表现为：第一，川东革命老区的城市大多处于经济不发达的地区，大多处于"边少老穷"的地方，远离中心大城市，区位优势不明显。第二，大多处于崇山峻岭的山区地带，生态脆弱，自然环境恶劣，基础设施较差，特别是交通不便。第三，大多以农业为经济支柱，农业现代化水平低，大多还处于传统农业的耕作和经营方式阶段，工业不发达，信息化水平较低。第四，城市建设落后，交通拥堵，公共基础设施还不健全。第五，土地城镇化水平快于人口城镇化，人

---

① 张俊军、许学强，等：《国外城市可持续发展研究》，《地理研究》1999 年第 6 期。

② 孙晓、刘旭升，等：《中国不同规模城市可持续发展综合评价》，《生态学报》2016 年第 9 期。

口增长与城市化水平不协调。第六，川东革命老区的城市布局结构也不合理，大多以行政区划为单位，各自独立建设，特别是改革开放以来的城镇化由于缺乏统一的规划和布局，城镇化趋同现象严重，古镇被拆，文化保护缺失。第七，川东革命老区城市与城市之间发展不够协调，相邻城市之间未形成有效的经济文化互补优势，城市功能过度集中，城市问题突出，特别是环境问题如空气污染、水污染和城市垃圾等日益成为川东革命老区发展的最为重要、最为紧迫的问题。第八，川东革命老区城市规划和管理脱节，有些城市管理经验不足，设施落后，导致城市综合管理不力和运行脆弱。

川东革命老区城市发展要走可持续发展的道路，就必须顺应时代发展的潮流，科学规划，特别要注重经济社会发展与生态文化建设的协调发展，走绿色发展的道路，不能走"先污染再治理"的老路。中共中央、国务院 2014 年 3 月 17 日发布的《国家新型城镇化规划（2014—2020 年）》中第十八章"推动新型城市建设"就指出：现代新型城市建设要顺应现代城市发展新理念新趋势，推动城市绿色发展，提高智能化水平，增强历史文化魅力，全面提升城市内在品质。将生态文明理念全面融入城市发展，构建绿色生产方式、生活方式和消费模式。保护土地、水及其自然资源，促进资源循环利用，加快建设可再生能源体系，推动新能源和可再生能源的利用。实施绿色建筑行动计划，倡导绿色出行。实施大气污染防治行动计划，改善城市空气质量。合理划定生态保护红线，扩大城市生态空间，增加森林、湖泊、湿地面积，将农村废弃地、其他污染土地、工矿用地转化为生态用地，在城镇化地区合理建设绿色生态廊道。这个规划的出台为川东革命老区城市发展指明了发展的方向。

二、革命老区宜居生态城市建设

整个川东革命老区城市的劣势，往往也会转化为发展中的优势，如这些城市工业化水平低，地处群山峻岭之中，这种劣势，在今天往往成为优势，工业污染轻，容易治理，森林覆盖率高，自然风景优美，加之又是中国红色革命的摇篮，旅游资源十分丰富，宜居生态城市建设成为川东革命老区城市发展的重要道路。如达州市在 2015 年 5 月首次出台《达州市绿色建筑实施方案》（下文简称《规划》），要求全市科学规划、全面发展绿色生态建筑。其中包括对新区建设启动生态城市规划研究和城市设计、对旧城区既有建筑进行绿色节能改造、基础设施建设实施绿色化，以及打造生态绿色小城镇等。《规划》着力将达州打造成节能减排的绿色生态城市，要求到 2017 年，各县（市、区）绿色生态城区建设初具规模。① 达州市政府要求各县（市、区）的城市建设首先在城市建筑设计上启动生态宜居城市规划。

2016 年 12 月，达州市为了加快推进生态文明建设，增强生态文明体制改革的系统性、整体性、协同性，根据中共中央、国务院印发的《生态文明体制改革总体方案》（中发〔2015〕25 号）、《中共四川省委、四川省人民政府关于印发〈四川省生态文明体制改革方案〉的通知》（川委发〔2016〕16 号）部署，结合达州实际，制定了《达州市生态文明体制改革方案》。《达州市生态文明体制改革方案》明确指出，以正确处理人与自然关系为核心，以解决生态环境领域突出问题为导向，以建设幸福美丽达州和打造"天蓝、地绿、水清、人和"生态水墨达州为目标，加快绿色发展，切实保障生态安全，着力改善环境质量，推动形成人与自然和谐发展的新格局，该方案对达州市（包括各市、县、区）的城市生态建设有明确的规定，主要有：第一，加快建设新型绿色城镇体系，严格执行城乡规划，保护城市规划区内的山体、水系、湿地、林地等生态空间，划定城市规划区生态红线和绿地绿线，实施严格管制。第二，改变城市开发强度过大、硬化过多的现状，逐步恢复城市自然生态。大力开展海绵型生态绿地建设，提升城市雨水自然渗透积存能力，对积存下的雨水注重渗透利用和充分净化。第三，构建城市内外连接贯通的生态绿地系统，将生态要素引入市区。推行生态绿化方式，建设宜居生态园林城市，让城市生活更加贴近自然。第四，开展大规模绿化达州行动，积极打造特色森林小镇，加强城市湿地公园建设，加快创建国家森林城市，努力建成结构稳定、功能完善的城市森林生态系统。②

我们认为，达州市城市生态建设方案可操作性非常强，在生态建设与生态修复方面结合得非常好。比如为落实对"城市规划区内的山体、水系、湿地、林地等生态空间"进行保护和修复的要求，达州市政府启动了"莲花湖湿地公园"的规划设计，2017 年 1 月第一期工程已基本建成。根据达州市城乡规划局的设计初步方案，莲花湖湿地公园规划面积约 2.9 平方公里，其中库区水域面积约 1 平方公里。公园内规划游步道 22 公里、骑游道 7 公里、景观路 7 公里，实施山、水、路提升打造。莲花湖湿地公园的规划建设，采用了尽可能不破坏湿地原生态环境和植被为基础，对湿地区域原有的山体、水系、湿地、林

---

① 四川省人民政府网：《达州市全面发展绿色生态建筑》，2015 年 5 月 19 日，http：//www. sc. gov. cn/10462/10464/10465/10595/2015/5/19/10336212. shtml。

② 达州新闻网：《达州市生态文明体制改革方案》，2016 年 12 月 23 日，http：//www. dzxw. net/huanbao/news/2016/1483522319499. shtml。

地等生态空间进行保护和修复，采用栈桥和游步大道相互连接的方式，使得其中重要的景点互相连接，设计合理，布局恰当。

莲花湖湿地公园位于达州市西外片区，它的建成标志着达州宜居生态城市建设迈出了重要一步，达州市城市规划的凤凰山森林公园、莲花湖湿地公园、塔陀城市公园等生态主题公园也在修建之中，不久，四通八达的交通网把这些主题公园连接成一个生态系统，将直接改善市民的生活和休闲环境。

2017年，达州市政府提出"达州城市建设向新型生态城市迈进"的号召，其中，一个重要的目标就是"着力打造宜居城市"。达州是四川省人口大市、资源富市、工业重镇和交通枢纽，是国家"川气东送"的起点和川渝结合部区域中心城市。通过近年来的不断建设，达州市城市功能基本完善、城市宜居品质不断提升，中心城区"五桥六路"城市骨架基本建成，城市内部交通更加通畅；"一区七园"不断发展壮大；"七大新区"（北城滨江、马踏洞、莲花湖、三里坪、翠屏山、长田坝、河市）等新的城市区域不断扩大；2018年，中心城区建成区面积已超100平方公里、人口规模已超100万人。目前塔沱片区改造已经完成，火车站片区棚户区和城中村改造也正式启动，城市建筑、城市公园、滨河沿岸等景观打造大部分已经完成，整个城市地下综合管廊、污水处理等市政设施综合整治已经启动，西外城区已经改造完成，城市管理更加科学，城市环境更加宜居。达州市宜居生态城市的建设具有重要的引领意义和示范意义，川东革命老区城市建设已取得实质性的进步。

巴中市是川东革命老区另一个重要的中心城市。巴中市地处大巴山系米仓山南麓，东南西北分别与达州、南充、广元、汉中接壤，处于"成、渝、西"三大城市几何中心，地理位置十分优越。全市森林面积1062.45万亩，森林覆盖率57.6%，活立木蓄积量4026.77万立方米，是长江上游重要的生态屏障。巴中市有国家森林公园4个、国家地质公园1个、国家级风景名胜区1个，省级森林公园1个、省级自然保护区3个，国有林场17家，各类野生动植物2400多种。2011年7月，巴中市政府做出创建四川省和国家森林城市的决定。2011年9月，巴中市第三次党代会做出"大力推进森林城市创建，努力把巴中打造成自然与人文和谐、现代与生态共融的现代森林公园城市"的重大部署。据有关报道，巴中市邀请国家林业局调查规划设计院，按照"现代与传统相映、人文与自然相衬、城市与农村相融、生态与产业相生"的创建思路，编制了《国家森林城市建设总体规划》和《国家森林城市建设重点部位作业设计》。巴中市《国家森林城市建设总体规划》提出，将创建森林城市与城乡一体化发展、扶贫连片开发有机结合，大力实施"城市增绿、城郊休闲、绿色通道、水系绿化、乡村产业、巴山新居绿化、森林生态文化"等七大森林工程，打造"有山皆园、有房皆荫、有土皆绿、有河皆景、有路皆林"的现代森林公园城市，主要工程有绕巴中城市快速通道防护林带生态圈；打造巴城望王山、南龛山、西龛山构成的三处楔形天然绿地，形成串联城内外森林生态系统纽带；以巴城中心部分的南龛山和西龛山自然山体为底，打造两龛中央公园，作为森林城市中心，着力构建巴中城市生态宜居建设。同时，巴中市立足丰富的森林生态资源，发展现代康养产业，巴中市提出了"诗意山水五彩巴中"，巴中市城市的森林康养具有得天独厚的"九度"优势："一是纬度，巴中地处北纬 31°15′~32°45′之间，南北交界，生物多样，属于神奇的北纬 30 度范围。二是温度，巴中年均气温 17.4 摄氏度，年均降雨量 1198.9 毫米，年均日照时数 1470.6 小时，属亚热带湿润季风气候，四季分明，雨量充沛，光照适宜，夏秋两季气候凉爽宜人，特别适合保健养生、休闲度假。三是湿度，巴中多年平均相对湿度为 76%，人体感觉舒适，有利于健康。四是高度，巴中平均海拔在 1000 米左右，非常适合休闲养生居住。五是优产度，巴中有生产优质农产品得天独厚的气候和生态环境，是全国三大富硒带之一，盛产核桃、银耳、茶叶、南江黄羊、巴山土鸡、空山黄牛、青峪猪等特色产品，农产品优产度达到 85%。六是洁净度，巴中年空气质量优良率达 95% 以上，适合呼吸系统病患者静养。七是绿化度，巴中位于秦巴生物多样性生态功能区，绿化率达 98%。森林覆盖率接近全国平均水平的 3 倍、四川平均水平的 2 倍，是名副其实的'天然氧吧'。八是负氧度，即空气中负氧离子的含量浓度，巴中重点林区中负氧离子平均超过 10000 个/平方立米，养生保健效果十分明显。九是精气度，即森林中存在的植物精气状况。植物精气（也称为植物杀菌素或芬多精）是植物释放的以芳香性碳水化合萜稀为主的气态有机物，巴中森林广布柏木、马尾松、香樟等主要树种，其散发的植物精气具有特定保健功能，为森林浴等保健项目开发提供了优质场所"①。巴中市康养产业的发展具有前瞻性，为巴中城市可持续发展注入了强劲的活力，巴中城市的城市产业结构的调整，确立现代服务业在城市发展的主导地位，符合宜居生态城市的发展要求，因为现代服务业，充分体现了新经济的发展特点，是城市经济发展的重要产业，也是绿色宜居生态城市的重要支撑点。

广安市是邓小平同志的故里，同时也是川东革命老区重要的历史文化名城。2016 年，广安市因其优秀的生态条件、丰富的旅游资源、浓郁的民族特

---

① 《好山好水好空气巴中康养产业正崛起》，《巴中日报》2016 年 10 月 21 日。

色文化、突出良好的地理位置、良好的气候和丰富的历史文化资源被国家旅游局授予"中国最美山水生态旅游城市"称号。2015 年《广安市城市总体规划 (2013—2030)》(下文简称《总体规划》) 得到了四川省人民政府的批复。批复显示,广安市在《总体规划》确定的 611.5 平方公里的规划区范围内,实行城乡规划统一管理。建设以渠江城市滨水景观带为"一带",以中心城区外围和片区间公共绿地、生态林地、山体、耕地构成的内外两条生态景观环为"两环",以渠江为城市滨水景观轴线、向中心城区渗透的十条生态景观廊道为"十廊",以中心城区分布于各功能片区内部的多个城市级、片区级、社区级公园为"多园"的城市绿地系统。《总体规划》坚持以人为本,创建宜居环境,注重城市园林绿化和景观风貌塑造,促进山水城和谐相融,建设宜居城市,提高城市居住和生活质量。同时,《总体规划》强调要做好历史文化保护工作,构建合理的历史文化保护体系,重视历史文化保护与城市发展的统筹协调,将广安市建设成为具有鲜明历史文化特色和山水环境特色的历史文化名城。① 据 2016 年 5 月 13 日的《广安日报》报道,广安市政府科学规划城市设施,让广安更加生态宜居,报道指出:"要以群众需求为中心科学规划,推动现有城市公园提档升级,配套好文体休闲等人性化设施,更好地满足群众休闲娱乐需求。要进一步打开思维、转变观念,在城市公园和绿地建设上融入旅游和消费要素,以商业和市场思维,进一步完善公园的配套服务功能,在满足群众康养和生活情趣体验上做足文章,着力打造具有广安特色的旅游公园和景区体验项目,让城市绿地、公园既成为市民休闲娱乐的集聚区,又成为推动全市旅游发展的经济增长点。"②

从达州市、巴中市、广安市三个川东革命老区重要的城市发展来看,宜居生态城市是其可持续发展的重要内容和目标。这些城市在宜居生态城市建设上根据自身自然环境的特征,首先因地制宜,营造了优美的自然环境,打造了一个个富有魅力的生态特色城市。其次,转变了城市发展理念,树立了新兴城市发展观,在经济和社会发展中留住了绿水青山,对习近平总书记的生态环境就是生产力,绿水青山就是金山银山的生态文明思想进行了科学的实践,以绿色引领川东革命老区城市可持续发展。再次,确立了现代服务业和现代旅游业为主要经济支柱的可持续发展产业。川东革命老区这些主要城市地处秦巴山区,

---

① 广安市人民政府新闻中心:《广安市城市总体规划 (2013—2030)》,http://www. guang-an. gov. cn/newscenter/content. jsp? id=95508&classId=0225。

② 《广安市政府科学规划城市设施让广安更加生态宜居》,《广安日报》2016 年 5 月 13 日。

是丝绸之路和长江经济带的重要通道，也是川陕革命老区的中心地带，自然山水和红色旅游资源十分丰富，是现代服务业和旅游业的理想的天然场所。最后，我们还要清醒地认识到，川东革命老区宜居生态城市建设才刚刚起步，宜居生态城市建设的内涵绝不是单一的环境绿化，优美的环境是宜居生态城市的重要因素，但不是唯一的因素。所以，我们要对宜居生态城市建设的内涵有所认知，不然只能是井底之蛙。

关于宜居生态城市建设，我们首先要对宜居生态城市的内涵有所了解和界定。根据有关学者的研究，宜居生态城市源自国外发达资本主义国家经济社会高度发达之后人们为了追求更高的生活质量和生活品质而制定的城市发展战略。这里我们要消除一个认识上的误区，即把花园城市、卫生城市、森林城市、绿色城市等评价指标简单地等同于宜居生态城市。学者盛学永在《上海房地》上发表的《建设绿色宜居（生态）城市的思考》一文中认为："绿色宜居（生态）城市不是简单的城市绿化，也不是一个简单的空间环境概念，它是一种新型的生活模式和生产方式，试图创造人与自然间的和谐关系，并充分体现以人为本的思想，优化生态、生活、生产空间结构"，文章认为，"宜居生态城市包括三个层面的内涵：第一个层面是绿色（自然）生态，这也是基础层面，强调视觉效果，也就是常说的绿化，放眼一片绿色，绿草如茵，绿树繁荫。城市规划生态是第二个层面，是提升层面（中间层面），是在城市地理规划中突出生态环境主题，深化绿色（自然）生态，使绿化更加郁郁葱葱。资源配置生态是第三个层面，属于高端层面，体现以人为本思想。绿色宜居（生态）城市不能'看起来很美'，不仅能满足于'安居'，更要优化'乐业'，也就是说，生态城市代表一种新型的生活模式和生产模式，人与自然、生态环境与城市建设和谐共生的新型关系"①。学者王珞珈、董晓峰在《对中国宜居生态城市的再认识》一文中指出，我国宜居生态城市建设还面临着诸多的难题，我国的城市化累积的特点对宜居生态城市建设提出了挑战，如人口与资源的矛盾问题；区域发展不平衡，地理格局差异显著；经济问题突出，贫困问题显著，突出表现在我国的贫困人口多，贫困程度深；城市生态风险加剧，环境问题依然突出，公共意识薄弱，资源浪费严重。文章认为，我国当前生态宜居城市建设中面临的主要问题有以下一些。第一，城市安全问题突出，居民缺乏安全感。有80％的被采访者对食品、治安、交通、医疗和环境有关的安全问题最为担忧，特别是近年来的城市雾霾、食品安全和婴幼儿问题最为突出。第二，城市文化

---

① 盛学永：《建设绿色宜居（生态）城市的思考》，《上海房地》2014 年第 6 期。

断层，空间记忆消失，过度的商业开发和城市建设，使得城市原有的历史文化记忆消失。第三，城市建设趋同，生态宜居城市建设缺乏创新性。[①]

我们认为，这种认识是深刻的，上述的三个问题是我国宜居生态城市建设未来要着力解决的问题。但是我们应该看到，这些问题是城市化发展过程中累积起来的难题，需要整个社会的共同认知和共同努力，依靠某一个部门和某一个机构是无法完成的。我们认为，川东革命老区宜居生态城市建设取得了一定的成就，城市环境更加优美，人与自然的关系更加亲近和谐，城市污染得到了遏制，生态文明理念深入人心，城市建设焕然一新，这为宜居生态城市建设奠定了良好的基础，但要真正实现宜居生态城市，还需要做出巨大的和持续的努力。第一，还要加大生态文明的宣传力度，培育生态伦理道德和生态公共意识，要在全社会形成节约资源的良好风气。第二，加强生态文明建设的法治化。对生态安全、食品安全和影响公共安全的重大问题加强立法和执法力度，严惩各种危害社会安全的违法犯罪活动。第三，发展经济，让城市变得更美好，让城市使人安居乐业，城市服务于人民，也属于人民。现代服务业和旅游业将是川东革命老区城市经济发展的重要支柱产业，也是川东革命老区城市可持续发展的必由之路。第四，川东革命老区城市在可持续发展问题上要借鉴发达国家城市可持续发展的有益经验，消除贫困，少走弯路。学者张俊军、许学强、魏清泉曾经撰文指出，国外学者在城市社会可持续发展中主要考察了以下几个方面的内容：第一，保证基本适宜的环境权利的获得，即政府必须保证公民获得干净的空气、水、住房等基本需要，这是维持社会长治久安的基本条件；第二，增强公民素质；第三，充分就业的获得，社会应给每个公民就业的机会；第四，消除贫困与社会对抗，市政当局应努力发展经济，消除贫穷现象，同时协调好各方面的利益；第五，提高城市的空间质量，提倡公民义务植树，同时规划公园绿地，调节人们紧张的生活方式；第六，健康服务措施，增强人们防御疾病的意识，同时增加各种医疗措施；第七，鼓励公众积极参与社会活动，特别妇女，增强其公民意识，服务社会；第八，形成和谐邻里关系，避免形成各个单独家庭，通过社区公共活动，增加他们之间的相互交往，增强社会整体凝聚力；第九，养成良好健康的生活方式。[②] 这些评价对宜居生态城市的指标具有重要的参考价值和借鉴意义。

新华社 2015 年 12 月 9 日推出评论员文章《习近平心中的"城市中国"》，

---

① 王珞珈、董晓峰：《对中国宜居生态城市的再认识》，《城市观察》2015 年第 4 期。
② 张俊军、许学强、魏清泉：《国外城市可持续发展研究》，《地理研究》1999 年第 6 期。

文章通过对习近平总书记历次重要讲话和考察，探寻其心中的"城市中国"。建设宜居城市，提高居民生活质量，是习近平总书记一直关注的事。习近平总书记指出，在提升城市建设水平的同时，必须注重防治各类"城市病"，给百姓创造一个宜居的空间。为此，习近平总书记为防治各类"城市病"开出了"药方"：治霾（空气洁净）、交通（安全便利高效绿色）、住房（解决人民群众住房问题）、医疗、环境（清洁美丽文明）、基础设施（提升城市基础设施建设质量，形成适度超前、相互衔接、满足未来需求的功能体系），同时，宜居的城市还必须是安全的。我们认为，川东革命老区的宜居生态城市建设首先要解决历史发展遗留下来的"城市病"，这些"城市病"得不到根本的解决，宜居生态城市建设就还没有根本实现。

三、革命老区历史文化特色城市建设

习近平总书记 2014 年在北京考察时就指出："历史文化是城市的灵魂，要像爱惜自己的生命一样保护好城市历史文化遗产。要本着对历史负责、对人民负责的精神，传承历史文脉，处理好城市改造开发和历史文化遗产保护利用的关系，切实做到在保护中发展、在发展中保护。"[①] 习近平总书记认为，"历史文化是城市的灵魂"和"生命"，只有守住了城市的历史文化之魂，才能保住城市的个性和特色。毫无疑问，历史文化成为城市可持续发展最为重要的一个元素和推动力。

2002 年 4 月，时任福建省人民政府省长的习近平同志为《福州古厝》一书作序，他在序中写道："现在许多城市在开发建设中，毁掉许多古建筑，搬来许多洋建筑，城市逐渐失去个性。在城市建设开发时，应注意吸收传统建筑的语言，这有利于保持城市的个性。"城市建筑是城市历史文化重要的符号和外在形式，每一个城市由于其地理位置、自然条件、民风民俗等各种不同因素的影响，形成了具有浓郁地方特色的城市建筑，如上海民居、北京四合院、川东民居，城市建筑也是城市个性的标志。"城市作为人类生产力发展的依托，只有具备自己的性格特征，自己的风度和形象，自己的幽默感和文化情趣才富有活力。形成城市特色的基础条件是城市的历史，有历史的东西存在才会感受到城市风格及其真正的文化价值。在交通与信息闭塞的古代世界，由于每个国家、民族或者地区按照自己的文化模式建设城市，从而形成了姿态各异的建筑

---

① 光明网：《历史文化是城市的灵魂》，2014 年 2 月 27 日，http：//news. gmw. cn/newspaper/2014－02/27/content _ 2941150. htm。

形象和城市风貌，这种历史风貌特色较之文化交流频繁的现代社会，其个性更为鲜明。"① 从世界各国可持续发展较好的城市来看，历史文化资源的保护和传承在城市设计和城市建设中都得到了鲜明的体现。如法国的巴黎、英国的伦敦、俄罗斯的圣彼得堡、韩国的首尔以及日本的东京等世界名城，他们对其城市历史文化资源的保护都有很多有益的经验值得我们借鉴。我们以韩国首尔的历史文化保护为例，首尔是由朝鲜王朝的都城发展而来的，有 600 多年的历史，但又是一座现代化的大都会，首尔可以说是一座传统历史文化与现代城市发展交融得较好的世界名城，它在城市高速发展的过程之中，仍然保持着自身的历史文化特色。有学者总结认为，韩国首尔在城市传统文化环境保护研究与实践中，具有三个方面的特点："关于自然生态环境和历史文化遗迹的复合性保护与恢复、民族文化活动的保护与研究和城市历史文化环境的再生、城市标志性景观和天际线的控制与保护。"②

历史文化保护与传承是川东革命老区城市可持续发展的不可或缺的基础性条件，事实上，川东革命老区山川秀美，人杰地灵，历史文化十分丰富，从川东革命老区城市发展的历史来看，历史文化特色资源主要有以下几个方面的内容。

（一）历史文化资源丰富

据有关学者的研究，"达州和巴中地区，地处大巴山西南，地势北高南低，山峦起伏，林木密集，气候温暖而湿润，是巴人活动的重要区域"，"从目前的考古发现来看，达州的宣汉罗家坝巴人文化资源聚集最为丰富和集中，经过1999 年、2001 年和 2007 年三次挖掘，已清理墓葬、灰坑数十座，出土陶器、玉石器、青铜器等千余件，与成都金沙遗址、成都商业街古蜀大型船棺独木棺葬遗址一道，被称为'继三星堆遗址之后古巴蜀文化的三颗璀璨明珠'。2001年，罗家坝遗址被列为国家重点文物保护单位"③。宣汉县在城市建设中，着力打造以巴文化为特色的城市文化，并逐渐形成。

渠县以賨人谷遗址为文化原点，全力打造賨人谷故里。据史料记载，賨人是古代川东地区影响深远、强悍尚武的一支少数民族，亦是渠县最古老的当地民族。他们创造了賨人文化，留下了賨国都城遗址、汉阙、咂酒等珍贵的民族

---

① 蒋琛：《城市特色创造与历史文化保护》，《城市发展研究》1997 年第 4 期。
② 张建华、林秉圭：《城市历史文化环境特色的保护与再生》，《城市规划》2000 年第 11 期。
③ 秦静，等：《川东北特色文化资源转化为产业发展优势的对策探究》，《四川文理学院学报》2014 年第 6 期。

文化遗产，渠县建成了全国唯一的賨人穴居部落遗址和賨人文化陈列馆，拥有古賨文化与秀丽的自然风光，并享有"奇山奇水奇石景，古賨古洞古部落"的美誉，为其城市可持续发展打造出了独特的历史文化景观。

达州市城市历史悠久，自东汉建立行政单位至今已有1900多年的历史，境内宗教寺庙、摩崖石刻丰富，夏云亭、龙爪塔、元稹纪念馆、巴人广场等历史文化场所得到保护和建设，城市历史文化厚重。

巴中历史悠久，文化积淀丰厚，特别是摩崖造像造型精美，工艺细致，集聚了佛教各种派别的造像甚多，堪称国之瑰宝。全市共有摩崖造像百余处，且多为唐代所造，如巴中市的南龛、西龛、北龛、水宁寺造像为全国重点文物保护单位，千佛岩造像为省级文物保护单位。巴州区的南龛造像156龛2100余身；水宁寺造像27龛300余身；西龛山造像59龛1900余身；北龛造像24龛300余身。通江的千佛崖造像51龛3000余身；白乳溪鲁班寺造像20龛，184身；这些造像历史文化厚重，影响深远，逐渐成为巴中城市发展的独特景观为世界所熟知。

（二）红色文化资源丰富

川东革命老区是中国共产党领导的红四方面军在川陕边界建立的革命根据地的中心地带，为中国革命胜利做出了重要贡献和巨大牺牲。"从北起广元南至广安的广大区域，红色文化资源星罗棋布，大致可以分为三个部分：一是革命领袖和名人故里。达州有张爱萍故居神剑园，广安有邓小平故居，南充有朱德故居、罗瑞卿故居、张澜故居等。二是纪念性场馆亭碑。有达州的凤凰山红军亭、万源保卫战战史陈列馆、王维舟德政碑，南充的张思德事迹陈列室，巴中的川陕革命根据地博物馆、川陕苏区将帅碑林、刘伯坚烈士纪念碑等。三是红军活动和战斗遗迹。达州有达县石桥列宁街、固军坝起义遗址、万源保卫战军事会议旧址、红四方面军政治部旧址、红33军医院旧址，广元有红军文化园、木门会议旧址、首府旺苍红军城、红军渡、黄猫垭战斗遗迹、红军攻克剑门关遗址、太公红军山遗址群，南充有顺泸起义遗址；巴中有红四方面军总指挥部旧址、红军烈士陵园、空山坝战役遗址、红四军医院以及大量苏维埃各类行政机构遗址和红军标语等。"[①]

在这片厚重的热土上，红色文化遗产十分丰富，历史遗迹保护较为完整，

---

① 秦静，等：《川东北特色文化资源转化为产业发展优势的对策探究》，《四川文理学院学报》2014年第6期。

这对川东革命老区城市的红色文化建设具有独特的历史意义和文化价值。红色文化同时也是中华传统文化的重要组成部分，具有鲜明的民族特征和与时俱进的时代品格。红色文化资源是川东革命老区城市可持续发展的宝贵精神财富，既是历史文化景观，又是精神文化的源泉所在，它在城市品格、城市精神、城市育人、城市旅游、特色城市文化塑造等方面拥有得天独厚的条件和优势。

1976 年 11 月 26 日，联合国教科文组织在华沙内罗毕大会上通过了《关于历史地区的保护及其当代作用的建议》（简称《内罗毕建议》）。《内罗毕建议》把历史地区及其周围环境视为不可替代的世界遗产的组成部分，被称为"文化财产"。《内罗毕建议》明确指出，保护历史地区在社会方面、历史方面和实用方面具有普遍的价值，"考虑到历史地区是各地人类日常环境的组成部分，它们代表着形成其过去的生动见证，提供了与社会多样化相对应所需的生活背景的多样化，并且基于以上各点，它们获得了自身的价值，又得到了人性的一面；考虑到自古以来，历史地区为文化、宗教及社会活动的多样化和财富提供了最确切的见证，保护历史地区并使它们与现代社会生活相结合是城市规划和土地开发的基本因素"。保护历史遗迹和城市街区对维护和发展城市文化，丰富城市文化遗产具有重要的现代意义。

城市独特的历史文化底蕴越来越成为城市可持续发展的动力源泉，党的十八大报告就旗帜鲜明地提出了"扎实推进社会主义文化强国建设"，报告指出："文化是民族的血脉，是人民的精神家园。全面建成小康社会，实现中华民族伟大复兴，必须推动社会主义文化大发展大繁荣，兴起社会主义文化建设新高潮，提高国家文化软实力，发挥文化引领风尚、教育人民、服务社会、推动发展的作用。"① 习近平同志在 2013 年 12 月 30 日在中共中央政治局第十二次集体学习时的讲话中指出："提高国家文化软实力，要努力展示中华文化独特魅力。在 5000 多年文明发展进程中，中华民族创造了博大精深的灿烂文化，要使中华民族最基本的文化基因与当代文化相适应、与现代社会相协调，以人们喜闻乐见、具有广泛参与性的方式推广开来，把跨越时空、超越国度、富有永恒魅力、具有当代价值的文化精神弘扬起来，把继承传统优秀文化又弘扬时代精神、立足本国又面向世界的当代中国文化创新成果传播出去。"② 从国家战略层面上来看，文化越来越成为国家发展的软实力，文化既是民族的血脉，也

---

① 新华网：《习近平论中国传统文化——十八大以来重要论述选编》，http：//news. xinhuanet. com/politics/2014-02/28/c_126206419. htm。

② 新华网：《习近平论中国传统文化——十八大以来重要论述选编》，http：//news. xinhuanet. com/politics/2014-02/28/c_126206419. htm。

是城市可持续发展的血脉，它在城市精神和城市品格形成方面散发出巨大的文化自信力和吸引力。

　　我们认为，川东革命老区城市可持续发展一方面要与生态文明建设联系起来，切实做好宜居生态城市建设，不断加强法治化进程，加强宣传教育，优化环境，加强基础设施建设，逐步消除"城市病"；要对"保护生态环境就是保护生产力，改善生态环境就是发展生产力"的生态文明思想有真正的城市实践；要把 2016 年 9 月中央城市工作会议明确要求城市建设要体现尊重自然、顺应自然、天人合一的理念贯彻到底；要依托现有山水脉络等独特风光，让城市融入大自然，让居民望得见山、看得见水、记得住乡愁；要尽快把每个城市特别是特大城市开发边界划定，把城市放在大自然中，把绿水青山留给城市居民；要传承文化，发展有历史记忆、地域特色、民族特点的美丽城镇。这也是川东革命老区城市发展的新理念、新方向和面向未来的城市发展道路。川东革命老区城市可持续发展拥有的生态资源、历史文化资源和红色文化精神，越来越成为一种城市发展的综合实力，凝聚着川东革命老区人民的凝聚力、创造力和生命力，也是川东革命老区城市可持续发展的重要的支撑点和原创点。川东革命老区城市的可持续发展要贯彻创新、协调、绿色、开放、共享的发展理念，坚持以人为本、科学发展、改革创新、依法治市，转变城市发展方式，完善城市治理体系，提高城市治理能力，着力解决城市病等突出问题，不断提升城市环境质量、人民生活质量，建设和谐宜居、富有浓郁川东历史文化活力的现代化城市，走出一条具有川东革命老区历史文化特色的城市发展生态文明道路。

第三节　生态文化与老区农村可持续发展

一、农村生态文化建设与农村可持续发展理论

　　党的十八大将"生态文明"引入"五位一体"的社会主义建设总布局，并明确指出："建设生态文明，是关系人民福祉、关乎民族未来的长远大计。面对资源约束趋紧、环境污染严重、生态系统退化的严峻形势，必须树立尊重自然、顺应自然、保护自然的生态文明理念，把生态文明建设放在突出地位，融入经济建设、政治建设、文化建设、社会建设各方面和全过程，努力建设美丽

中国，实现中华民族永续发展。"① 党的十九大再次强调，人类必须尊重自然、顺应自然、保护自然，我们要建设的现代化是人与自然和谐共生的现代化，既要创造更多物质财富和精神财富以满足人民群众日益增长的美好生活需要，也要提供更多优质生态产品满足人民日益增长的生态环境的需要。必须坚持节约优先、保护优先、自然恢复为主的方针，形成节约资源和保护环境的空间格局、产业结构、生产方式、生活方式，还自然以宁静、和谐、美丽。从区域分布的角度上看，我国的生态文明建设可以分为城市和农村两个大的区域。我国是农业大国，农村生态在我国整个生态系统中占有十分重要的地位，推进农业生态文明建设是发展现代农业、转变我国农业发展方式和实现农业可持续发展的重要突破口，在我国现代化进程中具有重大的战略地位。

我们首先要厘清农村生态文化的内涵以及它与农村可持续发展的关系。人类文明的历史，一般来说，经历了原始文明、农业文明、现代工业文明，现在正过渡到生态文明阶段。人类生存的可持续发展是生态文明的主要特征，实际上，可持续发展理论主要针对的是工业文明时期人类对环境的毁灭性破坏而提出来的，但随着人们对生态文明研究的深入，有学者认为："可持续发展不仅是一种保护环境的口号，而且是一个跨世纪的政治、经济、文化和社会发展的行动纲领，是向传统生产方式、价值观念和科学方法挑战的一种生态革命。这场革命的实质是逆转人类生态与自然生态的退化趋势，恢复人和自然的生态潜能，从技术、体制、文化及认识领域重新调节社会的生产关系、生活方式、生态意识和生态秩序，在资源承载能力和环境容量许可的前提下，促进人与自然在时间、空间、数量、结构及功能关系上的可持续发展，实现从自然经济的农业社会、市场经济的城市社会向生态经济的可持续发展社会的过渡。"② 这样来看，农村生态文化建设包含在生态文明的内涵之中，也就是说，可持续发展是传统农业和现代工业发展方向和目标，这样我们就为农村生态文化建设与川东农村可持续发展找到了理论上的落脚点。从川东农村发展的历史和现实来看，农业生态环境的保护、农村生产和生活方式的转变、农业产业革命都迫在眉睫，生态文明的大潮已经涌动，无法遏制。川东革命老区农村必须融入生态文明发展的时代大潮中，牢固树立"绿水青山就是金山银山"的新发展理念，科学规划，制定发展政策，将经济社会发展、现代科学技术、特色产业发展与

---

① 《生态文明关系人民福祉民族未来》，人民网，http://paper. people. com. cn/rmrb/html/2012－12/14/nw. D110000renmrb_20121214_6－04. htm。

② 王如松：《从农业文明到生态文明》，《中国农村观察》2000 年第 1 期。

环境保护相融合，让生态得到修复、让环境变得优美宜居，从而改变传统生产和消费方式，促进有效的和持续的自然资源利用与农业、农村、农民的可持续发展。

　　有学者认为："农村生态文化，广义上指农民在自身的生存环境下形成的生态价值观，是对农村生存方式包括物质层面、精神层面以及制度层面上的各种生态文化内容的概括；而狭义上则重点指精神层面上的农村生态文化，即在农村生活中和农业生产中，为使人与自然和谐相处而形成的一种生态文化系统。农村生态文化建设作为社会主义新农村建设的重要组成部分，主要是追求一种人与自然和谐相处，人与人、人与社会友好共赢的社会形态。农村生态文化建设不仅能够促进社会生产力的进步和发展，还能使中国优秀的文化得以传承，促进社会主义和谐社会的构建。"① 当然，还有学者认为，"我国农村的生态文明建设农村是一个综合的系统过程，有其自身独特的特点，而最突出的特点是系统性、全面性和基础性。系统性是指农村生态文明建设是包括思想生态化、生活生态化、生产生态化和环境生态化在内的系统工程；全面性是指农村生态文明不仅仅包括处理人与自然关系的生态环境问题，还要处理以人与自然关系为基础的人与人、人与社会的关系，要全面实现农村经济、社会、环境的全面、协调、可持续发展；基础性是指农村生态文明建设是农村物质文明、精神文明、政治文明和社会文明建设的基础，离开生态文明或以生态文明为代价的农村现代化不是真正的现代化，生态文明建设已经并继续渗透到农村现代化进程的方方面面"②。

　　学者李世书在《农村生态文化的路径选择与动力分析》一文的观点具有一定的代表性，他认为农村生态文化建设主要有三个方面的内容：生态物质文化发展、生态制度文化发展和生态精神文化发展。具体来讲，他认为，第一，农村生态物质文化建设，就是从物质形态上对传统的农村生产方式、生活方式和消费方式进行生态化塑造与培育。一是通过治理和保护农村生态环境，创建生态家园；二是农村产业经济生态化和生态资源产业化；三是塑造鲜明的农村生态文化主题，把生态文化的魅力体现在人类文明的沉淀绿色文明的积累、历史文化的底蕴和现代文化的品位上。第二，生态制度是制度体系中生态理念的渗透和表现，即制度的生态化。"普及生态环境法制观念与可持续发展伦理道德

　　① 王军棉：《河北省农村生态文化存在问题及发展路径研究》，《河北工程大学学报》（社会科学版）2014 年第 9 期。

　　② 柳兰芳：《从"美丽乡村"到"美丽中国"》，《理论月刊》2013 年第 9 期。

规范，这是当前推进农村生态文化建设深入发展的一项重要举措。重点加强农村生态文化的政策和制度建设，从制度形态上规范与约束农村各级政府、社会组织、企业和广大农民群众的非生态化行为，实现人与自然和谐共存。"第三，"生态精神文化包括生态哲学、生态科学、生态道德、生态文化、生态艺术、生态教育等内容。建设农村生态精神文化，关键是使生态的理念深入人心，把生态理念变成广大农民群众的文化自觉。"① 从生态物质、生态制度和生态精神文化三个宏观的层面来界定农村生态文化建设的主要内容和实现路径，我们认为是可行的。但由于这种划分过于宏观，我国农村经济社会发展严重不平衡，自然环境、历史文化、气候物产等方面存在着诸多差异，就是同一个地区不同的地理区位和地域环境，也会产生很大的差异，离中心大城市近的农村和农业比较发达，离中心大城市较远的农村和农业则比较落后。所以，我们认为农村生态文化建设与可持续发展的内涵和实现途径，要因地制宜，根据实际情况，科学规划，稳步推进，逐步实现传统农业文明向现代生态文明的发展。

2014 年中共中央、国务院印发了《关于全面深化农村改革加快推进农业现代化的若干意见》（下文简称《意见》），被称为 2014 年的中央一号文件，《意见》指出："我国经济社会发展正处在转型期，农村改革发展面临的环境更加复杂、困难挑战增多。工业化信息化城镇化快速发展对同步推进农业现代化的要求更为紧迫，保障粮食等重要农产品供给与资源环境承载能力的矛盾日益尖锐，经济社会结构深刻变化对创新农村社会管理提出了亟待破解的课题。"同时，《意见》对"建立农业可持续发展长效机制"提出了意见建议：第一，促进生态友好型农业发展。落实最严格的耕地保护制度、节约集约用地制度、水资源管理制度、环境保护制度，强化监督考核和激励约束。第二，开展农业资源休养生息试点。抓紧编制农业环境突出问题治理总体规划和农业可持续发展规划。第三，加大生态保护建设力度。抓紧划定生态保护红线。《意见》还明确提出要"在重视粮食数量的同时，更加注重品质和质量安全；在保障当期供给的同时，更加注重农业可持续发展"，力争在体制机制创新上取得新突破，在现代农业发展上取得新成就，在社会主义新农村建设上取得新进展，为保持经济社会持续健康发展提供有力支撑。为此，政府和社会各界、专家学者，包括农民自己都对中国农业的未来发展问题提出了不同的意见建议。因为中国是一个农业大国，农业农村农民面临着巨大的改革难题，农业发展面临着许多历史和现实的困境，生态环境、科技创新、人才、资金技术、产业结构转型升

---

① 李世书：《农村生态文化的路径选择与动力分析》，《环境教育》2014 年第 2 期。

级、新兴的现代农业发展，等等，都是农业发展的重大问题，但是所有的这些问题，都有一个共同的发展理念，那就是农业发展必须走可持续发展的现代生态农业之路。

下面我们梳理一下国际社会可持续农业发展的历史。农业可持续发展作为一种全球化的农业思潮在全球迅速传播，其最直接的动因来自化学农业带来的生态环境问题。早在 20 世纪 60 年代的美国，《寂静的春天》出版引起了人民对化学工业对农业和环境问题的极大关注。80 年代初，美国等发达国家的科学家集中讨论了农业可持续发展的定义、范畴、研究的特点以及实施途径；1985 年，联合国成立了世界环境与发展委员会，并在美国加利福尼亚议会通过的《可持续农业研究教育法》，正式提出了农业可持续发展这个概念。1991年，联合国粮农组织在荷兰召开的农业与环境会议上，通过了《关于持续农业和乡村发展的登博斯宣言和行动日程》，该文件又被称为《登博斯宣言和行动纲领》，其中提出了"可持续农业"（sustainable agriculture）的概念，并将它定义为"管理和保护自然资源基础，调整技术和机制变化的方向，以便确保获得并持续地满足目前和今后世世代代人们的需要。因此这是一种能够保护土地、水和动植物资源、不会造成环境退化，同时在技术上可行、经济上有活力、社会上能广泛接受的农业"。《登博斯宣言和行动纲领》提出了农业可持续发展是采取某种使用和维护自然资源的基础方式，以及实行技术变革和机制性变革，以确保当代人类及其后代对农产品需求得到满足，这种可持续的发展（包括农业、林业和渔业）维护土地、水、动植物遗传资源，是一种环境不退化、技术上应用适当、经济上能生存下去以及社会能够接受的农业。《登博斯宣言和行动纲领》"提出了农业可持续发展的三项基本任务：一是发展国家农业生产，以自力更生为基础，配以适量进口，保证国内食物供应。二是加快农业和农村的综合发展，增加农村就业和农民收入，消除农村贫困。三是合理利用和改善自然资源，保护农业生态环境，为人类创造适宜的生存条件。因而，其将农业的可持续性发展概括为：农业生产的可持续性、农村经济的可持续性以及农业生态环境的可持续性"①。联合国粮农组织把加强粮食生产安全、推动农业技术、加强资源与环境保护，实现农业可持续发展作为未来工作重点。随着人口增长压力的加大，农业的进一步发展和集约化程度的不断提高，以及城市化和工业化的迅速发展，农业资源和环境所受到的压力将越来越大。如何既保护环境又加强粮食安全是一个日益引起各国政府重视的问题。

---

① 李双双、陈曙：《生态环境保护与农业可持续发展》，《资源环境与发展》2007 年第 2 期。

对于中国农业可持续发展，不同的学者有不同的意见和建议，仁者见仁，智者见智。下面，我们选取一些有代表性的意见建议进行介绍。早在 20 世纪 90 年代初期，就有学者对可持续农业进行了研究。如卢良恕在 1992 年就撰文认为，可持续农业是一种农业发展的战略思想，其内涵应该具有相应的技术、政策等体系，其含义深刻而广泛，其表达的方式也不尽相同，"但强调保护环境与资源，使农业持续发展则是一致的，这也是持续农业的基本内涵"①。他还认为，可持续农业是一种新的农业发展战略选择，其意义在于："第一，重新认识农业的地位和作用。农业不光是提供全人类食物的基地，也是提供人们就业机会和工业产品销售的最好市场。随着社会、经济的发展，农业的功能逐步拓宽，一些国家还提出农业具有美化环境，供人们娱乐的功能。第二，有助于调整农业发展方向，启迪全人类思考农业发展前景，有助于不同类型国家研究选择自己的发展道路。第三，有助于农业协调发展，人们会更加注意农业与生态、资源、环境及能源的关系"②。可持续农业对生态、资源、环境的重视，以及现代休闲农业的发展，都可以说明这种研究具有前瞻性，只是没有引起当时的学术界和政府有关部门的重视。

有学者认为，"对于如何促使农业走上良性且又持续的发展道路，其答案实际上仍暗含于'三农'之中，而非农业的单一维度。为此，在农业持续发展过程中，就应确立'三体论'的发展理念：即，以小规模持续农业为本体，以新型职业农民为主体，以村落为载体，因为这一理念可以内在地适应农业持续发展的本质要求，并为农业持续发展培养'接班人'，同时还可满足农业持续发展所需的时空要素"③。有学者通过对国外农业可持续发展的历史考察，认为"持续农业与其说是一种农业科学的理论，不如说是一种关于农业和农村发展的哲学与战略。与其他农业理论不同的是，它虽然重视技术的选择，但决不限于技术选择。因为'持续'的含义至少包括三个方面，即生态的持续、经济的持续和社会的持续。它一方面强调农业生产要最大限度地满足日益膨胀的世界人口的物质需要（包括数量和质量），尤其是贫困区人口的需要（他们需有获得这种基本需求的公平权力），另一方面它要求农业的这种增长不能以损害人类的生存环境及人类文化为前提"④。我们觉得，这种看法基本上触及了农

---

① 卢良恕：《持续农业的兴起与发展前景》，《农业技术经济》1992 年第 2 期。

② 卢良恕：《持续农业的兴起与发展前景》，《农业技术经济》1992 年第 2 期。

③ 龚春明、倪慧：《农业可持续发展的理念："三体论"的分析框架》，《经济问题探索》2014 年第 7 期。

④ 王思明：《从美国农业的历史发展看持续农业的兴起》，《农业考古》1995 年第 1 期。

业可持续发展的核心问题了。

王道龙、羊文超在《可持续农业和农村发展的定义与内涵》一文中，根据《登博斯宣言和行动纲领》对农业的可持续发展的内涵作了深入的理解和阐释：第一，"三个生"（生产、生活、生态）是农业可持续发展的永恒主题。生产要发展，生活要提高，生态要改善，这是农业可持续发展的精髓，是人类生存与发展的永恒主题。第二，"三个农"（农业、农村、农民）是农业可持续发展的中心内容。第三，"三个原则"（公平性、持续性、共同性）是农业可持续发展的主张。公平性原则指的是当代人的公平、代际间的公平和资源的分配公平。持续性原则就是人类的经济和社会发展不能超越资源与环境的承载能力，必须实行经济、社会发展与资源、环境相协调的原则。可持续发展作为全球发展的总目标，所体现的公平性和持续性原则，则是共同的。第四，"三个持续性"（经济持续性、社会持续性、生态持续性）是农业可持续发展的特征。第五，"三个良性循环"（经济良性循环、社会良性循环、自然良性循环）是农业可持续发展的运行机制。第六，"三个效益"（经济效益、社会效益、生态效益）是农业可持续发展的综合目的。[①] 我们认为，这种划分具有可操作性，但农业可持续发展说到底还是一个文化观念和文化价值的问题，农业的发展观念和发展价值说到底还是一个文化的问题，所以我们在考察川东老区农业可持续发展的问题上，应特别注重生态文化的建设。

我们对川东革命老区农村的生态文化建设进行了考察，我们认为，川东革命老区农村生态文化建设和可持续发展的主要内容和实现的途径主要表现在三个方面：第一，美丽乡村建设。美丽乡村建设对川东农村生态环境的保护和修复，效果是显著的，美丽乡村的创建使得生态环境得到了最大程度的保护，环境变得优美了，乡村旅游业使得传统农业的生产生活方式得到了改变，农民、农村、农业现状得到了根本的改变。第二，特色产业的发展，加快了川东老区农业现代化的进程，提高了农业综合生产能力、抗风险能力、市场竞争能力和可持续发展能力，逐步走向了高产、优质、高效、生态、安全的新型农业现代化道路。第三，挖掘和打造农村特有的生态文化资源，如手工艺、民俗文化等，把老区独特的生态资源与历史文化结合起来，着力打造老区独特的红色文化资源，实现文化与生态的融合，打造具有特色鲜明的老区农村文化精品，促进乡村现代旅游业的发展，让中华农业文明焕发出新的活力与生机。如达州市的新农村文化活动，到 2016 年为止，达州已经成功举办了 5 届全国新农村文

---

① 王道龙、羊文超：《可持续农业和农村发展的定义与内涵》，《农业经济问题》1997 年第 10 期。

化展演，据《中国文化报》的采访报道，"以农民为中心的展演活动，使达州乡村文化既保持了自己的特色又充分融入了城镇，担当起促进城乡一体化发展的重要责任"①。"达州以全国新农村文化艺术展演为抓手，通过演艺、展览、娱乐、旅游等文化服务项目吸引群众、聚集人气，拉动产业转型，使新农村文化事业和文化产业更好地实现融合发展。例如，在第五届展演活动中，以演促展、以展促销，配套举行第五届秦巴地区商品交易会，吸引了 2000 多家客商前来布展，现场交易额达 4.8 亿元，合同交易额 14.3 亿元。同时，随着展演在全国影响力的日益扩大，达州的演艺娱乐、创意设计、旅游会展、影视报业、印刷包装五大重点文化产业也快步崛起，其中，仅 2013 年旅游收入一项就达 75.22 亿元。"② 根据我们的考察，农村文化产业的发展目前还面临着很多的问题，文化扶贫的实践和实际效果，还需要一定的时间才能见出成效，所以，在生态文化建设和川东农村可持续发展的话题中，我们不做专门的讨论。

二、生态文化与革命老区美丽乡村建设

经过改革开放三十多年的不断发展，川东革命老区农村人民的生活条件得到了极大的改善，温饱问题得到了解决，村村通工程基本完成，基础设施有了很大的改变，农村小城镇得到了快速发展，在有条件的地方逐步建立起了新的聚居村落。四川省从 2013 年开始打造"美丽乡村"，首批公布在全省建设1000 个美丽乡村试点村，老区占了 200 多个；2014 年，巴中市 23 个村确定为美丽乡村建设试点村；2017 年，巴中市 95 个村落被评为四川省"住上好房子、过上好日子、养成好习惯、形成好风气"的"四好村落"。

2011 年，巴中市启动"巴山新居"工程，数十万人搬出土坯房，过上了幸福而有尊严的生活，"可谓一步跨千年"。如今，美丽乡村的梦想变成现实，平昌中岭村、南江槐树村、通江王坪村，巴中市巴州区的西华山村、恩阳区的钟家坝村等，这些新居工程与当地历史文化、红色文化互为系统工程，这同时就为乡村休闲旅游、生态康养产业找到了新的出路。2014 年，巴中市编制完成《巴中市乡村旅游总体规划（2014—2025 年）》（下文简称《规划》）。《规划》总体布局为"一环四带五片区"，"一环"即巴中乡村旅游大环线，即恩阳区—巴州区—平昌县—通江县—空山—诺水河—光雾山—南江县—巴中城区的乡村旅游景观大通道环线；"四带"即巴州区、南江县、通江县、平昌县四县

---

① 《四川达州：带动全域的新农村文化建设》，《中国文化报》，2017－06－12：06。
② 《四川达州：带动全域的新农村文化建设》，《中国文化报》，2017－06－12：06。

（区）的城郊乡村休闲旅游带；"五片区"即光雾山—米仓山—诺水河山地乡村休闲度假区、恩阳古镇文化休闲旅游区、江口水乡观光休闲旅游发展区、水宁寺—驷马巴山新居与生态休闲旅游发展区、陈河—北极特色农业与温泉疗养乡村休闲度假区。巴中市乡村旅游产品开发以"乡村观光、生态休闲、文化体验和乡村度假"为主线①，据有关统计表明，2016 年巴中市旅游收入突破了 166 亿元，"农村居民人均可支配收入 9969 元，增长 9.7%，增速分别比全国、全省高 1.5 个和 0.4 个百分点，居市州第 5 位"②。

达州市在 2014 年建成了 60 个"美丽乡村"示范村，并在 2015 年表彰了"十大最美新村"。2016 年，达州市规划完成建成幸福美丽新村 300 个，扶贫新村 176 个，新建新村聚居点 19 个，并把 176 个扶贫新村全部纳入 2016 年幸福美丽新村建设目标，大力实施新村建设"1+5"工程，突出抓好民居建设、人居环境整治、产业提升和农村文化建设、基础设施建设、公共服务配套和产业扶持，全面改善农村生产生活条件。达州市在农村可持续发展中"坚持产业先行，着力培育新型农业经营主体，发展现代农业和特色产业，促进新村与产业互动融合；坚持美化环境，加强农村环境综合整治，确保现代生活与田园风光相互促进、相映生辉；坚持分类指导，从平坝、丘陵、山区实际出发，建设各具特色的幸福美丽新村"③。

达州市在农村可持续发展中把旅游项目与农村脱贫攻坚有效地结合起来，探索出了一条重要的农村可持续发展的路子。据达州市旅游局办公室消息，近年来，达州市建成全国"景区带村"型旅游扶贫示范区 1 个、全国休闲农业与乡村旅游示范点 1 个、中国乡村旅游模范村 3 个、全国乡村旅游扶贫试点村 2 个、省级乡村旅游示范县 3 个、示范乡镇 82 个，发展中国乡村旅游模范户 2 户、中国乡村旅游金牌农家乐 31 家、星级乡村酒店（农家乐）97 家。达州市将全市划分为北部山区山地休闲旅游带、中部都市农业休闲旅游带、南部乡村生态旅游示范带，而北部山区山地休闲旅游带的八台山—龙潭河、巴山大峡谷成功创建国家 4A 级旅游景区，巴山大峡谷旅游扶贫开发项目列入全国优选旅游项目。中部都市农业休闲旅游带集中打造磐石都市农业体验区，一期月湖狂

---

① 四川省人民政府网：2014 年 9 月 29 日，http://www. sc. gov. cn/10462/10464/10465/10595/2014/9/29/10314622. shtml。

② 四川新闻网：2017 年 1 月 25 日，http://scnews. newssc. org/system/20170125/000745149. htm。

③ 中共达州市委农村工作委员会门户网站：《中共达州市委农村工作委员会领导小组关于做好 2016 年幸福美丽新村建设工作的通知》，2016 年 3 月 24 日。

欢谷已创建为国家 3A 级旅游景区。南部乡村生态旅游示范带突出五峰山—海明湖、賨人谷生态旅游示范区提档升级，分别创建为省级度假旅游区、省级生态旅游区。达州市大力发展乡村旅游，集中精力建设八台山—龙潭河、巴山大峡谷、五峰山—海明湖、磐石都市农业体验区等乡村旅游集聚区、示范区，积极举办四川省第七届乡村旅游文化节、第二届大巴山山地休闲旅游节。① 乡村生态旅游业的建设和发展，同时也会逐步在提升农村公共服务、生态环境改善、产业机构调整等方面发挥积极的引领作用。

近年来，宣汉县成功打造了国家 4A 级景区洋烈水乡及峨城山、五马林场、观音山、马渡关石林、下八米岩花海等景点，基本形成了以巴山大峡谷为龙头的"一区多点"乡村旅游发展格局。

2016 年 2 月中共中央办公厅、国务院办公厅印发了《关于加大脱贫攻坚力度支持革命老区开发建设的指导意见》，明确提出要"依托老区良好的自然环境，积极发展休闲农业、生态农业，打造一批具有较大影响力的养生养老基地和休闲度假目的地。利用老区丰富的文化资源，振兴传统工艺，发展特色文化产业。支持老区建设红色旅游经典景区，优先支持老区创建国家级旅游景区，旅游基础设施建设中央补助资金进一步向老区倾斜。加大跨区域旅游合作力度，重点打造国家级红色旅游经典景区和精品线路，加强旅游品牌推介，着力开发红色旅游产品，培育一批具有较高知名度的旅游节庆活动。加强老区革命历史纪念场所建设维护，有计划抢救影响力大、损毁严重的重要革命遗址"，这些都为川东革命老区农村的开发建设提供了明确的指导意见和政策支持。

广安的地理区位独特，自然资源丰富，人口较为密集，历史文化悠久，"红色文化"遗迹和自然生态景观等旅游资源富集，乡村景区（点）资源众多。红色旅游、生态文化旅游、民俗文化旅游优势成为广安生态文化建设的优势资源，也是广安农村可持续发展的优势所在。广安市的"美丽乡村"建设创建成果显著，2014 年有 50 个村入选四川省美丽乡村，2016 年在四川省旅游局公布的全省新评定的首批乡村旅游强县、特色乡镇、精品村寨、特色业态等乡村旅游品牌名单中，广安市武胜县、华蓥市禄市镇等 26 家单位名列其中。同时，广安被列为"中国美丽乡村建设示范区"，探索出了"产村相融、农旅结合"发展丘陵地区现代农业的新路，深化产业融合，分层次开展乡村旅游提升示范项目建设，金果生态园、乔家乡约园、姜山寺窖藏观光基地、鼎崑生态园、绿

---

① 达州市旅游局办公室：《达州市旅游专项扶贫阻力脱贫攻坚》，2017 年 2 月 8 日，http：//www. dzsta. gov. cn/lyyw/system/2017/02/8/001157100. html。

卉生态园、铜锣山、缪氏庄园、梁板清水谷、袁市天缘花谷、杰帝霖等乡村旅游项目有序推进，全市已累计建成幸福美丽新村 662 个，占行政村的 24.1%。2015 年，广安旅游收入超过 246 亿元；2016 年，广安旅游收入突破了 300 亿元。根据《广安市乡村旅游扶贫规划（2016—2020 年）》中有关广安乡村发展的规划来看，广安市在农村可持续发展方面，大力发展乡村旅游，《广安市乡村旅游扶贫规划（2016—2020 年）》认为，乡村旅游相较于其他产业而言，投资相对较少、风险相对较低、具有较好的产业综合效益。川东乡村旅游是现代休闲农业或体验农业的组成部分，它利用川东优美的自然景观、农业文化景观和历史文化景观，形成了一种吸引游客前来观赏、休闲、体验、购物的新型农业经营形态，其主要形式有农家乐、观光体验农业园区、康养产业等。它们将农业与现代旅游业结合在一起，在新兴特色农业产业中最为兴旺和普及。由此可见，紧紧抓住乡村旅游发展的中心环节，充分发掘乡村资源禀赋条件，运用旅游开发新思路推动特色效益农业发展，实现产业景观的价值化利用具有重大意义。

美丽乡村建设是川东革命老区农村生态文化建设取得的重要成就。从川东老区达州市、巴中市、广安市的美丽乡村建设和农村生态文明建设来看，二者是相辅相成、互为表里的辩证统一关系。美丽乡村建设必须大力弘扬生态文化，培育生态意识，以农村生态文明建设为着力点。美丽乡村建设在改善生态环境、人居环境、乡村面貌、促进传统农业转型发展等方面与生态文明建设是同步的，特别是川东乡村旅游业、生态经济、绿色产业发展、生态文化建设和美丽乡村示范区的成功实现，体现了深刻的生态文明内涵与生态文化建设实践，为川东农村可持续发展探索出了新路子，在加快转变川东革命老区农业发展方式，推进老区农业现代化，走资源节约型、环境友好型的农业现代化道路，推进美丽乡村建设，逐步形成人与自然和谐发展的现代新农村道路上迈出了坚实的步伐。

有学者认为："'美丽乡村'建设中蕴含着深刻的生态意蕴，是以生态现代化全新建构出的一条现代化与环境友好、协调、和谐之路，能够全面摆脱现代性束缚、超越现代化陷阱；这是自 20 世纪以来中国在实现经济社会跨越大发展的同时，建设'五位一体'的中国特色社会主义伟大实践的重大现实问题"[①]，"从内涵来看，美丽乡村建设是以农村生态文明建设为推动点，在农村生态文明建设的总体布局下，解决好人与自然、人与人、人与社会的关系，蕴

---

① 柳兰芳：《从"美丽乡村"到"美丽中国"》，《理论月刊》2013 年第 9 期。

含了丰富的生态内涵，美丽乡村是美丽中国在农村的具体表现"①。"美丽乡村的'美丽'体现在自然层面、社会层面和人文层面三个层面，是生态良好、环境优美、布局合理、设施完善和产业发展、农民富裕、特色鲜明、社会和谐的有机统一。具体包括五个层面的'美'：生态环境美、社会环境美、人文环境美、合理布局规划美和体制机制完善美。"②

实际上，川东老区美丽乡村建设在两个关键环节上展开了建设工作，一是生态保护和修复，二是农村的美化建设。我们认为，这两个环节至关重要，但川东老区美丽乡村建设不能仅仅停留在这两个层面上，还要特别注重川东农村的综合发展；不能仅仅满足于如何提高粮食生产，还要在国家推行新型城镇化过程中，不断缩小城乡之间的差距，使城乡之间、老区不同地区之间均衡协调发展，解决发展不平衡、不充分的突出问题；在提升自然村落功能基础上，还要按照不同区域的农村特色来建设农村，保持乡村风貌、民族文化和地域文化特色，保护有历史、艺术、科学价值的传统村落、少数民族特色村寨和民居。

川东革命老区"美丽乡村"建设具有重大的现实意义。第一，美丽乡村建设，是贯彻落实习近平总书记系列重要讲话精神的具体实践，是落实五大发展理念的重要平台。第二，美丽乡村建设保护了川东农村的生态环境，农村基础设施得到了进一步的完善，老区居民居住环境和条件得到了根本的改观，形成了大批新的居民定居点，老区人民逐渐摆脱了贫困状态，走上了富裕的生活道路。第三，美丽乡村建设与发展现代农业、脱贫攻坚、山区综合开发、乡村旅游结合起来，既保护了乡村特色，又实现了农村的自我更新和可持续发展。

美丽乡村建设使得川东革命老区农村生态环境得到了保护和修复，传统农业生产方式得到了逐步的转变，农业产品出现了新的文化形态，"美丽乡村"成了新的旅游文化景点，与自然山水、历史文化资源和红色文化资源有机地结合起来。最重要的是，农村环境变美了，基础设置改善了，绿水青山变成了金山银山，农业生产力得到了新的转化和发展，农业文明重新焕发出生机与活力，为川东革命老区农业逐步融入"一带一路"和长江经济带的发展机遇中，逐步摆脱长期的贫困和发展瓶颈，确保川东老区人民和全国人民一道进入全面小康社会做了积极的和有益的探索。

① 柳兰芳：《从"美丽乡村"到"美丽中国"》，《理论月刊》2013 年第 9 期。
② 柳兰芳：《从"美丽乡村"到"美丽中国"》，《理论月刊》2013 年第 9 期。

三、农业特色产业发展与老区农村可持续发展

农业特色产业发展是农村生态文化建设在物质层面的重要内容，着力培育壮大特色产业，不断增强老区自身发展的"造血"功能，推动川东老区农村的永续发展。习近平总书记在 2015 年春节期间主持召开的陕甘宁革命老区脱贫致富座谈会上，明确指出，用好革命老区自身资源优势，大力发展特色产业，是实现脱贫致富的重要途径。2016 年 2 月，中共中央办公厅、国务院办公厅印发了《关于加大脱贫攻坚力度支持革命老区开发建设的指导意见》，明确提出将"着力培育壮大特色产业，不断增强'造血'功能"作为主要任务之一，要求做大做强农民合作社和龙头企业，支持老区特色农产品品种保护、选育和生产示范基地建设，积极推广适用新品种、新技术，打造一批特色农产品加工示范园区，扶持、鼓励开展无公害农产品、绿色食品、有机农产品及地理标志农产品认证。

目前，广安市的特色产业发展已经初具规模，重点发展"优质粮油、柑橘、蔬菜、生猪"四大主导产业和"优质干果、梨子、葡萄、蚕桑、畜禽、水产"六大特色产业，初步建成"五大带状优质稻基地"96 万亩、"八大柑橘产业带"47 万亩、"五大优质菜区"42 万亩，梨子、葡萄等特色产业基地 14 万亩，总规模达到 199 万亩，建成标准化规模畜禽养殖场（小区）5224 个，绿色食品企业和绿色农产品分别达到 34 个、72 个。近年来，广安市创建无公害农产品 184 个、绿色食品 37 个、有机食品 4 个、国家地理标志产品（证明、商标）10 个，现有广安市知名商标 46 个、四川省著名商标 12 个、中国驰名商标 4 个，成功创建并大力推介邓小平故里优质农产品"华蓥山"公用品牌。① 广安市特色产业的发展，对广安农村可持续发展具有重要的推动作用，也对川东革命老区农村可持续发展具有示范性。

达州市特色产业发展也有了长足的发展，特色农产品加工业带动力强劲。近年来，达州市宣汉县成功建成庙安脆李、米岩花海、明月荷塘等一批特色产业基地，蜀宣花牛、宣汉中药材等特色产业品牌更加响亮，基本形成了牛、药、果、茶、菌"五大特色产业"布局；大竹县素有中国苎麻之乡、中国香椿第一县、中国醪糟之都、中国糯米之乡、川东绿竹之乡的美誉，农业特色产业的发展在品牌塑造、产业融合方面，独具特色。这里值得一提的是大竹的苎麻

---

① 广安新闻网：《中国美丽乡村示范区》，http://www.gatv.com.cn/89/52807_1.shtml。

产业，大竹县自商周时期开始种植苎麻，至今已有3000多年的历史，是大竹传统的优势产业和主导产业，2006年获"中国苎麻之乡"美誉，2009年"大竹苎麻"获得国家地理标志产品。醪糟也是大竹的特色产业，远近闻名。大竹县醪糟制作源于汉代、盛于清代，通过加快发展醪糟特色产业，带动了大竹糯米产业的价值提升。2006年以来，大竹县大力发展具有本地特色的香椿产业，已经建成万亩优质香椿示范基地2个和"中国香椿母本园"，香椿特色产业发展迅速，产生了巨大的经济效益。万源市的农业特色产业优势突出，初步形成了以茶叶、马铃薯、食用菌、高山蔬菜、中药材、魔芋、特色水果为主的特色产业。特别是万源"富硒茶叶"产业已经形成了较大的规模，经济效益明显。据专业研究人员介绍，万源市茶叶特色产业"已开发产品有雀舌、毛峰、毛尖、炒青、烘青系列富硒绿茶。2013年富硒茶总产量达到4150吨，产值达4.2亿元，其中名优茶2100吨，名优率50.6%"，万源市是"四川富硒名茶之乡""中国富硒茶之都"，是全国无公害富硒绿茶生产示范基地、国家级茶叶标准化示范区，万源市有茶叶基地乡镇48个，重点基地乡镇30个，"一乡一业"特色基地乡镇3个，"一村一品"特色村50个。[①] 此外，万源的魔芋产业、以银杏为代表的中药材产业也逐步形成了产业链。渠县的特色产业也蓬勃发展，渠县黄花菜有200多年的种植历史，2016年种植面积达4万多亩，年产量达900吨，居全国前列。渠县黄花菜以其独特的7根花蕊，6~8瓣花瓣闻名，色泽黄润鲜明、香味浓馥，又被称为"中国黄花菜之后"，是中国地理标志保护产品。渠县宕府王呷酒起源于秦汉，早在汉高祖刘邦时期就是御批的贡酒，呷酒的历史距今已经有4000多年，是中华悠久酒文化的"活化石"。此外，渠县的脆李、刘氏竹编、高台蜜柚等是渠县全力打造的十大特色产业。开江县全力打造"秦巴地区生态休闲旅游目的地"，将万亩莲花世界、万亩黄金花海和万亩中华橄榄园"三大核心产业区"进行整合，延伸产业链条，提高特色农产品的附加值，引进企业5家，培育各类新型经营主体达983家，重点对油橄榄、银杏、莲藕、油桐等特色农产品进行深加工。开江县生产的特色农产品油橄榄、开江白鹅、开江麻鸭等品牌荣获国家地理标志保护产品。开江豆笋在2009年5月被四川省人民政府列为第三批非物质文化遗产保护项目。据《开江县志》记载，开江豆笋的传统技艺起源于清代，制作技艺十分讲究，全程手工操作，选料精细，制作工艺别具一格。

目前达州市农业产业化重点龙头企业101家，其中国家级2家、省级21

---

① 陈义明：《万源发展特色产业的思考》，《四川农业与农机》2014年第6期。

家，特色农产品加工率达到 50%。达州市依托宏隆肉类加工、灯影牛肉、玉竹麻业、天源油橄榄、东柳醪糟、巴山雀舌、华西特驱希望集团、华橙酒业、顺鑫农业等重点龙头企业，大力发展特色种植业，如富硒绿色茶叶、优质苎麻、粮油、特色中药材和现代养殖业。全市培育发展市级以上特色产业基地250 万亩，建成现代畜牧养殖小区 2240 个，初步形成了开江、渠县、大竹、通川、宣汉 5 个特色农产品加工集中区，入驻了 50 家重点农产品加工龙头企业，园区产值达 100 亿元以上，特色产业集群初步形成。

巴中市特色产业发展优势明显，通江被国家命名为"银耳之乡"，南江被命名为"核桃之乡"，南江黄羊被列为国家重点科技推广项目，成为"目前国内肉用性能最好的山羊新品种"。此外，通江高山特色茶叶、金银花、川明参、蕨菜等特色产业链初步形成。巴中市立足优越的自然生态环境，逐步打造一个在全川乃至整个西部具有影响力的特色中药材种植加工产业，已建成茶叶、食用菌、金银花、马铃薯、蔬菜、优质粮油、休闲观光等七大特色产业群。近年来，巴中市巴州区推行"一村一品"，发展特色产业；通江县在 2016 年做大有机特色产业，围绕食用菌、茶叶和道地中药材、干果、生态养殖综合产值"400 亿"工程，发展食用菌 6 亿袋，新建茶叶基地 3 万亩、核桃基地 6 万亩、中药材基地 5 万亩，新建肉牛标准化养殖基地 3 万平方米、生猪养殖基地 5 万平方米、特种水产养殖场 3 个、稻鱼工程 1 万亩，实现综合产值 120 亿元。[①]通江县的空山核桃、空山马铃薯、罗村茶叶、通江银耳、通江青峪猪等特色产业已经成为国家地理标志保护产品。巴中市南江县逐步建成了核桃、茶叶、金银花、生态养殖、乡村旅游 5 个"百里特色产业长廊"。2016 年，南江县建设特色农业产业基地 135 万亩，重点围绕南江黄羊、肉羊养殖，茶叶，旅游等地方特色产业走融合发展的道路。南江县"巴山新居＋特色农业＋生态旅游"大农业融合发展路子促进了"三产融合"，大大延伸和拓展了特色农业产业发展的道路。据四川法制网记者采访报道，平昌县在特色产业发展方面力求创建品牌，引领发展，加大品牌创建和宣传推广力度，认证有机茶基地 2000 亩，打造茶叶品牌 13 个，其中"秦巴云顶""蜀山秀""皇山雀舌""北山翠茗""皇家雀舌""尚品春""笔峰蕊芽" 7 个品牌荣获第五届四川国际茶博会金奖。[②]可以说，川东老区特色产业完全是本地传统农业的精华，有着悠久的种植、生

---

①　巴中新闻网：《通江县明确 2016 年特色产业发展目标》，http：//www. cnbz. gov. cn/xxgk/1/4/2/2016/01/145247137267487. shtml。

②　四川法制网：《平昌县 2016 年上半年六大特色产业发展情况》，2016 年 8 月 9 日 http：//www. scfzw. net/zfxwmk/html/97－41/41899. htm。

产和文化价值，很多品牌已经被国家有关权威机构认证为具有地理标识的绿色、安全和无公害产品，有力促进了川东农业现代化和农业可持续发展，并成为川东农村农业综合发展的核心支柱。

川东革命老区农村特色产业的发展既是农村生态文化在物质层面的建设发展，同时也是推进老区农业生态化和现代化，增强自身"造血"功能的重要举措，老区农村特色产业就是老区生态产业发展的重要内容。事实上，川东农村特色产业依靠川东自身优越的自然生态环境，因地制宜、科学规划、发展现代生态农业，是推进农业现代化的重要路径。现在有不少的学者认为，生态农业产业化是我国农业发展的根本出路。北京大学袁成达教授在"中国改革论坛"上发表了《发展高新生态农业，走中国特色的农业现代化发展道路》一文，认为"在我国生态农业发展源远流长，稻田养鱼、桑基鱼塘已有上千年的历史，至今仍兴盛不衰。其生命力就在于它是一个开放的、发展的技术经济模式，在生产实践中全程贯穿了资源节约和生态建设，通过不断吸纳科学最新成果和新的生产要素形成先进生产力，把绿色、无污染、安全、优质农产品作为产出目标，满足了市场多层次、多样化的需求"，"发展生态农业，实现农业的可持续发展，就是不以破坏农业可再生资源、降低环境质量为代价换取农业的发展，把保护环境和提高农业资源的利用与满足人类需要相结合，使农业的经济增长与农村生态环境的改善、生态文化的建设结合起来，达到经济效益、社会效益和生态效益的统一，实现生产发展与生活富裕、生态文明的同步"[①]。

我们认为，川东农业特色产业的发展适应了生态农业发展的特点和规律，把环境保护与农业产业结合起来，转变了农业生产方式，逐步实现了特色产业的规模化、专业化、标准化生产，打造了特色产业品牌，获得了国家地理保护产品，从而延长了产业链，实现了绿色、优质、安全高效化生产，转变了农民的生产生活观念，增加收入，逐步实现了农村的可持续发展。

2015 年，国家农业部国家发改委等八部委联合发布《全国农业可持续发展规划（2015—2030 年）》（下文简称《规划》），《规划》指出，"三农"是国家稳定和安全的重要基础。我们必须立足世情、国情、农情，抢抓机遇，应对挑战，全面实施农业可持续发展战略，努力实现"农业强、农民富、农村美"的目标。自 21 世纪以来，我国农业农村经济发展成就显著，现代农业加快发展，物质技术装备水平不断提高，农业资源环境保护与生态建设支持力度不断

---

① 袁成达：《发展高新生态农业，走中国特色的农业现代化发展道路》，中国改革论坛，http：//www. chinareform. org. cn/Economy/Agriculture/Practice/201308/t20130805_173368. htm.

加大，农业可持续发展取得了积极进展：农业综合生产能力和农民收入持续增长；农业资源利用水平稳步提高；农业生态保护建设力度不断加大，全国农业生态恶化趋势初步得到遏制、局部地区出现好转。2013 年全国森林覆盖率达到 21.6%，全国草原综合植被盖度达 54.2%；农村人居环境逐步改善。我国积极推进农村危房改造、游牧民定居、农村环境连片整治、标准化规模养殖、秸秆综合利用、农村沼气和农村饮水安全工程建设，加强生态村镇、美丽乡村创建和农村传统文化保护，发展休闲农业，农村人居环境逐步得到改善。《规划》要求，"到 2020 年，农业可持续发展取得初步成效，经济、社会、生态效益明显。农业发展方式转变取得积极进展，农业综合生产能力稳步提升，农业结构更加优化，农产品质量安全水平不断提高，农业资源保护水平与利用效率显著提高，农业环境突出问题治理取得阶段性成效，森林、草原、湖泊、湿地等生态系统功能得到有效恢复和增强，生物多样性衰减速度逐步减缓。到 2030 年，农业可持续发展取得显著成效。供给保障有力、资源利用高效、产地环境良好、生态系统稳定、农民生活富裕、田园风光优美的农业可持续发展新格局基本确立"。从这个《规划》来看，川东革命老区农业可持续发展与国家的发展规划是完全同步的，经过美丽乡村建设，老区生态环境恶化的趋势得到了有效的遏制，生态得到了修复；康养产业和现代旅游业的发展，使农民的收入增加了，农民的生活富裕了，农村的经济得到了发展，特色产业的规模和科技创新能力有了很大变化。早有学者指出："要改变现行的生产方式首先得改变那种单纯以物质生产为指标来评断经济增长的传统观念。评价经济增长时，环境与社会效益都应成为考量的因素。而持续发展思想的重大意义就在这个方面。也只有这样，整个社会的投资方向、生产目标、技术选择、技术发展以及人们的思想观念才可能发生根本性转变。从这个意义上说，持续农业的提出预示着农业发展史上新一轮革命的开始。正如诺贝尔奖获得者雅各布所说的那样：'科学革命不是资料的积累、生产的丰收和环境的改变，它是人类本身思维的变革、观念的变革和人类对自身认识的改变。'"[①]

---

① 　王思明：《从美国农业的历史发展看持续农业的兴起》，《农业考古》1995 年第 1 期。

第六章　绿色生态理念视阈下老区振兴发展

第一节　川东革命老区振兴发展的困境及出路

一、川东革命老区振兴发展面临的问题与困境

川东革命老区是川陕革命老区的核心地带，从川陕革命老区实际的分布来看，尤其是原川陕苏区所在巴中市、达州市等区域大多位于远离大城市中心的边远山区，分布面积广阔。改革开放以来，党和国家十分关心老区发展，川东革命老区的经济建设取得了可喜的成就，但由于川陕革命老区地理环境、历史原因、地方财力、基础设施、人才技术等多重因素的叠加影响，使得川东革命老区的发展严重滞后。十八届五中全会提出"创新、协调、绿色、开放、共享"的发展理念成为"十三五"甚至更长时间党和国家经济社会科学发展的指导思想。我们认为，新发展理念也是川东革命老区的"十三五"乃至更长时间发展的灵魂，是川东老区发展的目标，同时也是实现川东美丽老区建设的行动纲领。

2016年8月3日，国家发展改革委经国务院批准，正式印发实施《川陕革命老区振兴发展规划》（下文简称《规划》），《规划》要求牢固树立和贯彻落实创新、协调、绿色、开放、共享的新发展理念，紧紧抓住推进"一带一路"建设与长江经济带发展的重大机遇，坚持发展为第一要务，坚持区域开发与精准扶贫相结合，坚持内生发展与对外开放相结合，着力破解基础设施瓶颈制约，协同推进新型工业化、信息化、城镇化、农业现代化和绿色化，提升基本公共服务能力，加强生态文明建设，创新体制机制，坚决打赢脱贫攻坚战，确保川陕革命老区人民与全国人民同步进入全面小康社会。新发展理念成为《规划》实施的重要理论指导原则和实践指导原则，同时为川东革命老区加快发展提供了难得的发展机遇。

梳理改革开放以来的川陕革命老区振兴发展研究资料，我们发现，不少研究成果取得了重大的理论和实践意义，其主要特征为：第一，川东革命老区的历史问题是过去研究的侧重点，成果丰富，具有重要的历史和现实意义。第二，川东革命老区区域发展的当代问题逐渐成为学术界关注的热点、难点。其中川东革命老区的生态环境问题、农村经济社会发展问题、城镇化、信息化、基础设施建设、文化建设、产业结构、旅游开发、红色文化传承等领域，都受到了极大的关注。第三，川东革命老区各级政府采取了多种切实可行的措施进行脱贫攻坚，老区发展取得了一系列新的成就。

但是，贫困仍然是川东革命老区最为突出的特征，如何摆脱贫困，走可持续绿色发展道路成为川东革命老区最为前沿和最迫切需要解决的难题。新发展理念的每一个要素都直指川东革命老区振兴发展中的瓶颈问题，发展理念的变革必将带来实践指向的变革。据最新的统计数据表明，全国贫困县总数中有一半在老区，贫困成为老区发展的瓶颈和难题。关于贫困的类型和贫困理论的研究表明，老区的贫困是一个复杂的问题，多种贫困因素混合，如收入和消费支出低，劳动者生产和创新素质低，老区自然资源分布不均和不合理开发利用与自然生态恶性循环造成的贫困，城市环境污染造成的各种城市病流行，企业改革创新不够，科技创新能力弱，文化贫困，等等，这些众多因素中，既有历史发展留下的旧账，也有现实因素造成的新的贫困。我们认为，目前老区贫困主要表现在以下几个方面。

第一，城乡居民收入和消费水平低，生活相对贫乏，贫困程度深。我们以川东重镇达州市为例。达州地处川渝鄂陕结合部，辖区面积1.66万平方公里，总人口690万，是全省的人口大市、农业大市。虽然近年来达州市紧紧抓住新一轮西部大开发和秦巴山区连片扶贫开发等重大机遇，围绕建成川渝鄂陕结合部区域中心城市和川东北经济区核心增长极的两个定位，实现了较快发展，但由于自然、地理、历史等原因，发展不足、发展滞后的状况还没有得到根本改变，这方面的矛盾还比较突出。一是贫困人口多，贫困程度深。达州市地处秦巴山区集中连片特殊困难地区，是非常典型的经济欠发达地区。7个县（市、区）中有2个国家扶贫开发工作重点县。2011年初，达州市有贫困人口121.61万人，贫困发生率达21.85%，远远高于全国、全省平均水平，贫困人口数量居全省第二位。据有关统计数据表明，截至2013年底，全市还有贫困村828个、农村贫困人口74.15万人，居全省首位（全省625万人、全国8249万人）；贫困发生率为13.53%，高于全国8.5%、全省8.6%的平均水平，扶贫开发任务十分艰巨。

我们再来看看巴中市贫困的情况。巴中市 2017 年 1 月 14 日举行的巴中市委三届十一次全会精神系列解读——脱贫攻坚新闻发布会上，巴中市扶贫和移民工作有关负责人介绍，根据贫困对象致贫原因进行准确分类，精准扶持，将有劳动能力的 20.9 万贫困人口纳入扶持生产和发展就业；将居住在"三区"的 17.1 万贫困人口统筹纳入移民搬迁安置；将因病、因残致贫、返贫的 10.5 万贫困人口纳入医疗救助扶持；将无劳动能力的特殊贫困对象 12 万贫困人口纳入低保政策兜底；将因自然灾害致贫、返贫的 1.9 万贫困人口纳入灾后重建帮扶。"十三五"是脱贫攻坚的决战决胜期，必须打赢这场硬仗，确保巴中市到 2018 年 31.83 万贫困人口全部脱贫，699 个贫困村全部销号，五县区全部摘帽。从这些脱贫目标可以看出，巴中市的贫困人口及其数量是很庞大的。

革命老区广安市的情况也大同小异，也是全省扶贫开发攻坚任务最繁重的地级市之一。广安市面临贫困面大，经济基础薄弱、群众自身的造血功能较差，又地处秦巴山区，地理环境和生产生活条件十分艰苦。据有关的报道，该市此前通过建档立卡共识别出 820 个贫困村，包括农村贫困人口 25.07 万人，城镇贫困人口 3.23 万人。

从这些数据我们可以看出，一是整个川东革命老区大部分处于秦巴山区连片贫困地区的核心区域，贫困区域面积大，贫困人口数量多，大部分人口生活在农村地区，而这些地区在基础设施、特色产业发展、公共服务设施、社会事业等方面都需要完善和发展。二是这些贫困地区地质地理环境较差，生产生活条件恶劣，基础设施如农村道路建设和水利设施建设成本高、难度大，全市尚有"十二五"规划内 37.8 万、规划外 130 万农村人口存在饮水难和饮水安全问题，多数农田渠系配套不够，中低产田土占总耕地的 57%，路、水、电、气等基础设施末段建设严重滞后，抵御自然灾害的能力弱。广安市全市行政村虽已通公路，但通路不一定通畅，不通畅村达 742 个；农村还有无电户 6061户、2.35 万人；还有 18 万户、70 万人没有进行农网改造；150 万户群众无法正常收看广播电视节目甚至无法收看市、县本地广电节目。农村中小学学生宿舍、食堂建设面积严重不足，缺口达 44.64 万平方米，配套设施严重缺乏。三是川东革命老区生态脆弱，自然灾害频发。川东老区属于自然环境脆弱地带，境内分布有"秦巴山地灾害区""川东伏旱气候区""川东暴雨滑坡区"。自 2004 年以来，川东革命老区连续遭受百年不遇的暴雨洪灾、旱灾和雨雪冰冻灾害袭击，特别是每一年的特大暴雨及其后形成的特大洪水，危害严重，造成山体滑坡、道路损毁、房屋倒塌、人员伤亡都很严重。2007 年的一次暴雨及其后形成的特大洪水所造成的损失，据统计，造成达州市房屋损毁 2170 间，其中倒塌房屋1671间，紧急转移安置群众7.2万人；有32个乡镇的场镇进水被淹，13所乡镇中心小学、村小学被淹；洪水淹没和冲毁农作物103.2万亩，水利、交通、通信等设施也遭受不同程度的破坏。从2004年"9.3"特大洪灾到2014年，不同程度的暴雨洪水灾害所造成的损失，据统计，累计直接经济损失达300多亿元。因自然灾害频发，因灾致贫返贫问题十分突出。从2004年至2014年十年间，据统计，达州市因自然灾害影响造成13.72万户返贫，48.02万人致贫，所以川东革命老区扶贫攻坚任务非常艰巨。2015年2月13日，习近平总书记在主持召开陕甘宁革命老区脱贫致富座谈会时强调，我们实现第一个百年奋斗目标、全面建成小康社会，没有老区的全面小康，特别是没有老区贫困人口脱贫致富，那是不完整的。2016年2月，中共中央办公厅、国务院办公厅印发了《关于加大脱贫攻坚力度支持革命老区开发建设的指导意见》（下文简称《意见》），《意见》把支持贫困老区和扶持困难群体作为工作重点，全面加快老区小康建设进程，全面增进老区人民福祉，切实解决好老区贫困人口脱贫问题，全面保障和改善民生，作为老区开发建设的出发点和落脚点。贫困地区是全国全面建成小康社会的短板，贫困老区更是短板中的短板。要把贫困老区作为老区开发建设的重中之重，充分发挥政治优势和制度优势，主动适应经济发展新常态，着力改善发展环境与条件，尽快增强贫困老区发展内生动力。

第二，自我发展能力不足是目前川东老区经济社会发展的突出问题。2002年党的十六大报告提出："西部地区要进一步解放思想，增强自我发展能力，在改革开放中走出一条加快发展的新路。"把西部地区"增强自我发展能力"上升到党和国家发展战略的高度，对西部地区如何增强自我发展能力提出了几个重要的指导性意见：一是重点抓好基础设施和生态环境建设；二是积极发展有特色的优势产业，推进重点地带开发；三是发展科技教育，培养和用好各类人才；四是国家在投资项目、税收政策和财政转移支付等方面加大对西部地区的支持，逐步建立长期稳定的西部开发资金渠道；五是着力改善投资环境，引导外资和国内资本参与西部开发。这是国家第一次在党的施政报告中提出来的发展战略，意义重大。今天我们再来看这份党的报告文献，增强西部地区的自我发展能力的意见极具前瞻性和可操作性，其中基础设施建设、生态环境建设、发展特色产业、人才培养、国家财政支持和市场资本的参与都是至今西部地区增强自我发展能力的最为关键和最为直接的能力发展因素。

2003年，时任浙江省委书记的习近平在四明山革命老区学习考察时提出："要着力提高革命老区自我发展能力"，习近平是较早重视提高革命老区自我发展能力的高级干部。四川省人民政府 2011 年 11 月发布的《四川省"十二五"革命老区发展规划》把"自我发展能力不足"与"贫困人口较多""基础设施滞后""公共服务薄弱""生态环境脆弱"同列为四川革命老区发展面临的五大"主要问题"。2012 年年国务院发布《西部大开发十二五规划》把西部地区"自我发展能力不强"与交通基础设施落后、水资源短缺和生态环境脆弱、经济结构不合理、贫困面广量大、基本公共服务能力薄弱等问题作为"主要问题"之一，并给予了极大的关注。2012 年 4 月，科技部秦巴山区扶贫调研组深入达州进行调研，实地调研结束后，调研组一行召开了秦巴山区（四川达州）农村扶贫联合调研座谈会，调研组指出："达州边远山区农村地理环境恶劣，严重制约了经济发展，村民的生产、生活条件还需进一步改善，必须要有完善的基础设施和持续增收的产业支撑才能从根本上解决问题。"[①] 2014 年 3 月 9 日，李克强总理在参加江西代表团审议全国人民代表大会常务委员会工作报告时表示：要在改善民生上取得新进展，创新机制，整合资源，进一步加大对革命老区的支持力度，增强老区的自我发展能力，让人民群众过上幸福美好的生活。2017 年 1 月 11 日国务院批复同意实施《西部大开发"十三五"规划》（下文简称《规划》），《规划》指出："西部地区经济结构不合理、内生增长动力不足的问题仍然存在，抵御经济异常波动、防范系统性经济风险的能力仍然不强，基础设施薄弱、生态环境脆弱的瓶颈制约仍然突出。"《规划》指出："树立和贯彻落实新发展理念，坚持创新驱动、开放引领，充分发挥自身比较优势，紧紧抓住基础设施和生态环保两大关键，增强可持续发展支撑能力，统筹推进新型城镇化与新型工业化、信息化、农业现代化协调发展。"

"十三五"期间，我国的经济发展的内部和外在条件都发生了很大的变化，西部地区的经济发展要从"十二五"期间的区域发展进入了"深度融入世界经济体系"，破解城乡二元结构，实现城乡协调发展，"积极培育和承接先进产能，提升产业层次"，促进新技术、新产业、新业态、新模式形成和发展，为经济社会持续发展提供强大动力，实现创新驱动的发展战略。"十三五"期间，"增强可持续发展支撑能力"仍然是西部大开发的重要内容。

四川革命老区研究专家傅忠贤教授认为，"自我发展能力不足"是包括川陕苏区在内的全国革命老区面临的最突出的问题，并突出地表现在以下六个方面：发展能力低下、发展基础薄弱、发展包袱沉重、发展主体发育不良、发展

---

① 陈静、苏慧：《科技部秦巴山区扶贫调研组深入达州进行调研》，《达州日报》2012 年 4 月 1 日。

起步晚起点低、发展动力严重不足。"对于革命老区川陕苏区的经济社会发展，对口支援、政策倾斜、扶贫解困等外力支持固然重要，但这终究是'外因'，不是加快发展的治本之举，最根本的还是要依靠'自我发展能力的培育和提升'。着力培育和提升川陕苏区的自我发展能力不仅是四川实现全面小康的现实需要"，也是革命老区扶贫开发和消除贫困的第一必要条件。①

我们认为，川东老区的"自我发展能力"的培育和提升，特别是"增强可持续发展支撑能力"是川东老区最终摆脱贫困、具备自身"造血能力"和可持续发展的关键和核心问题。"创新、协调、绿色、开放、共享"的发展新理念的每一个要素都是老区增强自我发展支撑能力的节点和关键。如"创新"被认为是牵动经济社会发展的"牛鼻子"。创新首先是观念创新，就是要立足老区实际，分析改革开放以来老区发展过程中的经验教训，不断推进老区发展的理论创新、制度创新、科技创新、文化创新等各个方面的创新。如巴中市在扶贫开发中，坚持理念创新，从最边远贫困的片区、最贫困的人口、最亟待解决的困难入手，每年每县（区）要启动实施 2~3 个扶贫片区，并做到"建设一年、巩固一年、提升一年"，确保扶贫过后不返贫。不仅如此，该市还依据人口流向、资源禀赋、基础条件、产业前景等因素，打破行政界线，按照"规划连片、公路连通、产业连带、聚居连块、服务连城、管理连网"的标准，将巴中划分为 100 个扶贫片区，按照先难后易、梯次推进的原则，一片一片地规划、一片一片地实施、一片一片地脱贫。巴中市在扶贫模式上也坚持创新，巴中市在每一个扶贫片区内展开以"巴山新居"、产业培育、乡村道路、公共服务、技能培训、生态环境"六大扶贫工程"为主要内容的"扶贫攻坚实践，不断提升老区群众自我发展，增强自身的脱贫能力"。再如广安市坚持把扶贫攻坚与民生改善相结合方面，坚持创新的发展理念，在高水平规划贫困地区产业发展方向的同时，始终把改善贫困群众生产生活条件放在突出位置，花大力气改善基础设施，在华蓥市禄市镇，为让广大贫困群众早日脱贫奔康，该镇依托优势资源，重点引进了以梨、花卉、葡萄等为主的特色农业产业近 8500 亩，着力打造"农旅结合"的乡村旅游产业区。基础设施的改善，信息化程度的加快发展，科学合理的规划设计，自然生态的恢复，现代旅游业的发展，使得整个川东老区都逐步走上了生态文明建设道路，这实际上就是要增强老区的自我发展能力。

---

① 傅忠贤：《川陕苏区自我发展能力培育与提升研究》，《四川文理学院学报》2014 年第 4 期。

二、绿色发展是川东革命老区振兴发展的根本出路

党的十八大以来，我国的社会主义现代化建设取得了辉煌的成就，经济持续稳定增长，综合国力显著增强，经济结构逐步优化。从城乡区域结构看，城乡间、区域间的经济发展差距正在逐步缩小，居民收入同步增长，人民幸福指数大幅增进，居民生活质量持续改善，我国产业重大结构性问题得到改善，新的增长动能逐步形成，新旧动力有序转换，长期发展后劲持续增强。我国同步推进新型城镇化与美丽乡村建设，城乡发展一体化取得积极进展，向生产空间集约高效、生活空间舒适宜居、生态空间山清水秀的愿景稳步迈进。党的十八大把生态文明建设纳入中国特色社会主义事业"五位一体"总布局，出台加快推进生态文明建设的意见、生态文明体制改革总体方案，以及生态环境损害责任追究、生态环境损害赔偿、生态保护补偿机制等一系列配套方案，生态文明建设深入人心。但我们也要看到我国社会主义现代化建设也面临着发展的难题，诸如产业结构老化、产能过剩、缺乏自主创新、严重依赖资源、环境污染严重、地区和城乡发展不平衡、农业现代化总体程度低等众多问题日益突出。2015 年党的十八届五中全会审议通过了《中共中央关于制定国民经济和社会发展第十三个五年规划的建议》（下文简称《建议》），《建议》提出了全面建成小康社会的新目标，首次提出创新、协调、绿色、开放、共享五大发展理念，被称为"新发展理念"。党的十八大以来，以习近平同志为总书记的党中央全面推进中国特色社会主义现代化建设，形成一系列治国理政新理念、新思想、新战略，以五大发展理念为核心的新发展理念，顺应了世界经济社会发展的时代潮流，结合我国实际，把我国社会主义现代化建设的历史经验和马克思主义的科学发展相结合，对破解我国经济社会发展难题，特别是当前我国面临的农业现代化、新型城镇化建设以及生态文明建设中的发展难题，增强发展动力、厚植发展优势具有重大指导意义，是我国"十三五"发展阶段乃至更长时间内深化改革开放、加快推进社会主义现代化的科学理论和行动指南，是中国特色社会主义理论和实践的深化，是发展 21 世纪中国马克思主义的重要理论成果。习近平总书记在 2016 年 1 月 30 日中共中央政治局第三十次集体学习时指出："新发展理念就是指挥棒，就是红绿灯。"《人民日报》发表的评论文章《以新发展理念引领发展》一文认为："第一，新发展理念坚持了以人民为中心的发

展思想。第二，新发展理念关系我国发展全局的一场深刻变革。"①

新发展理念对我国的现代化建设来讲，具有战略性、纲领性、引领性。习近平总书记指出，抓住了创新，就抓住了牵动经济社会发展全局的"牛鼻子"。《经济日报》发表评论员文章，认为新发展理念是党对经济社会发展规律的新认识，"着力破解发展难题，反映发展的实践要求。发展理念反映发展实践的内在要求，特别是应对破解发展难题的迫切需要，从而在关于发展规律的新认识中彰显鲜明的实践内涵"②。

我们认为，新发展理念是川东革命老区发展的根本出路，国务院 2017 年 1 月批复实施的《西部大开发"十三五"规划》就明确指出，西部大开发就是要牢固树立和落实新发展理念。全面落实新发展理念，就要在实践中按新理念办事、让新理念落地生根。理论的生命在于实践，新发展理念不能停留在口头上，而应成为发展的指挥棒、行动的红绿灯。以新理念引领川东老区新发展，以新实践厚植新优势，是老区摆脱贫困，增强可持续发展支撑能力，是实现川东老区经济社会发展的根本所在。"创新、协调、绿色、开放、共享"的新发展理念既是老区扶贫攻坚、摆脱贫困、走向永续发展的目标方向，又是方法，所以新发展理念既是世界观又是方法论。

第一，"创新、协调、绿色、开放、共享"的新发展理念是川东老区扶贫攻坚的指南针。川东革命老区达州市、巴中市、广安市全部属于秦巴山区连片特困地区，主要问题有以下一些。一是贫困人口绝对数众多；二是从地理位置和经济发展状况上看，远离经济发展的核心区，区位偏僻，基础设施落后，生态环境脆弱、经济基础薄弱、社会发育不足。在这样的地区展开扶贫攻坚，就必须坚持创新，走协调发展的道路。我们以达州市为例。达州作为革命老区和贫困地区，是秦巴山区连片扶贫开发主战场。全市 7 个县（区、市）中，就有 2 个国贫县、5 个省贫县。2014 年底建档立卡，共识别贫困村 828 个，贫困户 23.2 万户、63.66 万人，2016 年全市还有 50 多万人处于贫困状态，是全省贫困人口最多、脱贫任务最重的市州。但达州市在扶贫攻坚中坚持新发展理念，走可持续发展的道路，如启动"千百万硕博人才进达州"，为科技创新聚集人才，通过人才的引进，补齐教育短板。再如创新投资收益扶贫模式："以资产股权为纽带，通过财政支农资金形成资产股权量化的方式，赋予建档立卡农村贫困户更加充分而有保障的财产权。积极探索运用多种形式大力发展小额信

① 《以新发展理念引领发展》，《人民日报》，2016 年 4 月 29 日。
② 颜晓峰：《新发展理念是党对经济社会发展规律的新认识》，《经济日报》，2016 年 5 月 5 日。

贷，引导各类社会资金投入扶贫攻坚，探索财政贴息支持农业产业发展的补助方式，完善推动城乡一体化发展的金融服务机制。探索发展村级发展互助资金贷款，支持农民发展特色种养殖业、农副产品加工业和交通运输业，发展壮大村级优势产业。"① 特别是通过创新投资收扶贫模式和社会资本参与扶贫，社会资本发挥治理贫困的功能，改变了贫困地区长期以来面临的单一的财政投入制度，使得整个社会参共同参与贫困治理，这种创新就是对新发展理念的实践，破解了发展难题。

"绿色"既是川东地区美丽的山川自然的底色，也是川东老区振兴发展要坚持的发展理念。绿色发展理念是川东老区摆脱贫困，走上健康富裕道路的根本点，也是解决老区历史和现实积累的深层次矛盾和问题的根本出路。美丽老区首先应该是绿色老区，没有环境的可持续发展，就会继续在高投入、高消耗、高污染的传统发展方式中徘徊，然而以牺牲环境为代价的发展方式已经不能适应经济全球化时代的发展需要了。习近平同志强调，单纯依靠刺激政策和政府对经济大规模直接干预的增长，只治标、不治本，而建立在大量资源消耗、环境污染基础上的增长则更难以持久。川东老区不能走传统工业化的老路，绿色发展是川东老区振兴发展的必由之路。习近平同志关于"绿水青山就是金山银山"的生态哲学思想，就是强调优美的生态环境就是生产力、就是社会财富，凸显了生态环境在经济社会发展中的重要地位和价值。"既要金山银山，又要绿水青山，绿水青山就是金山银山"，强调的是生态环境和经济社会发展要相辅相成、不可偏废，要把生态优美和经济增长"双赢"作为科学发展的重要价值标准。"宁要绿水青山，不要金山银山"，强调的是绿水青山是比金山银山更基础、更宝贵的财富；当生态环境保护与经济社会发展产生冲突时，必须把保护生态环境作为优先选择。关于绿色发展，习近平总书记发表了系列讲话：2013 年 4 月 8 日至 10 日，习近平在海南考察工作时指出，保护生态环境就是保护生产力，改善生态环境就是发展生产力。良好生态环境是最公平的公共产品，是最普惠的民生福祉。青山绿水、碧海蓝天是建设国际旅游岛的最大本钱，必须倍加珍爱、精心呵护。2014 年习近平参加贵州代表团审议时指出："绿水青山和金山银山绝不是对立的，关键在人，关键在思路。保护生态环境就是保护生产力，改善生态环境就是发展生产力。让绿水青山充分发挥经济社会效益，不是要把它破坏了，而是要把它保护得更好。要树立正确发展思

① 王洪波、李晓军：《革命老区精准扶贫的实践思考——以达州为例》，国家财政部财经论坛，http：//www. mof. gov. cn/zhengwuxinxi/diaochayanjiu/201601/t20160122_1655110. html。

路，因地制宜选择好发展产业，切实做到经济效益、社会效益、生态效益同步提升，实现百姓富、生态美有机统一。"① 2015 年习近平总书记在云南考察时指出："要把生态环境保护放在更加突出位置，像保护眼睛一样保护生态环境，像对待生命一样对待生态环境，在生态环境保护上一定要算大账、算长远账、算整体账、算综合账，不能因小失大、顾此失彼、寅吃卯粮、急功近利。"② 2015 年 5 月 27 日，习近平在浙江召开华东 7 省市党委主要负责同志座谈会时指出："绿色发展既是理念又是举措，务必政策到位、落实到位。要采取有力措施促进区域协调发展、城乡协调发展，加快欠发达地区发展，积极推进城乡发展一体化和城乡基本公共服务均等化。要科学布局生产空间、生活空间、生态空间，扎实推进生态环境保护，让良好生态环境成为人民生活质量的增长点，成为展现我国良好形象的发力点。"③ 2015 年 7 月 16 日至 18 日，习近平在吉林调研时指出："要大力推进生态文明建设，强化综合治理措施，落实目标责任，推进清洁生产，扩大绿色植被，让天更蓝、山更绿、水更清、生态环境更美好。"习近平总书记的系列讲话精神所体现出来的绿色发展新思想新理念包含深刻的哲学内容，绿色发展已经从环境学的意义上解放出来，成为"最公平的公共产品，最普惠的民生福祉"，就是"绿色经济"，就是"金山银山"，就是可持续的"绿色银行"，就是"社会生产力"，就是绿色的生产方式。十八届五中全会《公报》提出：要"促进人与自然和谐共生，构建科学合理的城市化格局"。《国家新型城镇化规划（2014—2020 年）》提出，要加快绿色城市建设，将生态文明理念全面融入城市发展，构建绿色生产方式、生活方式和消费模式。这意味着，"十三五"期间的城镇化要着力推进绿色发展、循环发展、低碳发展，节约集约利用土地、水、能源等资源，强化环境保护和生态修复，减少对自然的干扰和损害，推动形成绿色低碳的生产生活方式和城市建设运营模式，绿色发展引领着 21 世纪的时代潮流。我们认为，绿色发展思想所体现出来的生产生活方式、农村农业发展思想、新型城镇化建设方向，都体现出经济社会的可持续性和永续发展，对川东老区的经济社会可持续发展具有重大战略意义，川东老区发展所推行的"美丽乡村建设"就是绿色发展新思想新理念

---

① 《建设美丽中国，努力走向生态文明新时代》，人民网，http://paper.people.com.cn/rmrb/html/2017-09/30/nw. D110000renmrb_20170930_1-06. htm.

② 《习近平谈"十三五"五大发展理念之三：绿色发展篇》，人民网，http://cpc.people.com.cn/xuexi/n/2015/1112/c385474-27806216. html.

③ 《践行绿色发展理念　加快国土绿化步伐》，人民网，http://theory.people.com.cn/n1/2017/0317/c40531-29152126. html.

的直接实践，川东革命老区生态文明建设实践所取得的巨大成就也同时有力地证实了绿色发展道路的光明前景。

三、增强可持续发展支撑能力是老区摆脱贫困走向永续发展的关键

从 2002 年党的十六大报告提出西部地区要"增强自我发展能力"以来，到 2017 年 1 月国务院批准实施的《西部大开发"十三五"发展规划》提出的西部地区要"增强可持续发展支撑能力"，增强老区可持续发展支撑能力可以说贯穿了西部开发发展的始终。川东老区之所以贫困程度深，说到底就是自我发展能力太弱。造成川东老区自我发展能力弱的根源因素很多，最为直接的原因有以下一些。（1）生态脆弱。整个川东老区都处于秦巴山区，地质灾害频发引发的财产损失无法统计。（2）交通不便，基础设施落后。川东地区处于崇山峻岭之中，境内高山峡谷落差极大，河流纵横，地形地质条件复杂，交通建设成本高，基础设施建设难度大。（3）科技不发达，文化教育落后，人才匮乏。农业和工业产品科技含量低，工农业生产基本上处于粗放型的发展方式，财政收入低，经济社会发展的水平严重滞后。达州市目前经济社会发展面临最突出的三大矛盾是：产业发展"资源丰富"与"转化困难"、脱贫资金"需求大"与"统筹难"、人才"需求大"与农村"留人难"这"三对突出矛盾"。虽然造成川东老区贫困的根源性因素很多，但其中最重要的因素是可持续发展的支撑能力不足。四川革命老区发展研究的专家认为："革命老区经济社会发展滞后是我国现代化进程中最薄弱的环节，症结在于革命老区自我发展能力弱。自我发展能力的高低与区域经济发展的历史基础、发展潜力、要素集聚程度、发展支撑条件等因素有直接的相关性；培育自我发展能力要从川陕苏区的实际情况出发，既要尊重川陕苏区的历史，又要尊重川陕苏区面临的现实；培育自我发展能力要从提升资源环境承载能力、生产要素集聚能力、商品服务输出能力、基础设施匹配能力、地域文化涵养能力、政策制度牵引能力等几个主要方面着力。"[①] 这里提出了增强老区自我发展能力的途径是提升"六大能力"："提升资源环境承载能力""生产要素集聚能力""商品服务输出能力""基础设施匹配能力""地域文化涵养能力""政策制度牵引能力"。我们认为，这种意见和建议是比较精准的，把老区可持续发展能力弱的几个本源性因素都找到了。

---

① 傅忠贤：《川陕苏区自我发展力培育与提升研究》，《四川文理学院学报》2014 年第 7 期。

关于老区贫困及其可持续发展能力的研究，不同的学者有不同的研究视角、侧重点和研究方法，如学者王科在其博士学位论文《中国贫困地区自我发展能力研究》一文中认为："要从自然环境、社会发展和经济发展三个方面培育和提升区域自我发展能力。任何一个区域系统如同一个人的肌体，要想正常发展，必须有良好的造血机能，不可能长期靠外界输血来维持肌体的正常运转。区域自我发展能力的培育是人类通过理性地约束自己、善待自然，通过技术创新、社会整合等全方位的努力，培育和壮大实现可持续发展目标的物质基础、能量基础、文明及制度基础。培育过程从某种程度上说是'资本'的积累过程，这里的'资本'包含自然环境所能提供的容量的自然资本，人类生产和创造的物质资本、技术资本，通过教育和社会实践，人类获得的技术、知识等方面的能力—人力资本，以及保障、促进人类发展的社会资本等的综合。因此，区域自我发展能力的培育可以通过技术能力的提高与人力资源的开发、制度效能的提高、生态系统供给能力的维护来实现。"[①] 这里更加注重科学技术与人力资源的开发能力，发展的制度能力和生态系统的承载供给能力，这同样是老区可持续发展支撑能力的本源性因素。

川东老区可持续发展能力的提升，要根据老区具体的生态地理环境、人口状况、资源禀赋、工农业发展基础、基础设施状况、优势特色产业等具体情况对症下药，不能一概而论。就是同一个地区，针对不同行业、不同领域，都要采用因地制宜，符合当地发展实际的政策和策略。同时，我们还要借鉴国外发达国家和地区的经验，走出一条符合川东老区发展的可持续发展道路。我们以国外发达国家增强农业可持续发展所采用的途径和办法来予以说明。例如，法国的传统农业是集约型农业发展模式，20世纪80年代以后，"法国针对集约农业对环境和自然资源的破坏及由此对农业持续性的影响，于1988年成立了全国环保型农业委员会，认为环保型农业可消除集约农业所产生的消极作用，是保护农村环境的有效途径。因此倡导环保型可持续农业。主张改进现有农业生产技术使之更符合环境保护的要求，特别注重产品质量及其环境和资源的保护与管理，并采取了两项重要措施：一是建立环境保护实验区，二是建立农田休耕制度。政府通过对广大农户进行培训、教育，提高他们开发适用技术和科学经营的能力，并不断改善其生活条件，作为实施可持续农业发展战略的基本途径"[②]。我们认为，法国农业可持续发展一个重要的因素是政府参与了对农

---

① 王科：《中国贫困地区自我发展能力研究》，兰州大学博士学位论文，2008年。
② 尚明瑞：《农业与农村经济可持续发展理论研究述评》，《社会科学战线》2005年第4期。

民的培训教育，提升农民的生产技术和经营能力，这是非常重要的。我们认为，川东老区贫困人口众多，提升老区生产者的生产能力和科学的经营能力，这是老区自我发展能力最内在、最基本的途径，没有老区生产者自身发展能力的提升，就看不到老区自我发展能力最脆弱、最内在的深层次根源。

巴中市在扶贫攻坚的策略中就注重培育"新型农民"。据"川北在线"报道："南江县大力开展技能扶贫、就业扶贫、励志扶贫，重点实施科技培训、带头人培训和贫困地区基础教育扶持。充分发挥政府的引导作用，不断探索创新农村技能培训途径、方式和组织形式，从政策指导、规范管理、加大投入、跟踪服务等方面入手，建立了县、乡（镇）、村三级培训网络。精心培育了'南江建工''南江矿工''南江厨工''南江石工''南江木工'等特色品牌。发挥小河职中、光雾山职校等职校师资、技术和设备优势，依托该县核桃、金银花、黄羊、矿产、旅游等特色产业，整合农民工培训项目，切实加强农民技能培训，大力发展技能型劳务人才。每年向中央、省、市争取转移资金、就业培训专项资金 2200 万元，县级财政同步投入 100 万元，农民工就业培训每年投入资金达 360 余万元。"① 巴中市还在"培育新型经营主体"方面下了苦功夫。巴中市深化农村改革，盘活贫困村、贫困户资源，吸引新型经营主体投资扶贫，贫困村和 50％非贫困村至少培育 1 家新型经营主体，增强贫困户自我发展能力。据达州市人社局的权威发布，达州市通川区采取"农民夜校""培训大篷车""田间课堂"等方式，开展"短平快"的实用性培训。2016 年已开办建档立卡贫困户技能培训班 12 期，完成贫困家庭劳动力技能培训 762 人次，品牌培训 112 人次。

从党的十六大提出的西部要"增强自我发展能力"到《西部大开发"十三五"规划》提出的"增强可持续发展支撑能力"，基础设施和生态环保建设一直被确定为西部地区"增强可持续发展支撑能力"的两个至关重要的关键性因素。自从 2000 年国家提出西部大开发战略以来，实际上西部（包括川东革命老区）基础设施建设有了突破式的发展。根据人民网报道，截至 2009 年，国家不断加大对西部地区交通、水利、能源、通信、市政等基础设施建设的支持力度，2000—2008 年累计新开工重点工程 102 项，投资总规模达 1.7 万亿元，青藏铁路、西气东输、西电东送、国道主干线西部路段和大型水利枢纽等一批重点工程相继建成，完成了送电到乡、油路到县等建设任务，西部地区基础设

---

① 川北在线：《巴中市南江扶贫攻坚提升"造血"功能》，http：//www. guangyuanol. cn/news/bazhong/2013/0803/80345 _2. html。

施建设取得了突破性进展。铁路方面，西部地区铁路总营业里程达到2.94万公里，复线率和电气化率分别达到23.2%和38.8%，占全国总营业里程的比重达到37.7%。西部地区铁路路网规模不断扩大，运力紧张得到缓解。机场方面，西部地区民用运输机场数量达到79个，占全国机场总数的49.4%。航空事业的快速发展，缩短了遥远的西部与全国各地的距离。水利方面，133个大型灌区续建配套与节水改造项目相继建成，新增、恢复灌溉面积共890多万亩，改善灌溉面积3400多万亩，新增节水能力60多亿立方米。安排病险水库除险加固工程1299座。农村饮水安全工程解决了7794万人的饮水困难和饮水安全问题。① 此外，油气管道建设、电力通信等国家西部大开发宏观层面的基础设施建设方面也取得了辉煌的成就，基础设施建设有了翻天覆地的变化。

在《西部大开发"十三五"规划》中，基础设施建设投入更大，范围更广，包括试验区、绿色发展引领区的打造，实施重大生态工程及生态补偿制度，增加公共服务供给，完善基础设施网络，培育现代产业，发展特色农业，加快新型城镇化建设，等等。随着国家重大工程的实施和基础设施网络的完善，包括川东在内的西部地区的可持续支撑能力将得到进一步的增强，可持续发展的底子更加牢固，全面建成小康社会的目标也有了可靠的保障。

除了国家宏观层面的基础设施之外，川东革命老区自身的基础设施建设也有了很大的发展。达州市作为四川省人口大市、资源富市、工业重镇和交通枢纽，国家"川气东送"的起点，川渝陕结合部区域中心城市，抓住了西部大开发和川陕革命老区振兴发展的机遇，在基础设施方面取得了不俗的成绩。达州市着力推进新机场建设、土溪口水库建设等项目，加快达营高速公路、达宣快速通道、达开快速通道和6座在建中型水库等项目的进度；其中，南大梁高速公路已经在2016年建成，而农村电网改造、渠江航道升级改造、西达渝高铁、成南达高铁、固军水库、达渠快速通道等基础设施建设也正在全力推进。达州城市基础设施建设日新月异，达川杨柳、通川复兴、宣汉北城、开江长德等商贸集聚区正在加速建设，着力打造了红星美凯龙、仁和春天、罗浮新城市广场等城市综合体。同时，达州市启动了巴山大峡谷、铁山森林公园等旅游综合开发，加快龙潭河养生康养基地、城郊都市农业体验区等重点项目建设，提升了八台山、賨人谷、莲花湖等景区景观，景区游客接待能力大幅提升。城乡发展环境得到了极大的改善，北城滨江、三里坪、马踏洞、莲花湖、长田坝新区建设成绩显著，塔沱片区、火车站片区改造取得进展，城市景观打造也成就

---

① 人民网：《西部大开发取得辉煌成就：基础设施建设》，2009年11月30日。

斐然。

2016 年巴中市基础设施建设也发生了翻天覆地的变化。交通建设发展提速，逐步形成了航空高速铁路交通枢纽格局；"无线城市"和"宽带乡村"的信息化建设也逐步完成；水利基础设施建设升级，南江红鱼洞水库建设可保证近百万人口的饮水安全，二郎庙水库、天星桥水库等枢纽工程也先后完工，这些民生工程和综合防洪减灾体系的不断完善，使巴中市可持续发展支撑能力不断增强。

川东老区山川秀美，森林覆盖率高，生态环保建设基础较好。据四川省政府发布的权威消息，2014 年，巴中市实施了"四大工程"加强生态保护建设：一是增绿净化工程，二是治理修复工程，三是污染防治工程，四是生态法治工程。这些生态环保工程，在水利方面，实施第二水源保护工程，含治理、修复项目 207 个，划定了 188 个乡镇集中式饮用水水源保护区；在工业方面，关闭重污染企业，重点工业污染源污染物排放达标率达到 98%；在农业方面，实施测土配方施肥，推广秸秆还田技术，新建河流沿线沼气池 14601 口。同时，巴中市运用法治理念，对南江、通江等秦巴山地生物多样性生态功能区实行差别化区域开发和环境管理政策；依托环保法庭，构建行政管理、司法保护和人人参与的生态保护体系。[①] 如今巴中市全市森林覆盖率 56%，有 2 个国家级自然保护区、4 个国家森林公园，全年空气优良率 100%；辖区内巴河、通江河出境断面水质为 II 类，是国家重要的生态屏障和长江上游水土涵养保护区。

据达州新闻网的消息，达州市严格按照《达州市生态市建设规划》和《关于建设生态市的决定》，积极开展生态市、生态县创建工程，加大"生态细胞"工程创建力度，近年来获得国家命名的国家级生态乡镇 3 个，省级生态乡镇 17 个；目前已建成万源市花萼山国家级自然保护区、万源市峰桶省级自然保护区和宣汉县百里峡省级自然保护区，完成花萼山自然保护区核查整改工作。同时，达州市加强对农村环境整治，实施"改水、改路、改灶、改厕、改圈和环境整治"的村落改造工程，突出垃圾污水处理和农村面源污染治理，完善排污治污设施，逐步推进生活垃圾、污水集中处理。达州市积极开展"生态村"和"生态家园"建设，2015 年，达州市授予了 60 个村委"美丽乡村"示范村称号，2016 年，把 176 个扶贫新村全部纳入幸福美丽新村建设，突出抓好民居建设、基础设施建设、公共服务配套和产业扶持，加快推进贫困村公路建设，全面改善农村生产生活条件。

---

① 四省人民政府网：《巴中市实施"四大工程"加强生态文明建设》，2014 年 2 月 17 日。

第二节　川东老区农业现代化面临的问题与对策

一、农业现代化的内涵

十八大报告中关于农业的重要论述主要有八个方面的内容：第一，城乡发展一体化是解决"三农"问题的根本途径。第二，要加大统筹城乡发展力度，增强农村发展活力，促进城乡共同繁荣。第三，坚持工业反哺农业、城市支持农村和多予少取放活的方针，加大强农惠农富农政策力度，让广大农民平等参与现代化进程、共同分享现代化成果。第四，加快发展现代农业，增强农业综合生产能力。第五，坚持把国家基础设施建设和社会事业发展重点放在农村，深入推进新农村建设和扶贫开发，全面改善农村生产生活条件，促进农民增收，保持农民收入持续较快增长。第六，坚持和完善农村基本经营制度，发展多种形式规模经营，构建集约化、专业化、组织化、社会化相结合的新型农业经营体系。第七，改革征地制度，提高农民在土地增值收益中的分配比例。第八，加快完善城乡发展一体化体制机制，形成以工促农、以城带乡、工农互惠、城乡一体的新型工农、城乡关系。毫无疑问，农业现代化是核心。

那么什么是农业现代化？我们从十八大报告中可以看出，农业现代化主要包括农业综合生产能力、农业基础设施完善、新型农业经营体系、合理的土地效益分配制度、新型的城乡关系等主要五个方面的内涵。当然，农业现代化是一个历史范畴，不同历史阶段，农业现代化所体现出来的方式和内涵就会有不同的阐释。从世界各国农业现代化的历史来看，不同历史时期的农业技术和农业发展的不同阶段，农业现代化的问题可能就会有不同的内涵。目前学界对农业现代化概念有不同的定义，有的学者强调农业现代化就是从传统农业向现代农业转变的过程。如顾焕章、王培志在《论农业现代化的涵义及其发展》一文中认为，农业现代化是一个综合的、世界范畴的、历史的和发展的概念，它作为一个动态的、渐进性的和阶段性的发展过程，必须联系农业现代化产生的过程及发展特征进行探析，才能理性把握农业现代化的内涵："农业现代化是传统农业通过不断应用现代先进科学技术，提高生产过程的物质技术装备水平，不断调整农业结构和农业的专业化、社会化分工，以实现农业总要素生产率水平的不断提高和农业持续发展的过程。简言之，农业现代化即是由传统农业向现代农业转化的历史过程。"① 他们认为，农业现代化的显著特征是农业现代化的技术性、效率性和制度创新。有的学者强调农业现代化就是农业生产的现代化，如顾巍、唐启国等在《农业现代化内涵的再界定》一文中认为，农业现代化就是农业生产的现代化：包括生产手段的现代化、生产技术的现代化和生产组织管理的现代化三个方面，并认为农业现代化的实质和核心就是农业生产和经营的商品化。农业商品化是农业生产发展到一定阶段的产物，是衡量农业现代化水平的重要标志。② 陈孟平在《农业现代化与制度创新》一文中认为，农业现代化并不只是意味着技术变迁或技术创新，实现农业现代化也需要制度变迁或创新，农业现代化实质上就是农业技术和制度出现的过程。③ 高焕喜、王兴国等在《论农业现代化》一文中，梳理了国外有关农业现代化理论成果，如有机农业、生态农业、自然农业、持续农业等理论之后，认为："从根本上说，农业现代化是用现代生产手段和现代技术逐步装备农业的过程，是用现代管理科学方法管理农业经济的过程，是用现代科技文化知识全面武装农业劳动者的过程，是保障农业持续发展，创造优良生存环境的过程，是从传统农业向现代农业转变的过程。其内容应包括生产手段的现代化、劳动者的现代化、组织管理的现代化、运行机制的现代化、资源环境的优良化。"④ 学者黄国桢在《"农业现代化"再界定》一文中认为，农业现代化内涵，包含农业产业现代化、农业环境现代化和农业主体现代化三大块。农业产业现代化是作为物质生产部门的农业本身的现代化，它主要涉及发展模式、结构布局、物质装备、技术手段、经营管理五个方面。农业环境现代化是农业产业外部社会环境的现代化，实质上是农村的现代化，它主要涉及空间环境、经济环境、政治环境、文化环境。农业主体现代化是农业劳动者的现代化，亦即农民现代化，它主要涉及价值观念、文化素质、生产技能、生活方式。⑤

当今可持续农业的概念受到极大的关注，并受到世界各国的广泛认同和实践，可持续农业主要针对农业工业化过程中出现的人口不断增加，化学农药对农业生产环境造成的污染日益严重，农业机械化广泛使用造成了对自然资源消耗加剧，水土流失严重、生态环境恶化的情况，为了寻找现代农业的发展出路，提出的农业发展概念。可持续农业的核心是"可持续"，是指不会耗尽资

---

① 顾焕章、王培志：《论农业现代化的涵义及其发展》，《江苏社会科学》1997 年第 1 期。
② 顾巍、唐启国等：《农业现代化内涵的再界定》，《农业现代化》2000 年第 12 期。
③ 陈孟平：《农业现代化与制度创新》，《北京社会科学》2001 年第 3 期。
④ 高焕喜、王兴国等：《论农业现代化》，《山东社会科学》1998 年第 6 期。
⑤ 黄国桢：《"农业现代化"再界定》，《农业现代化》2001 年第 1 期。

源和损害环境的农业生产体系。开发这种新的农业生产模式，是为了在保持农业生产水平与农民纯收入水平的同时，减少农业生产对环境的影响；可持续农业与环境保护有着密不可分的关系，它是一种综合农业生产模式，被称为生态型农业发展模式，是一种合理利用自然资源，以保护与改善环境为宗旨，使农业和农村经济得到可持续、稳定全面的发展模式。根据智库百科提供的索引，我们可以看到，早在 1988 年美国农业部和环境保护署就对农业可持续发展做出了如下定义："所谓农业可持续发展，是指应用当地固有的技术，为长期达到以下目标，力求植物和家畜生产构成一个综合的生产体系"，这些目标是：（1）满足人们食物和衣料的需要；（2）提高农业生产所依赖的环境和自然资源质量；（3）对不可再生资源和农场内可利用的物料最有效地利用，同时在适当场合下对生物循环和自然管理方法进行综合调控；（4）维护农业生产主体的经济活力；（5）提高农民和全社会总体的生活质量。联合国粮农组织对可持续发展农业给出的定义是："可持续发展农业是一种旨在管理和保护自然资源基础，调整技术和机制变化的方向，以确保获得可持续满足当代及今后世世代代人们的需要，能保护和维护土地、水、植物和动物遗传资源，不造成环境退化，同时在技术上适当，经济上可行，而且社会能够接受的农业。"[1] 国内也早有学者指出，我国农业现代化的道路是可持续农业，顾焕章、王培志在《论农业现代化的涵义及其发展》一文中认为："农业现代化就是用现代科学技术和生产手段装备农业，以先进的科学方法组织和管理农业，提高农业生产者的文化和技术素质，把落后的传统农业逐步改造成为既具有高度生产力水平又能保持和提高环境质量以及可持续发展的现代农业过程。"[2] 这个界定充分考虑到了农业技术及其手段、科学的农业组织管理、农业生产者的文化技术素质等诸多实现农业现代化的本源性因素。

2015 年，农业部、国家发展改革委、科技部、环境保护部等八部委联合发布了《全国农业可持续发展规划（2015—2030 年)》（下文简称《规划》），《规划》提出的近期目标是到 2020 年，农业可持续发展取得初步成效，经济、社会、生态效益明显。农业发展方式转变取得积极进展，农业综合生产能力稳步提升，农业结构更加优化，农产品质量安全水平不断提高，农业资源保护水平与利用效率显著提高，农业环境突出问题治理取得阶段性成效，森林、草

---

① 智库百科：《可持续农业》，http：//wiki. mbalib. com/wiki/%E5%8F%AF%E6%8C%81%E7%BB%AD%E5%86%9C%E4%B8%9A#＿note-0。

② 顾焕章、王培志：《论农业现代化的涵义及其发展》，《江苏社会科学》1997 年第 1 期。

原、湖泊、湿地等生态系统功能得到有效恢复和增强，生物多样性衰减速度逐步减缓。远期目标是到 2030 年，农业可持续发展取得显著成效；供给保障有力、资源利用高效、产地环境良好、生态系统稳定、农民生活富裕、田园风光优美的农业可持续发展新格局基本确立。这部农业发展规划是目前我国农业发展的纲要性文件，是未来较长时间内农业现代化的主要方向，农业可持续发展成为我国农业现代化的目标。

二、川东老区农业现代化面临的主要问题

从上文所述农业现代化的内涵来看，川东老区农业现代化面临的主要问题是农业生产技术落后、精耕细作的传统农业还是主要的生产方式，农业产业化还未完全形成，农业生产的主体贫困程度深，农业经营管理的水平还很低，农业的生态环境脆弱。下面我们来具体分析川东老区各地农业现代化面临的困境。达州市农业局 2014 年发布了《达州现代农业的现状、问题与对策》，其中对达州市农业现代化面临的主要问题列举了五个：（1）土地规模化经营还未形成。从 2000 年至 2010 年十年间，达州随着退耕还林工程的实施和城市、工业、交通建设加快发展，耕地共减少 13.6 万亩，平均每年减少 1.4 万亩，人增地减矛盾必将日趋尖锐，这不仅造成大量农村劳动力隐性失业即农村剩余劳动力沉淀在农业领域，从而导致青壮年劳动力纷纷外出打工，致使达州土地资源紧缺与土地资源浪费并存，使农村实现小康极为艰难，粮食安全将彻底陷于困境。此外，由于达州地形地貌主要为山区和丘陵，土地本身分布较分散，且土地质量优劣不同，而土地在按人口均分到户时都是平衡搭配的，致使土地细碎化程度很深，因此使得土地产出率和劳动生产率很低。这也是造成达州土地粗放经营及农户难以在短期内脱贫致富的重要原因，更是导致农业实行土地机械化、规模化经营的巨大障碍。（2）投入不足，农业基础设施脆弱。达州属于"老、少、边、穷"地区，各级地方财政财力有限。落后的经济发展水平和有限的财力，造成了"撒胡椒面"的现象，资金整合难度大，难以形成整体合力，致使达州农业基础设施建设严重滞后，"靠天吃饭"的状况还未得到根本改变。（3）农业科技落后，农村劳动力整体素质不高。目前，达州的科技基础设施和教育规模总量严重不足，科技综合实力与教育总体水平远不及全国和全省的平均水平，农村农民劳动力中文盲、半文盲、小学文化程度占比大，有知识、有文化的新生代农民工 90% 以上外出打工，出现了农民"素质荒"。一方面，农业科技成果转化速度慢、效率低；另一方面，农民生产出来的农产品卖

不出去，市场所需要的优特农产品又很难生产出来，农业结构调整在低水平上重复，很难达到预期效果。（4）农村市场体系不完善，流通环节不畅通。达州农村市场化水平低，一是以分户经营、自给性生产为主和出售剩余产品为辅的格局没有从根本上改变，农民商品化市场化意识较淡薄。二是农村市场体系没有建立起较完备的农业生产要素市场和农产品销售市场体系。三是缺乏有效的行业协会对农产品的生产和销售进行指导和管理，使产品结构不合理、质量水平不高，不能适应市场对农产品需求多样化、优质化和精细化的需求，致使农业发展长期缺乏有效的市场拉动力。（5）政策结构性失调，推动力不强。长期以来达州形成的二元经济结构，导致城乡发展失衡。

根据四川省统计局发布的《2016年一季度巴中市农村经济形势分析》，巴中市农业和农村面临的主要问题有四个方面：（1）农村劳动力缺乏，土地撂荒现象较多。巴中市常年保持超百万人规模的农村劳动力外出务工，大量农村人口流向城镇，转向二、三产业，留在农村的基本上是儿童和老人，从事农业耕种的劳动力较少较弱，没有足够的劳动力耕种田地，雇人耕种成本又太高，造成部分耕地无人耕种，土地撂荒逐渐增多。（2）农业生产成本高，影响农民生产积极性。农业生产资料价格居高不下，农业生产成本难降低。农业生产成本的增加，挤压了农业经营效益，一定程度上降低了农民发展生产的积极性。（3）农民持续增收支撑弱。农产品价格周期性变化常态发生，部分农产品需求下滑，销售不旺甚至滞销，加之用工难、融资难和物流成本增加，农业增产不增收；新增茶叶、核桃等特色产业基地处于生长期，短期内效益难显，农民前期增收难。（4）新型生产经营主体缺乏。巴中市推动特色产业发展的新型经营主体缺乏，奖补、信贷、基础等方面的扶持较少；农业产业化龙头企业数量不多、规模不大、领军龙头不多，农民合作组织空壳多、实体少，家庭农场、专业大户等带动能力不足，主体缺乏导致基地建设质量不高、产业链条断档、示范带动作用不够。

根据国家统计局广安调查队2016年11月30日发布的《广安市现代农业发展状况初探》，广安农业的现代发展面临的主要问题有五个方面：（1）产业发展规划有待进一步统筹。全市农产品品种特色、品质特色、品牌特色不够突出，市域内和周边地区产业同质化现象严重，直接导致产业比较优势不明显、发展效益不凸显。农业产业市场营销体系不健全，营销方式单一、营销渠道不畅等问题依然存在，市场营销基本上以农业经营主体在市场上自谋出路为主流，组织化程度不高，抗御市场风险能力不强。（2）产业结构层次有待进一步提高。广安市农业存在龙头企业规模偏小、精深加工能力不足、产业链条连接不紧等问题。一是产业结构层次总体较低。全市农林牧渔业总产值总量较大，但产业结构层次较低。二是企业精深加工能力不足。现有企业规模普遍偏小，企业管理、技术创新及研发能力偏弱，农产品加工增值率低，辐射牵动作用不够。三是产业链条利益链接不够紧密。农户大多只在种植、养殖环节获利，难以获得加工、销售等环节的增值收益，没有真正形成"利益共享、风险共担"的共同体，利益连接机制尚未真正建立，影响企业生产的稳定和农民收益的增长。（3）基础设施建设有待进一步加强。一是涉农资金投入仍显不足。二是农业基础设施相对薄弱。三是耕地质量持续下降。多年来，受自然和人为因素的影响，加之过度使用化肥，对地力保护不够等因素影响，全市耕地板结酸化严重，土壤有机质含量下降，影响耕地可持续生产能力。（4）经营主体培育有待进一步强化。一是经营主体组织化程度较低。二是合作组织带头人素质偏低，农业技术提升缓慢，市场信息获取不及时等问题，抵御市场风险的能力较差。（5）社会服务体系有待进一步健全。目前全市设有农业技术推广、动植物疫病防控、农产品质量监管等公共服务机构。但是市场机制作用没有得到充分发挥，能参与农业产前、产中、产后服务的合法化、标准化、规模化经营性组织较少，没有形成构建公益性服务与经营性服务相结合、专项服务与综合服务相协调的新型农业社会化服务体系。

达州市、巴中市、广安市农业现代化面临的问题虽然各有侧重点，既有共性又略有差异，但有一点是确定的，那就是农业现代化程度低，面临着诸多发展难题，而这些难题也是我国贫困地区特别是西部地区农业现代化面临的主要问题。

第一，土地经营方式落后。农业现代化一个重要条件是土地经营方式的集约化、规模化和机械化，土地规模经营也必然促进农业机械工具推广使用。所以，适度规模经营和合理的土地流转制度是降低农业运营成本、提高机械化程度的重要前提，是用最低成本获得最大效益的根本措施。据学者研究表明，经济比较发达的农村地区已经呈现出土地流转方式的多元化、土地流转过程的市场化、土地流转工作的规范化、土地流转价格的合理化等新特点。川东老区农业土地经营的传统方式还没有彻底改变，一家一户的土地耕作方式还是主要的经营方式，土地规模化、集约化和收益最大化还未从根本上完成。随着工业化和城镇化进程脚步的加快，川东老区农业现代化主要面临的最大问题之一就是土地经营方式的收益化问题。我们从达州市农业面临的问题来看，人口多、城市化建设用地使得人均耕地面积越来越少，由于大部分农业土地处于山区，土地分散严重。巴中市农村大量的劳动力每年超百万人外出务工，从农业生产向非农业转移，由此带来了农地的弃耕和撂荒的问题。因此我们可以看出，川东农村土地问题成为制约农村经济发展的关键因素之一。

第二，农业基础设施薄弱。农业投入不足，使得农业生产基本上还是靠天吃饭，对自然灾害防范风险的能力相当低；以广安的农田水利现状为例，目前广安市水资源中87％以上为地表水且多为过境水，渠江和嘉陵江流域及全市中小河流防洪标准不够，已建堤防仅97.05公里，未能形成完整的封闭体系，防汛形势十分严峻；广安市现有中小型水库332座（无大型），其中病险水库占比达26.5％；灌区工程老化失修严重，完好率不足50％。达州市粮食主产区内50％以上的水利设施带病运行，有效灌溉面仅占到总耕地面积的56％，有980个旱山村、156.6万农村人口饮水不安全，有15个乡镇不通水泥路（油路），根本达不到预期的抗旱防灾减灾效果，制约了现代农业的发展。巴中市的农业基础设施目前虽然有了较大的改变，但由于财力限制，很多原有农田水利工程远远不能满足农业生产生活的需要，大部分农业生产地带，处于高山区，靠天吃饭，对气候、时令的依赖程度很深。总而言之，川东老区农业基础设施的现状是农业现代化难以实现的重要原因。

第三，农业科技落后，使得农产品的附加值难以实现，农业产业化水平低，规模小。一是农业科技普及程度低，农业特别是新型农业技术还远远没有普及到大部分农村；二是川东老区大部分新一代有文化的农民劳动力外出务工，留下来从事生产的大部分是老人和妇女，文化程度低，掌握和获取农业技术知识的能力不足；三是农业产品加工简陋，科技含量低，农业产品的附加值释放不出来，农民只能在种养殖的第一链条上获取微薄的收益，得不到农业科技产业带来的利益，科学技术就是第一生产力在农业现代化过程中没有显示出其强大的推动力。有学者认为："农业现代化的基础动力是科学技术进步和不断创新。由于在农业发展过程中广泛地应用现代科学技术，包括生物、化学、物理、气象、地理等多学科研究成果的应用和现代工业提供的技术装备，使落后的、传统的以劳动集约为主的农业转变为以技术集约为主的现代基础产业。科学技术的发展将影响农业现代化内容的改变，特别是科学技术上的每一大的突破都能导致农业现代化的大变革，即新的农业革命，如石油农业、生态农业和生物技术对世界农业现代化的影响。"[1]

第四，农业科学经营与管理的制度创新体系还未建立起来。在国内有一批学者就非常重视农业现代化制度体系的作用，他们"强调农业现代化不仅是农

---

① 顾焕章、王培志：《论农业现代化的涵义及其发展》，《江苏社会科学》1997年第1期。

业生产工具和农业生产手段现代化的过程，而且是农业制度现代化的过程，只有实现农业制度的现代化，才能有效配置资源和提高生产效率，最终实现农业现代化。1）制度创新和技术创新之间的关系直接影响农业现代化的实现，一方面技术的进步和创新，会引发组织制度、管理方法等制度层面的变革和创新；另一方面制度因素落后于发展会阻碍农业领域的技术进步，反之，会刺激农业领域的技术进步。2）农业现代化是科学技术的应用引发制度变迁的过程，其核心就是消除二元经济结构，实现农业制度现代化"①。还有的学者认为："农业现代化过程中的制度创新主要表现为三个方面：其一是建立较为发达的市场经济制度，实现资源要素按市场经济规律合理配置；其二建立较为完善的政府干预制度，克服市场调节的盲目性和波动性；其三是完善农业发展中的社会化服务体系，以克服因土地使用权分散和规模效益低对农业现代化的消极影响。"② 农业现代化过程中的制度缺失，往往使得农产品丰收成灾现象时有发生，贱农伤农事件时有发生，农民收入始终难以提高。

第五，城乡发展失衡，也是阻碍是川东农业现代化发展的重要因素。在我国，一些靠近中心大城市的农业就比较发达，农业城镇化水平高，农民的收入就高，农业现代化的水平很高；而像川东革命老区这些远离中心大城市的地方，经济结构属于典型的二元结构，还存在土地城镇化与人口城镇化不同步、政府主导的城镇化与市场主导的城镇化矛盾日益加深，城乡发展不协调等问题，应采取积极对策尽快实现新型城镇化与农业现代化协调发展。新型城镇化是农业现代化的必由之路，农业现代化是新型城镇化的重要基础和条件。2014年《国家新型城镇化规划（2014—2020年）》就明确指出：城镇化是解决农业、农村、农民问题的重要途径。我国农村人口过多、农业水土资源紧缺，在城乡二元体制下，土地规模经营难以推行，传统生产方式难以改变，这是"三农"问题的根源。我国人均耕地仅0.1公顷，农户户均土地经营规模约0.6公顷，远远达不到农业规模化经营的门槛。城镇化总体上有利于集约节约利用土地，为发展现代农业腾出宝贵空间。随着农村人口逐步向城镇转移，农民人均资源占有量相应增加，可以促进农业生产规模化和机械化，提高农业现代化水平和农民生活水平。城镇经济实力提升，会进一步增强以工促农、以城带乡能力，加快农村经济社会发展。有学者指出："一方面，城镇化进程加快带动农

① 杨明：《农业现代化的概念和内涵解析》，《农业与现代化——第十期中国现代化研究论坛论文集》2012年8月。

② 顾焕章、王培志：《论农业现代化的涵义及其发展》，《江苏社会科学》1997年第1期。

业生产条件与农村基础设施的改善。改革开放以来，我国城镇化加快推进，促进城镇交通、电力、通讯、自来水等基础设施向农村延伸，逐渐形成城乡连接的基础设施网络，农业信息化、规模化、社会化和市场化等水平随之提高。另一方面，城镇化进程加快也带动农产品消费需求和农业技术创新，促进农村剩余劳动力转移以及农村文化教育与社会保障事业发展，提高农民素质和收入水平，为农业和农村现代化建设创造条件。"[1]

三、川东老区推动农业现代化的对策建议

国家在《西部大开发"十三五"规划》中，从宏观层面开展的面向西部农业现代化而采取的策略有以下一些。第一，建设绿色发展引领区。第二，实施重大生态工程。具体措施包括通过固坡、复土、造林，修复因自然灾害、大型建设破损的山体和矿山废弃地；继续加强农田林网营造和村镇绿化建设，提高农区和绿洲防护林体系综合防护功能、展开新一轮的退耕还林还草工程、湿地保护和修复工程、水土保持工程。第三，完善生态保护补偿机制。具体措施包括以下一些。（1）完善森林保护补偿机制。其涉及面包括草原、湿地、荒漠、水流、耕地等生态领域。（2）保障生态产品产出能力和生态服务功能。（3）逐步加大重点生态功能区转移支付力度。（4）结合脱贫攻坚开展生态综合补偿试点。第四，加大生态保护力度。其具体措施包括以下几个方面。（1）加大黄土高原区、秦巴山区等重点区域水土流失治理。（2）开展水污染防治，严格饮用水源保护，全面推进水源涵养区、江河源头区等水源地环境整治，加强供水全过程管理，确保饮用水安全。第五，完善防灾减灾救灾体系。其具体措施包括以下几个方面。（1）建立健全防灾、减灾、救灾管理体制和运行机制，提高综合防范能力。（2）加快自然灾害监测预警、信息管理与服务、风险管理、工程防御、应急处置与恢复重建、区域联防联治等能力建设，加强部门间应急联动。（3）开展灾害易发区灾害调查和风险评估，对灾害隐患进行排查和综合治理。第六，提高国民教育质量。其具体措施包括以下几个方面。（1）发展以就业为导向、服务西部地区经济社会发展的现代职业教育。（2）加强职业教育实习实训基地建设。第七，健全社会保障制度。完善城乡基本养老保险、居民大病保险制度。第八，实施产业扶贫。深入实施科技特派员制度，引导科技人员作为科技特派员深入农村一线，与农民结成利益共同体，推广新品种新技术，

---

① 曹俊杰、刘丽娟：《新型城镇化与农业现代化协调发展问题及对策研究》，《经济纵横》2014年第10期。

开展技术培训，加快先进适用技术成果在贫困地区的转化，培育壮大特色优势产业，有效带动农业农村创新创业。第九，实施异地搬迁扶贫。把生活在高山地带，生存环境恶劣的农民按照自愿的原则，有计划地搬迁。第十，完善农业基础设施。其具体措施包括以下几个方面。（1）加强农村公路、乡村机耕道等设施建设，支持林区、垦区、特色农业基地、高产稳产饲草基地等区域作业道路建设，提高机械化作业水平。（2）重点加强节水型农业基础设施布局建设，推动水资源集约高效利用。（3）支持山区因地制宜建设"五小水利"工程。（4）完善农产品流通骨干网络及服务功能。（5）引导社会资本参与农村公益性基础设施建设、管护和运营。第十一，发展优势特色产业，推进现代农业示范区建设。第十二，完善现代农业服务体系。其具体措施包括以下几个方面。（1）构建产前、产中、产后一体的多元高效农业服务体系，着力解决农业服务产加销衔接不紧密、不配套问题。（2）培育现代农业服务市场，丰富服务内容，创新服务方式，构建服务平台，逐步建立以公共服务机构为依托、专业服务组织为基础、合作社和龙头企业为骨干、其他社会力量为补充的农业社会化服务新机制。第十三，建设新型城镇化。其具体措施包括探索农民自主选择机制，探索农民依法自愿有偿转让土地承包权、集体收益分配权等权益的有效途径，鼓励和支持农业转移人口就地就近城镇化，保障农业转移人口享有与城镇居民同等权利，承担同等义务。

我们可以看出，西部大开发"十三五"规划对西部农业现代化所采取的措施是全面而具体的，每一个措施都是西部农业现代化面临的瓶颈和困境。下面，我们再来梳理一下川东各地政府面对自身不同地域和不同域情，对农业现代化所采取的具体措施。巴中市根据自身农业现代化面临的问题，具体采取了四个方面的对策和策略：（1）培养新型农民，提升农机作业能力。巴中市认为，发展现代农业需人力与物力相结合，培养农村实用人才和新型农民迫在眉睫。根据当地实际情况进行基层农技服务体系建设和农技人员岗位准入培训。增加农田作业机械设配，加大农机手培训力度，提高农作物耕、种、收机械化水平，并对培养新型农民的进行财政扶持力度，在财政补助、贷款支持、农业保险、农业投入、技术服务和社会保障等方面大力给予支持，重点培育一批种养殖大户和经营能手。（2）加强基础建设，提升农村发展能力。加快红鱼洞、天星桥等骨干水库工程建设，开工建设黄石盘水库和一些大中型水库和一批小型水库项目前期工作，全面实施中小河重要堤防加固工程、重点镇和中心村水利保障工程、水环境综合治理工程，抓好各类病险塘库整治，因地制宜整理新增屯水田，强力推进农村安全饮水工程建设。加快农村道路交通建设，实施农村通达工程、通畅工程、连接工程、安保工程和公路改造工程，尽快打通断头路，形成循环路。加强电力、通讯、广播等基础设施和公共资源向农村延伸，加快建设城乡一体的基础设施体系、公共服务体系和管理机制。（3）注重产业发展，推动农业转型升级。针对发展产业缺信心、缺技术、缺市场、缺资金、抗风险能力低的问题，探索产业发展机制、举措。一是规模发展特色优势产业。继续推进现代农业、林业、畜牧业等重点县（区）建设。二是连片规模建设核桃、茶叶、巴药"三百"工程，加快发展果蔬、食用菌、巩固生猪、家禽基础，突出牛、羊优势，壮大珍稀林木、工业原料林及林下种养业。（4）发展新型经营主体，培育新产业新业态。一是发展以休闲、观光为主的乡村旅游业，配套发展农村养老服务业、农村文化创意产业；规划建设具备森林游憩、度假、疗养、保健等功能的森林康养基地。二是加大农业招商引资力度，引进培育农业龙头企业、农民合作组织、家庭农场、专业大户，推动由数量增长转变向数量、质量、效益并重增长。三是强力实施农产品品牌战略。重点打造"巴食巴适""巴药"等综合性农产品区域公用品牌和"米仓山"核桃区域公用品牌。宣传保护通江银耳、南江黄羊、川明参等品牌。这里，我们可以看出，巴中市采取的是对农业现代化的主体农民的培训、大力加强农业基础设施的建设、大力发展现代新兴农业产业和大力加强农业现代化经营主体的培育。这些对策和策略对巴中的农业现代化具体极强的针对性和可行性。

广安面对自身的农业现代化现状和未来发展趋势，提出五个层面的应对策略：（1）立足发展质量，着力构建现代农业产业体系、生产体系和经营体系。重点建设省级、市级、县级、乡（镇）级现代农业园区（即"四级园区"），支持鼓励家庭农场、专业大户、农民合作社、农业产业化龙头企业等新型农业经营主体和新型农业服务主体成为现代农业园区的骨干力量。（2）调整优化产业结构。一是发展粮经复合模式，优化调整现代农业产业结构。坚持粮经饲统筹、农林牧渔结合，协调发展优质粮油、柑橘、生猪和蔬菜四大主导产业和优质干果、梨子、葡萄、蚕桑、畜禽、水产六大区域性特色产业。二是强化绿色发展理念，推动现代农业可持续发展。采取绿色生产措施，利用绿色防控技术，实施绿色发展引领现代农业结构性改革战略。（3）强化基础建设，提高保障能力。一是实施农田改造工程，持续夯实现代农业基础。大力推进高标准农田建设，开展土地整治，完善田网、渠网、路网、林网"四网"配套。二是改善现代农业发展环境。实施城乡生活污水治理、畜禽养殖污染治理、水产养殖污染防治、农业农村污染治理、工业污染防治、饮用水源保护、河湖库治理、生态修复八大专项治理保护工程，优化现代农业生态环境，推动农业可持续发展。（4）培育经营主体，规范经营管理。一是积极培育扶持经营主体。二是规范合作社管理。加大合作社的规范化管理，实施必要的行业监督，提高合作社管理的程序化、制度化、法律化水平，促进合作社健康规范发展。（5）搭建服务平台，完善服务体系。一是搭建广安农业要素交易、物联网、农产品质量安全追溯、电子商务、休闲农业管理和综合服务六大平台，形成市、县、乡三级智慧农业管理服务平台。二是加强动物疫病防控体系建设。三是加强农业社会化服务市场管理，规范服务行为，提升农村经纪人、专业经纪公司、专业营销公司服务管理水平，解决农业生产与消费脱节的问题，促进农业社会化服务市场健康发展。

达州市农业局根据达州市农业现代化的现状和面临的问题，也提出了五个层面的对策策略：（1）建立投资保障机制，加大资金投入力度。达州市农业现代目前亟须解决的主要问题说到底还是一个资金投入的问题。（2）加快农业基础建设。达州市大部分地处秦巴山区，地质地理环境差，基础设施的建设难度大，消耗的资金及社会资源巨大，所以加快基础设施的建设面临着更为紧迫的任务，特别是在扶贫攻坚的历史阶段，基础设施是农业现代的得以顺利实现的关键所在。（3）建设现代化服务体系，培训新型农民。以科技兴农为中心，加强科技创新和服务体系建设。重点是搞好专业大户和新型农场主等核心农户的农业实用技术和经营管理知识的培训，为发展农业规模化经营和专业化生产培养合格的生产经营管理人才。（4）构建现代农业产业体系，发展特色农业。（5）促进农业规模化经营。一是要实现观念创新、体制创新、机制创新和政策创新，构建起与现代农业发展相适应的行政管理和服务体制机制。二是深化土地制度改革，加快土地流转，推进农业规模经营。三是逐步形成城乡经济社会发展一体化的新格局，逐步建成一批特色鲜明、市场竞争力强的规模化优势产业带，形成产前企业、产中企业、产后企业连贯的串珠式企业群。（6）健全市场体系，发展农业合作组织。从以上内容我们可以看出，达州市的农业现代化对策和策略与广安市有所不同，这与达州市的区域发展环境有关。达州市地处川渝鄂陕四省市交汇辐射的腹心地带、长江上游成渝经济带，是四川省第二大交通枢纽，对外开放的"东大门"，是秦巴地区重要的交通节点和物资集散地。在这样的区域位置上，达州农业现代化最迫切的需要是资金对农业的投入，重点建设农业现代化所需要的农业服务体系，构建现代农业产业体系和市场体系，以此促进现代农业发展的规模化经营。川东老区由于地形环境复杂，各市农业生态、环境和农业现代化水平有一定的差异，巴中市、广安市、达州市根据自身农业发展的不同现状，从农业生产资源、生态环境、农业发展的目标、现行的经营现状、生产力水平、科技水平、农业机械化程度、农田水利设施等情况和农业现代化面临的主要矛盾，制定了符合自身农业现代化发展的应对策略，提出了一些具有共性的农业现代化促进措施，如加强农业生态环境的保护，加强对农民的培训，推进农村市场和农业社会化服务，加强农业基础设施投入，创新农业经营形式和扩大经营规模，建立健全农业产业体系、服务体系和市场体系等具体对策，这些策略对所在地区的农业现代化具有重要而深远的现实意义。

我们认为，上述川东革命老区农业现代化发展的策略更多关注的是农业现代化的现实性因素，当然这无疑是正确的，如加强对农民的科技和农业知识的培训，可以让农民快速增收致富，这对现代农民来说，是最为现实和实惠的做法，可以起到立竿见影的效果，但同时，我们也要看到，对农民的培训不能简单等同于短平快的农业技术方面的培训，对农民的培训要有长远的规划，要引导农民对现代农业有比较深入的认识，对现代生态文明可持续性有深入的认知，这涉及人力资本资源、农业产品的质量、品牌特色的形成、产业经营、服务体系等，涉及农业现代化的深层次问题。农民的知识技能和文化素养是农村最重要的人力资源因素，越来越多的学者认为，农民作为最重要的人力资源是推动农村经济社会发展的基础性资源和关键所在。对农民在农业中的这种基础性的重要意义，美国学者舒尔茨在《改造传统农业》一书中提出，改造传统农业的关键是要引进新的现代农业生产要素，这些要素可以使农业收入流价格下降，从而使农业成为经济增长的源泉。那么，如何才能通过引进现代生产要素来改造传统农业呢？舒尔茨着重论述了三个问题：（1）建立一套适于传统农业改造的制度；（2）从供给和需求两方面为引进现代生产要素创造条件；（3）对农民进行人力资本投资。舒尔茨认为，资本不仅包括生产资料的物，还应该包括具有现代科学知识，能运用新生产要素的人。舒尔茨是人力资本理论的倡导者，他关于人力资本的理论引起了我国学者的关注，并运用其理论来分析我国农业现代化面临的主题问题。如江涛在《舒尔茨人力资本理论的核心思想及其启示》一文中指出："人力资本的提出与知识经济的发展相呼应，正在改变着人们关于权力和财富的观念。在人力资本理论与知识经济情形中，传统生产格局中的要素组合与依存关系发生了极大的改变，以往居于次要地位与被动状态的劳动力这一生产要素如今跃居显位，对经济产出的作用越来越。"[①] 厦门大学经济学院许经勇教授根据美国学者舒尔茨在《改造传统农业》中的研究认

---

① 江涛：《舒尔茨人力资本理论的核心思想及其启示》，《扬州大学学报》2008 年第 6 期。

为，我国农业现代化的核心应当是"农民"的现代化："舒尔茨教授通过深入研究，发现人的能力和技术水平的提高是现代农业生产率迅速提高的重要源泉。因为农业用地面积总是有限的，其在农业生产发展中的作为是逐步下降的，而人力资本所发挥的作用则是越来越重要的。依据舒尔茨教授创建的人力资本理论，一旦农村劳动者的智力发育到一定高度，他们就会充分发挥自己的聪明才智，向生产的广度深度进军，创造日益增多的就业岗位和物质财富，实现由穷变富的根本性转变。我国当前农村面临的主要问题，是人力资本投资严重短缺，农业劳动力素质甚为低下。"[①] 现代农业中农民的人力资本资源问题，在我们的川东农业现代化过程中往往是被忽视的，对农民的科技知识和有关种植技术的普及时，我们只涉及了现实层面，而没有涉及人力资本资源的长远性规划。

我们认为，川东农业现代化的根本出路是新发展理念倡导的"创新、协调、绿色、开放、共享"的绿色发展道路。如巴中、广安、达州的农业现代化面临一个共同的对策和策略是"加强农业基础设施建设"。根据上面的阐释，我们可以看出，目前川东老区的基础设施建设主要表现在农田水利建设、农村道路网、水网建设和信息网络建设。这毫无疑问是正确的，但我们在加强这些基础设施建设的时候，不能为修路而修路，交通道路等基础设施的完善，一定要科学规划，一定要统筹协调，一定要与当代的生态环境保护、特色产业发展、乡村旅游等农业可持续发展结合起来。如水利设施的建设不能仅仅满足农业灌溉和饮用水问题，还要与当代农业可持续发展的其他基础设施建设结合起来，协调发展，以最少的投资赢得收益的最大化。习近平总书记在党的十八届五中全会上指出："注重发展的统筹和协调。唯物辩证法认为，事物是普遍联系的，事物及事物各要素之间相互影响、相互制约，整个世界是相互联系的整体，也是相互作用的系统。它要求我们必须从客观事物的内在联系去把握事物，去认识问题，去处理问题。城乡联系、区域联系、经济与社会的联系、人与自然的联系、国内发展与对外开放的联系，都是客观存在的。如果我们违背联系的普遍性和客观性，不注意协调好它们之间的关系，就会顾此失彼，导致发展失衡。"[②] 川东老区农业现代化一定要坚持统筹协调的发展策略，既要搞好农村基础设施建设，又要结合当地经济社会发展的各个方面，注意环境保

[①] 许经勇：《同步推进我国农业现代化面临的问题与对策》，《北方经济》2013 年第 7 期。

[②] 《全面把握以人民为中心的发展思想》，人民网，http://dangjian.people.com.cn/n1/2018/0402/c117092-29901764.html。

护；既要有现实的攻坚扶贫，又要有农业农村农民的可持续发展；既要给农民进行技术培训，又要提高其基本的文化素质，使其具有现代科学知识，培育能运用新生产要素的新时代农民；既要保证农民的收益，又要创造性地运用新发展理念。如对农村土地流转的可行性研究，既要解决当前我国农村土地利用细碎化及撂荒闲置问题，又要优化土地资源配置，提高土地利用效率，加快农民增收和农村经济发展。但实际上，到目前为止，川东农村土地流转过程中却困难重重，矛盾突出。

川东革命老区农业现代化面临的问题有着复杂的历史原因，沉积了诸多的难以破解的矛盾和问题，因此我们就需要统筹协调各个领域，共享发展成果，促进硬实力和软实力的协调发展。例如我们在发展乡村旅游、特色产业等方面，就要加强新农村文化建设，加强思想道德建设和社会诚信建设，增强大局意识、法治意识、社会责任意识、安全意识，弘扬中华传统美德。广安市农业现代化中一个值得注意的现象就是产品安全问题突出，这不仅是一个诚信问题，还是一个地方文化软实力的问题，而文化软实力正是我们川东老区农业现代化发展的真正意义上的"短板"。

"美丽乡村"不能仅仅停留在环境整治这些基础性工作上，最重要的是增加乡村文化的吸引力。川东老区是传统农业高度发达的地区，传统农业几千年形成的农业文化和村落价值，不能在农业现代化过程中失落和遗弃，实际上，川东传统农业中的许多农业文化遗产和古村落的文化价值至今还没有得到真正的重视、开发和利用。同时，川东革命老区还是红色文化的摇篮，巴中市的川陕革命根据地博物馆、王坪烈士墓以及大量的红军遗迹，达州市张爱萍、王维舟等将帅故里，都是川东革命老区最为宝贵的文化资源。川东革命老区在物质文化建设的同时，一定要加强文化软实力的建设。习近平总书记早在2004年12月27日《浙江日报》的"之江新语"栏目发表的《物质文明与精神文明要协调发展》中指出："物质文明与精神文明要协调发展。物质文明的发展会对精神文明的发展提出更高的要求，尤其是经济的多元化会带来文化生活的多样化，只有把精神文明建设好，才能满足人民群众多样化的精神文化生活需求。要认清物质文明建设和精神文明建设的最终目的是什么，GDP、财政收入、居民收入等等是一些重要指标，但都不是最终目的，其最终目的就是要促进人的全面发展，包括改善人们的物质生活、丰富人们的精神生活、提高人们的生存质量、提高人们的思想道德素质和科学文化素质等等。"文化软实力也应该成为川东老区农业现代化的重要发展战略。

第三节　川东老区新型城镇化面临的问题与对策

一、新型城镇化的提出

党的十六大报告提出："全面繁荣农村经济，加快城镇化进程。统筹城乡经济社会发展，建设现代农业，发展农村经济，增加农民收入，是全面建设小康社会的重大任务。"这是首次把农村经济发展与城镇化联系起来进入国家发展战略的开端。党的十八大报告在第四部分分别用"城镇化质量""城乡""城镇化""新型城镇化"等几个术语加以表达："坚持走中国特色新型工业化、信息化、城镇化、农业现代化道路，推动信息化和工业化深度融合、工业化和城镇化良性互动、城镇化和农业现代化相互协调，促进工业化、信息化、城镇化、农业现代化同步发展。"[①] 2013 年 12 月召开的中央城镇化工作会议，指出城镇化是一个自然历史过程，是我国发展必然要遇到的经济社会发展过程。要以人为本，推进以人为核心的城镇化，提高城镇人口素质和居民生活质量，把促进有能力在城镇稳定就业和生活的常住人口有序实现市民化作为首要任务。要优化布局，根据资源环境承载能力构建科学合理的城镇化宏观布局，把城市群作为主体形态，促进大中小城市和小城镇合理分工、功能互补、协同发展。要坚持生态文明，着力推进绿色发展、循环发展、低碳发展，尽可能减少对自然的干扰和损害，节约集约利用土地、水、能源等资源。要传承文化，发展有历史记忆、地域特色、民族特点的美丽城镇。会议指出，要"走中国特色、科学发展的新型城镇化道路"。

2014 年国务院发布《国家新型城镇化规划（2014—2020 年）》（下文简称《规划》），通过有序推进农业转移人口市民化、优化城镇化布局和形态、提高城市可持续发展能力、推动城乡发展一体化、改革完善城镇化发展体制机制五个宏观层面推进城镇化建设，《规划》指出新型城镇化具有重大的意义，城镇化是现代化的必由之路。工业革命以来的经济社会发展史表明，一国要成功实现现代化，在工业化发展的同时，必须注重城镇化发展；城镇化是保持经济持续健康发展的强大引擎。城镇化水平持续提高，会使更多农民通过转移就业提高收入，通过转为市民享受更好的公共服务，从而使城镇消费群体不断扩大、

---

① 《我们究竟需要一条什么样的城镇化道路》，人民网，http：//finance. people. com. cn/GB/n/2012/1203/c1004－19766320. html。

消费结构不断升级、消费潜力不断释放，也会带来城市基础设施、公共服务设施和住宅建设等巨大投资需求，这将为经济发展提供持续的动力；城镇化是加快产业结构转型升级的重要抓手；城镇化是解决农业农村农民问题的重要途径。我国农村人口过多、农业水土资源紧缺，在城乡二元体制下，土地规模经营难以推行，传统生产方式难以改变，这是"三农"问题的根源；城镇化是推动区域协调发展的有力支撑；城镇化是促进社会全面进步的必然要求。城镇化作为人类文明进步的产物，既能提高生产活动效率，又能富裕农民、造福人民，全面提升生活质量。随着城镇经济的繁荣，城镇功能的完善，公共服务水平和生态环境质量的提升，人们的物质生活会更加殷实充裕，精神生活会更加丰富多彩；随着城乡二元体制逐步破除，城市内部二元结构矛盾逐步化解，全体人民将共享现代文明成果。这既有利于维护社会公平正义、消除社会风险隐患，也有利于促进人的全面发展和社会和谐进步。城镇化从党的十六大、十八大、中央城镇化工作会议到《国家新型城镇化规划（2014—2020 年)》，"中国特色新型城镇化道路"的提法逐步成型，内涵日趋丰富。

我国城镇化伴随工业化发展，非农产业在城镇集聚、农村人口向城镇集中的自然历史过程，是国家现代化的重要标志。北京大学蔡洪滨教授认为："新型城镇化应当是系统改革战略，而不仅仅是增长和发展战略。应当以城镇化为契机，扭转过去政府命令和主导的城镇化模式，大力推进体制改革，充分发挥市场在城镇化发展方面的基础作用。这样一来，经济结构的问题将迎刃而解，经济发展方式转变也将水到渠成，城镇化将真正成为我国经济转型和可持续发展的新的动力源泉。"[①] 对我国目前新型城镇化的现状和意义，不少专家、学者提出了自己的意见和看法，如牛文学等在《当前我国新型城镇化研究现状分析》一文中认为，新型城镇化是当前我国经济社会发展中的重要举措，是社会热点问题，同时也是复杂社会难题。学者们在理论和社会实践层面对新型城镇化给予了重点关注，并开展了广泛的研究工作。目前，新型城镇化理论研究涵盖了基本理论、发展模式与动力机制、制度建设、水平评价以及人口流动等方面，并形成了大量研究成果，有效地支撑了我国新型城镇化建设，但毋庸讳言，我国新型城镇化研究还存在缺乏系统性、基础理论研究不足、过多侧重宏观层面等问题。多学科间的交叉融合是理论研究的一个趋势，未来新型城镇化理论研究与实践必须更加注重系统化和具体化。[②]

---

① 蔡洪滨：《新型城镇化应是改革战略》，《人民日报》2013 年 5 月 13 日第 17 版。
② 牛文学等：《当前我国新型城镇化研究现状分析》，《西北人口》2016 年第 6 期。

二、新型城镇化的内涵

一般来说，城镇化是指人口向城镇集中的过程。这个过程表现为两个方面，一方面是城镇数目的增多，第二个方面是城市人口规模不断扩大。《新华网评：新型城镇化是贪大求快的克星》一文认为："新型城镇化与传统城镇化的最大不同，在于新型城镇化是以人为核心的城镇化，注重保护农民利益，与农业现代化相辅相成。新型城镇化不是简单的城市人口比例增加和规模扩张，而是强调在产业支撑、人居环境、社会保障、生活方式等方面实现由'乡'到'城'的转变，实现城乡统筹和可持续发展，最终实现'人的无差别发展'。"[①]根据十八大以来习近平总书记系列讲话精神、中央城镇化工作会议决议、《国家新型城镇化规划》及有关学者的研究，我们认为，新型城镇化的内涵最重要的表现有以下两个方面。

（一）新型城镇化是"以人为核心"的城镇化

"以人为本"是新发展理念的灵魂，也是推进新型城镇化必须坚持的首要原则："以人为本，公平共享。以人的城镇化为核心，合理引导人口流动，有序推进农业转移人口市民化，稳步推进城镇基本公共服务常住人口全覆盖，不断提高人口素质，促进人的全面发展和社会公平正义，使全体居民共享现代化建设成果。"2013 年 3 月 17 日，李克强总理在会见采访两会的中外记者并回答提问时指出："我们强调的新型城镇化，是以人为核心的城镇化。现在大约有 2.6 亿农民工，使他们中有愿望的人逐步融入城市，是一个长期复杂的过程，要有就业支撑，有服务保障。"[②] 以人为本成为新型城镇化建设的落脚点，党的十八大报告明确指出，要"加快改革户籍制度，有序推进农业转移人口市民化，努力实现城镇基本公共服务常住人口全覆盖"。田智星发表的新华网评文章《新型城镇化的落脚点在"以人为本"》认为："城镇化要坚持以人为本，就要保证农民的权益不受损害，防止土地被无序流转、农民被上楼等'被城镇化'现象发生。城镇化过程中，地方政府要着力解决农民失地后面临的实际问题和上楼后的后顾之忧，不能让农民失地后失业，上楼后享受不到市民待遇。

---

① 《新华网评：新型城镇化是贪大求快的克星》，中华人民共和国中央人民政府门户网站，2013—06—30，http：//www. gov. cn/jrzg/2013—06/30/content_2437510. htm.

② 《推进以人为核心的城镇化》，人民网，http：//theory. people. com. cn/n1/2017/0222/c410189—29099090. html.

通过大力发展中小企业和第三产业，吸收失地农民，解决其就业问题，让农民们有事干，使其生存有道。同时，更应该让他们的身份和待遇城镇化，享受到城镇化带来的实惠，不只有房子住，也要有养老金和社会保障，他们才能安居乐业，这才是真正意义上的新型城镇化。"① 让农民城镇化并保障其享受到新型城镇化带来的发展实惠，也就是说，农民城镇化以后，要有就业支撑和社会保障。正如有学者指出的那样："应以人口的城镇化为重点，推动加强农业人口非农化、非农人口市民化，把以人为本作为新型城镇化战略的核心。也唯有走向以人为核心的新型城镇化道路，通过深化制度改革，打破现有体制的约束，转变发展方式和观念，让全体人民共同享受城镇化进程带来的发展成果，才能保证经济的健康持续增长，实现社会安定和民众幸福。"②

（二）新型城镇化就是城镇化与农业现代化协调发展，推进城乡一体化发展是新型城镇化道路的重要内涵

改革开放以来，农村、农业、农民一直是我国现代化发展中的短板，一直处于经济社会发展的薄弱环节，农村、农业、农民的发展现状成为全面建成小康社会的最为关键的问题，十八大报告提出：解决好农业、农村、农民问题是全党工作重中之重，城乡发展一体化是解决"三农"问题的根本途径。要加大统筹城乡发展力度，增强农村发展活力，逐步缩小城乡差距，促进城乡共同繁荣。坚持工业反哺农业、城市支持农村和多予少取放活方针，加大强农惠农富农政策力度，让广大农民平等参与现代化进程、共同分享现代化成果。因此，城乡一体化建设成为农村、农业、农民摆脱贫困，走上小康的根本途径，没有农民的小康就没有全国人民的小康已成为共识。可以说，新型城镇化要解决的重大问题是农村、农业、农民的问题，也就是我们常说的"三农"问题。第一，新型城镇化有利于拓宽农村人口转移渠道；第二，改善农村生产生活条件和基础设施建设；第三，实现农业规模化和组织化经营，提高农业劳动生产率和综合生产能力；第四，有利于突破城乡壁垒，优化城乡空间布局、促进城市基础设施向农村延伸、城市产业向农村拓展。通过新型城镇化建设，推动农业现代化与新型工业化、信息化深度融合，增强农村发展活力，逐步缩小城乡差距，促进城乡共同繁荣，促进城乡要素平等交换和公共资源均衡配置，形成以

---

① 田智星：《新华网评新型城镇化的落脚点在"以人为本"》，新华网，2014 年 3 月 20 日，http：//news. xinhuanet. com/comments/2014—03/20/c_119847137. htm。

② 林浩：《以人为本推动新型城镇化建设》《光明日报》2013 年 6 月 16 日第 7 版。

工促农、以城带乡、工农互惠、城乡一体的新型工农、城乡关系具有重大的战略意义和现实意义。

根据《国家新型城镇化建设规划》（下文简称《规划》）的有关要求，生态文明理念、保护历史文化和自然景观也是新型城镇化的重要内涵。《规划》要求，把生态文明理念融入城镇化进程，着力推进绿色发展、循环发展、低碳发展，节约集约利用土地、水、能源等资源，强化环境保护和生态修复，减少对自然的干扰和损害，推动形成绿色低碳的生产生活方式和城市建设运营模式；保护历史文化和自然景观，彰显地域特色，根据不同地区的自然历史文化禀赋，体现区域差异性，提倡形态多样性，防止千城一面，发展有历史记忆、文化脉络、地域风貌、民族特点的美丽城镇，形成符合实际、各具特色的城镇化发展模式。

当然，不同的学者根据我们城镇化发展的不同阶段和城镇化建设过程中出现的问题，以及我国城镇化的现状，对新型城镇化内涵的理解也略有不同。如段进军、殷悦在《多维视角下的新型城镇化内涵解读》一文中，认为在今后相当长的一段时间内，城镇化仍处于相对快速发展阶段，成为我国社会经济发展最重要的支撑。文章认为，国内外宏观经济形势的变化，使得城镇化的内涵已经出现了重大变化，我国必须要走新型城镇化道路。新型城镇化应体现在以下几个方面：（1）城镇化发展机制应由政府主导型的城镇化向市场主导型的城镇化转变；（2）从城镇化发展的阶段性来看，城镇化应进入由"化地"到"化人"的重大转变；（3）相对于外生的城镇化模式，新型城镇化应体现为内生城镇化模式；（4）相对于出口和投资驱动下的城镇化，新型城镇化动力应建立在消费驱动的基础上；（5）从发展目标上来看，城镇化应由"一维"的经济目标向资源环境、社会和经济发展等"多维"目标转型。①

宋连胜、金月华在《论新型城镇化的本质内涵》一文中提出："对新型城镇化进行学术研究的首要前提是必须要准确界定'何为新型城镇化'，与过去的城镇化或小城镇相比，如今的新型城镇化'新型'在何处？新型城镇化的独特内涵是什么？这个问题是新型城镇化研究领域的'元问题'。"② 文章认为，新型城镇化的内涵集中体现在以下六个方面：第一，生活方式城镇化。新型城镇化不单单只是农村人口的非农化，更不是仅仅指农业户籍的非农化，它是农

---

① 段进军、殷悦：《多维视角下的新型城镇化内涵解读》，《苏州大学学报》（社会科学版）2014年第5期。

② 宋连胜、金月华：《论新型城镇化的本质内涵》，《山东社会科学》2016年第4期。

村人口在向非农业人口转变过程中所内含的生活观念、生活态度、生活内容，也就是生活方式的非农化转变。第二，就业方式城镇化。新型城镇化要求农村人口采取城市居民的就业模式、就业类型及就业报酬，实现从以往依靠资源的就业转变为现在的依靠市场力量获得就业。第三，公共服务城镇化。第四，居住区域城镇化。第五，社会治理城镇化。第六，人居环境优美化。[①] 还有学者认为"一些地方政府盲目投资，土地建设用地粗放低效，造成巨额负债；城乡建设缺乏特色，刻意追求城镇化率提高。一些地方政府会继续走投资依赖性道路，即集中资金投资基础设施、公共服务设施等领域，盲目投资，使一些城市出现'空城'现象。大规模拆迁、征地、建房、过度依赖房地产开发，势必会造成土地建设用地粗放低效，使地方政府举债累累；暴力拆迁现象屡见不鲜，造成政府公信力下降，社会动荡。"[②]

还有的学者认为，我国的城镇化建设已经进入快车道，但当前的城镇化进程仍然受到众多因素的影响和制约，城镇化发展过程中所暴露的主要问题有新型城镇化拉动中国经济的潜能有限，劳动密集型产业吸纳就业的能力下降，失地农民就业难，等等。由于城镇化进程中城市面积逐渐扩大，大量的农业用地被征用为非农业用地，造成大量农民失去土地，他们的农业生产技能也就失去了用武之地，在城市寻求工作也会更加困难，失地就等于失业。[③]

刘望辉、刘习平在《新型城镇化背景下农民工市民化：现状、困境与对策》一文中认为，新型城镇化强调"以人为本"，农民工市民化是建设新型城镇化的核心。当前进城农民工收入水平低、难以享受市民待遇、就业歧视和精神文化生活单调，没有很好地融入城市生活。制约农民工市民化的主要因素包括制度障碍、成本障碍、能力障碍、承载力障碍和文化障碍。加快推进农民工市民化的政策包括加快户籍制度改革和土地制度创新；推进公共服务均等化；构建多元化成本分担机制；增强进城农民工就业能力；提升中小城市的就业容量；丰富农民工精神文化生活等。[④]

中国科学院生态问题专家王如松指出："快速城镇化在显著改善人民生活水平的同时，也带来了一系列的环境问题，如城市生态的'多色效应'：红色

[①] 宋连胜、金月华：《论新型城镇化的本质内涵》，《山东社会科学》2016 年第 4 期。

[②] 周伟峰、曹均学：《我国新型城镇化发展现状及政策分析》，《渭南师范学院学报》2015 年第 1 期。

[③] 龚关：《新型城镇化发展现状与思考》，《人民论坛》2014 年第 3 期（中）。

[④] 刘望辉、刘习平：《新型城镇化背景下农民工市民化：现状、困境与对策》，《中外企业家》2014 年第 29 期。

的热岛效应、绿色的水华效应、灰色的灰霾效应、黄色的拥堵效应、白色的采石秃斑效应和杂色的垃圾效应等。一些城镇盲目追求高、快、宽、大、亮等形象工程，沿袭先污染后治理、先规模后效益、先建设后规划和摊大饼式扩张的发展途径，生态服务功能和生态文明建设被严重忽略。"[①]

三、川东老区新型城镇化面临的问题

改革开放以来，随着国家西部大开发战略的实施，川东老区的工业化和农业现代化都发生了很大的变化，城市生态建设和新农村建设取得了辉煌的成就，城市的基础设施和农村基础设施得到了根本的改善，特别是农村的交通设施、水利设施、电力、信息网络等基础设施显著改善，教育、医疗、文化体育、社会保障等公共服务水平明显提高，城市人均住宅、公园绿地面积大幅增加。城镇化的快速推进，吸纳了大量农村劳动力转移就业，提高了城乡生产要素配置效率，推动了川东经济持续快速发展，带来了社会结构深刻变革，促进了城乡居民生活水平全面提升。

2016 年，达州市主城区建成面积 82 平方公里，人口 95 万。新型城镇化建设加速，如中心城区公园建设工程进展加快，大寨子公园建设一期工程已全面竣工并对外开放，大寨子公园二期工程、鹿鼎寨公园、万家河湿地公园已启动各项工作。2015 年全市完成城市基础设施建设投资 14.02 亿元，完成城镇污水管网建设，中心城区污水处理率达 82.6%，垃圾无害化处理率达 100%。如今，达州中心城区建成区绿地率已达 36%，全市森林覆盖率达 41.5%。2017 年达州市全面推进"五桥六路七大新区"建设，进一步拉开城市框架，力争到年底建成区面积达到 90 平方公里、人口达到 100 万。达州市城市品质持续提升，塔坨、南坝、川鼓等片区棚户区改造基本完成。2017 年，达州市纵深推进缓堵保畅和"五治"工程，启动快速通道升级改造，凤凰山隧道建成通车。同时，达州市加快建设市级云计算中心，深入推进"智慧城市"建设。此外，达州市推进大竹、宣汉、渠县等县（市）小城镇和新农村建设，深入实施"百镇建设试点行动"，重点完善市政基础和公共服务设施，提升小城镇集聚吸纳能力；加快幸福美丽新村建设，确保 30% 以上的行政村建成市级"四好村"。

巴中市 2016 年新型城镇化建设提速，统筹新建和旧改关系，加快构建中

---

① 孙秀艳：《新型城镇化生态要优先》，《中国建设报》2013 年 1 月 10 日第 3 版。

心城区、各县城、重点镇、中心村和聚居点四级城镇体系。一是加快新区建设。巴中市把新区建设作为新型城镇化的主战场，加快完善城市新区基础设施和公共服务设施，增强城市承载能力。二是稳步推进旧城改造。以完善功能、提升品质为重点，结合危旧房棚户区改造，加大旧城更新改造力度。巴城重点推进津桥湖、莲花嘴、中坝、老观桥等片区旧城改造，打造城市综合体，完成巴城北环线、西环线、江南二环路（南坝街心花园至柳津桥）、东门大桥、龙泉路口下沉式车道等工程。根据巴中市政府工作报告中的有关数据，巴城南环线，开工北环线东段和主城区至曾口快速通道，加快檬子河、后坝、回风、北龛寺等片区改造，完成麻柳湾至一号桥等 8 条市政道路、巴城二期堤防及闸坝工程建设，力争启动莲花山、九寨山、芦溪河山地运动公园建设；加快兴文新区基础设施建设，建成一批医疗、教育公共配套设施；推进恩阳新城市政道路和城市基础设施建设，初步形成新城骨架；加快通江、平昌、南江县城更新改造，推进高明、红塔、金宝新区和黄金新城建设；实施绿色建筑行动，新建绿色建筑 66 万平方米；深入推进 9 个全国重点镇、12 个省级试点镇以及特色小城镇建设。巴山新居工程建设成为农民就近就地城镇化的重要途径。

川东老区新型城镇化建设取得了举世瞩目的成就，但我们应该看到，川东老区新型城镇化面临着一些共同的矛盾和问题：（1）大量农业转移人口难以融入城市。由于达州、巴中等城市工业化水平不高，大量的农民外出务工，生活在城市，但是并未被市民化。目前农民工已成为我国产业工人的主体，受城乡二元经济结构的影响，这些农民工及其子女在教育、就业、医疗、养老、保障性住房等方面未能享受城镇居民的基本公共服务，产业集聚与人口集聚不同步，城镇化滞后于工业化。而农村则成为"空心村"，留守儿童、妇女和老人问题日益凸显，大量的土地撂荒。

（2）川东老区各地的城市"土地城镇化"快于人口城镇化，城镇化等同于房产化，一些城市"摊大饼"式扩张，过分追求宽马路、大广场，新城新区、开发区和工业园区占地过大，建成区人口密度偏低。有些居住区基本上是"空城"，常住人口很少。川东老区城市管理服务水平不高，特别是老区的旧城区，人口密集，"城市病"问题突出。这些城市空间，由于历史原因，城市设计和建设理念落后，而这些地带商业发达，人口过度集聚，旧城改造困难，交通拥堵问题严重，公共安全事件频发，城市污水和垃圾处理能力不足，空气污染加剧，城市管理运行效率不高，公共服务供给能力不足，城中村和城乡接合部等外来人口集聚区人居环境较差。

（3）川东老区城市发展在加快城市化进程过程中，往往急功急利，大拆大建，城市的自然历史文化遗产保护不力。在"美丽乡村"建设中，只是注重农村人居环境的改造，照搬照抄，农业的生产价值、生态价值没得到应有的重视，农业村落价值和乡村自然景观没很好地得到保护和开发利用，部分地区简单地用城市元素取代传统民居和田园风光，导致了乡土特色和民俗文化流失，城乡建设缺乏自身的特色。

（4）体制机制不健全，阻碍了城镇化健康发展。现行城乡分割的户籍管理、土地管理、社会保障制度，以及财税金融、行政管理等制度，固化着已经形成的城乡利益失衡格局，制约着农业转移人口市民化，阻碍着城乡发展一体化。

（5）在我国城镇化过程中，农民工的收入比城市居民低，难以形成在城市持续生活下去的生存保障。正如学者李海辉指出的那样："尽管农民工生活和就业在城市区域，但是绝大多数农民工的工资收入不足以支撑他们享受城市居民的生活状态，更不可能支撑其家庭（所抚养的人口）在城市生活，形成我国特有的农民工逢年过节的大迁徙现象，以及所抚养的人口长期滞留农村。"[①]巴中市在实行新型城镇化时形成的"两头地"和就近城市化所带来的问题，就是这种情况造成的。

下面，我们分别来分析川东老区各地新型城镇化面临的具体问题。杨芸芸在《巴中新型城镇化的难点及对策》一文中指出，巴中市新型城镇化的问题有四个"难"：第一，难在总体规划。制定新型城镇化规划是一个艰巨而复杂的工程，规划包括国家总规划和地方规划，地方规划又包括省、市、县、镇各个层级的规划。如果不同层级的规划各行其是，互不衔接，就不能起到引领作用，甚至发生反作用。第二，难在资金筹集。2014年巴中全市城镇人口119.99万人，城镇化率36.12%。巴中市第三次党代会提出到2020年城镇化率达到50%，意味着5年内（该文作于2016年）全市要增加城镇人口88万人、城镇化率提高13.88个百分点。据此推算，巴中仅农民市民化一项，政府成本和配套基础公共服务设施投资将超过1700亿元、年均280亿元。第三，难在产业发展。目前，全市农业产业发展水平低，二、三产业发展相对滞后，产业容纳力不足，不少转移到城镇的农民缺乏就业途径，只能选择外出务工，没有充分发挥巴中市本地的"劳动力红利"。第四，难在制度改革。一是户籍制度羁绊，仍存在"半城镇化"现象。大量的农民工居住在城镇却没有城镇户籍，没有实现农民工从职业到身份的转换。二是土地制度改革滞后。虽然确权

---

① 李海辉：《新型城镇化面临诸多新难题新挑战》，《上海证券报》2014年4月4日。

颁证力度较大，但还没有实现房屋、宅基地、集体建设用地等产权的市场化，农村土地资源无法资本化实现增值，削弱了农民成为市民的能力。①

2015年，在达州市城镇化工作会议上，市委书记包惠《在全市城镇化工作会议上的讲话》中指出，目前达州市城镇化建设面临的主要问题表现为"三个尚未根本改变"：一是城镇化发展水平低的状况尚未根本改变。2014年底，全市城镇化率仅为39.4%，分别低于全国、全省平均水平15.4个百分点和6.9个百分点，中心城区、县城和重点镇规模小，集聚能力弱；基本公共服务供给水平不高，大量进城农民工和其他常住人口处于"半市民化""两栖"状态。二是产业支撑能力低的状况尚未根本改变。达州市中心城区和县域经济对新型城镇化的支撑能力弱，吸引外来投资少，入驻大型企业少，缺乏支撑产业，尚未形成合理的产业布局和各具特色的城镇经济，不能满足大量农村富余劳动力亟待转移的就业需要。三是粗放式发展的状况尚未根本改变。城市建设质量不高，小街小巷、城中村、社区环境改造缓慢。规划执行不严，变更规划、乱搭乱建等现象时有发生。城市管理执法力度不强，城市管理跟不上城市建设的速度，等等②。我们认为，达州市对新型城镇化建设面临的问题也是川东老区新型城镇化面临的共同问题，特别是在产业支撑和农业人口城镇化过程中的就业转移问题，带有普遍的意义。

广安市人民政府办公室发布的《广安市新型城镇化工作主要成效和问题及建议》指出，广安新型城镇化面临的问题主要有五个方面：一是土地要素保障缺口大。全年可用新增土地指标4平方公里，通过实施增减挂钩和工矿废弃复垦项目可利用土地指标约3平方公里，要实现全年新增城镇面积18平方公里的目标，土地缺口大约为11平方公里。二是资金"瓶颈"制约明显。全市涉及新型城镇化的396个项目中，向上争取到资金的项目大约148个，占项目总数的37.4%，其他来源资金项目约64个，只占总数的16.2%，有184个项目资金全靠自筹，占总数的46.4%，自筹资金缺口巨大。三是一些被征地居民不支持。城乡社会保障逐步一体化，医疗、养老保险等城镇化比较优势削弱，特别是城镇房价持续居高等因素，导致农村居民入城居住成本较高，相当大一部分群体承受城镇房价较为困难，一些农村人口向城镇转移的积极性不高。部分失地农民对征地、拆迁工作不理解，思想上有抵触情绪，借着征地拆迁向政

①　杨芸芸：《巴中新型城镇化的难点及对策》，《巴中日报》2016年1月5日。也可以见"巴中传媒网·理论调研"，http：//www. bznews. org/news/ll/201601/159889. html。

②　达州市人民政府网：《包惠在全市城镇化工作会议上的讲话》，2015年2月28日，http：//www. dazhou. gov. cn/articview_20151030163127457. html。

府漫天要价。四是城镇管理工作明显滞后。受条件和编制限制，各类管理人员特别是专业管理人员缺乏。广安市枣山园区 18 名城管队员中具有执法资格的仅有 3 人，执法力量薄弱。一些地方尤其是乡镇城乡接合部脏乱差现象比较突出。五是部分民生项目进展缓慢。

四、川东老区新型城镇化建设的对策策略

川东革命老区大部分地处秦巴山区成片贫困地区，工业化水平低，农业基础薄弱，大部分农业人口生活在生态脆弱、人居环境较差的地方，农村人口分布不均，农民大多数文化程度不高，城镇化水平低，这对推进新型城镇化建设是一个巨大的挑战。川东革命老区各个地方面对不同的城镇化现状和工农业发展的不同状况，采取了一些符合自身实际的新型城镇化对策策略。如巴中市以下两个方面的对策就很有针对性。一是推行以人为本，实施"百万安居工程建设行动"。该工程规划开工建设公共租赁住房 8180 套、危旧房棚户区改造 43886 户，完成农村危房（土坯房）改造 4.803 万户，深入推进农民工住房保障行动，把农民工住房保障工作纳入城镇住房保障体系筹解决，并制定完善了准入办法。二是在新型城镇化过程中十分注重生态文明建设。目前，巴中市城镇基础设施和公共服务设施逐步完善，城乡环境综合承载能力得以提升。自实施新型城镇化以来，巴中市深入推进城乡环境综合治理效果明显：全市 12 个镇、45 个村分别被命名为全省环境优美示范城镇、村，建成美丽乡村示范村 45 个；绿色城市建设初见成效，完成城市绿地系统规划，启动实施莲花山—鹰嘴山山地公园、兴文九寨山公园建设，实施了绿化提档升级工程，成功创建"省级园林城市""省级森林城市"。我们认为，新型城镇化的生态文明建设的内涵，除了在环境治理方面的意义之外，还有更深层次的意义。国内生态文明学者王如松指出，新型城镇化的"新"，是指观念更新、体制革新、技术创新和文化复兴，是新型工业化、区域城镇化、社会信息化和农业现代化的生态发育过程。[①] 2015 年 1 月 10 日，第四届中国新型城镇化峰会暨秦巴山片区扶贫与就近城镇化协同发展研究课题组对巴中市贫困地区城镇化建设的现状提出建议：应该先让整个村子发展起来，整村先富再带动个别贫困户、先富家庭带动后富家庭，扶贫资金分散给一家一户不如集中起来办点事；应加强村级基础设施的建设和投入，方便村民出行、提高生活质量；注重产业的扶持和开

---

① 孙秀艳：《新型城镇化生态要优先》，《中国建设报》，2013 年 1 月 10 日第 3 版。

发，同时建设生态旅游区，促进农民就近就业和创业，保障村域后续发展。

广安市针对新型城镇化建设出现的主要问题，提出的对策策略有以下一些：一要加强规划，切实优化城镇空间布局。规划时要充分考虑当地人文地理环境、发展定位、公共服务等因素，提升城镇规划科学化水平。要努力推动实现经济发展、城乡建设、土地利用等"多规合一"。二要精心建设，提升城镇综合承载能力。多形式引入社会资本参与，解决资金短缺问题。要配套完善城镇吃、住、行、游、购、娱等功能，不断提升科、教、文、卫、体等公共服务水平。三要强化管理，全面美化城镇人居环境。四要依法行政，兼顾好群众和公共利益。要坚持以人为核心推进新型城镇化，实现好、维护好、发展好群众利益。在征地、拆迁、安置、补偿等工作中要吃透、把准有关政策精神，深入细致地做好宣传动员工作，争取群众理解和支持，严格依法行政、依法办事，切实维护公共和私人的合法权益。① 我们认为，广安市在新型城镇化建设中，依法城镇化的对策策略是值得借鉴的，特别是在农业人口城镇化过程中产生的土地补偿、资金使用、拆迁等一系列问题，都要依法行政，坚持法律在新型城镇化建设中的作用。这一点意义非常重大，这是很多地方政府在实际执政过程中做得不够的地方和学者在研究中经常被忽略的地方。

达州市 2015 年大力推行新型城镇化建设，新增城镇人口 12 万，达州将立足提高城镇化质量，逐步推进市中心城区 4 大新区和红星美凯龙、仁和春天等城市综合体建设等城市建设的"十大工程建设计划"。据达州市住建局相关工作人员介绍，达州市将优化产业结构，增强吸纳能力，努力将达州市经济开发区和下辖五个县（市）建成千亿产业园区，有力强化就业支撑。据四川省人民政府网介绍，2015 年达州市将全面放开中心城区、县城和乡镇的落户条件限制，全面推行流动人口居住证制度，鼓励农业转移人口就近就地在城市和小城镇落户，完善并落实保险关系转移接续办法，将农村居民医疗保险和养老保险规范接入城镇社保体系。达州市进一步加强社区建设和社区治理，建立健全社区服务体系，引导农民向农村新型社区适度集中，加快农村城镇化步伐。②

我们认为，川东老区新型城镇化的对策和策略应该坚持以人为本的理念，逐步推进新型城镇化建设。以人为本是新型城镇化的核心，习近平总书记在中央城镇化工作会议上讲话时指出："在我们这样一个拥有 13 亿人口的发展中大

---

① 广安市人民政府新闻中心：《广安市新型城镇化工作主要成效和问题及建议》，2014 年 6 月 12 日。

② 四川省人民政府网：《达州大力推进新型城镇化》，2015 年 2 月 27 日，http：//www. sc. gov. cn/10462/10464/10465/10595/2015/2/17/10327549. shtml。

国实现城镇化，在人类发展史上没有先例。粗放扩张、人地失衡、举债度日、破坏环境的老路不能再走了，也走不通了。在这样一个关键的路口，必须走出一条新型城镇化的道路，切实把握正确的方向。新型城镇化要坚持以人为本，推进以人为核心的城镇化。"[①] 习总书记的讲话表明，以人为核心的新型城镇化将成为现阶段我国城镇化推进的主要目标和方向。什么是以人为本的新型城镇化呢？据学者研究认为，具体而言，主要包括以下四个方面的内容：第一，要实现人"身份的城镇化"。第二，要实现人"发展机会的平等化"。第三，要实现人"生产生活空间的优质化"。第四，要实现人"生存环境的可持续化"。必须高度重视生态环境保护，不断改善环境治理，促进人地和谐。[②] 简单地说，就是农村人口市民化、农业人口要取得与城市市民一样的政策制度保障和享有城市常住人口的均等化待遇，人居环境优美，努力建成生态友好型城镇。

我们认为，川东老区一定要结合本地区的实际情况，走出一条具有川东老区特色的新型城镇化道路。第一，可以依托美丽乡村的建设经验，建设特色小镇和特色聚居村落。比如达州市的杨烈新村，达州市达川区三江园果蔬公园，开江县莲花世界，宣汉县米岩花海，渠县渠南现代农业主题公园，等等。特别是渠县渠南现代农业主题公园，该公园依托园区特色产业，将公园景观设计与文化、艺术、科技等紧密结合，打造具有创新、创造、创意的主题景观，具有较大的启发意义。达州市在新型城镇化建设中根据自身特点，推进各县城的城市化和重点小镇的城镇化建设，特别是抓住重点小城镇规划建设。这些县城和重点小城镇具有承上启下、带动县域经济发展的支撑作用。达州市选取了一批重点镇如通川区碑庙镇、宣汉县双河镇、大竹县周家镇、渠县土溪镇作为第三批省级试点镇规划建设工作。这些重点城镇区位优势明显，特色鲜明，有些还是古镇，通过规划引导、市场运作，可以逐步把这些重点小城镇培育成为文化旅游、商贸物流、资源加工、交通枢纽等专业特色镇。而远离中心城市的小城镇和林场、农场等，可以通过完善基础设施和公共服务，将其发展为服务农村、带动周边的综合性小城镇。达州市科学定位，突出优势，彰显特色，实施县城扩容提质工程，进一步优化空间结构和产业布局，积极争取纳入全省"宜居县城建设计划"试点，提高县城对人口、产业、生产要素的集聚能力和对乡镇、农村的带动能力。

---

① 《中央城镇化工作会议举行 习近平、李克强作重要讲话》，人民网，http：//politics. people. com. cn/n/2013/1216/c70731-23846756. html。

② 刘炜：《推进以人为本的新型城镇化》，求是理论网，2014 年 10 月 8 日，http：//www. qstheory. cn/zhuanqu/bkjx/2014-10/08/c _ 1112734370. htm。

第二，加强城镇和农村基础设施建设和基本公共服务建设，实现公共基本服务和教育培训的均等化，发展乡村旅游和生态康养产业，加快转变发展方式，有序推进新型城镇化。

第三，加快推进户籍制度改革，统筹城市公共服务。

第四，促进城乡产业融合。欧美国家，特别是英国、德国这些欧洲发达的资本主义国家，在城乡融合方面有很好的发展经验值得我们借鉴。城乡融合不是乡村变成城市，而是城乡信息融合，发展交融互补。

第五，在城市现代化建设中，要保护城市独特的区域特色和文化特色，在城市设计和规划方面，要走到现代城市发展理念的前列，而不能重复老路。

第六，要从整体上对整个川东老区的城市建设和规划进行精心打造和谋划，要打破行政和地域限制，优势互补，资源共享，统筹制定实施城市群规划和不同城市的发展战略，从而构建起川东老区跨区域城市发展协调机制。以达州市、巴中市、广安市等区域中心城市为主体的城市群，要科学规划，保护和传承川东老区的地域文化，突出巴文化和红色文化的创新继承和发展，打造出具有鲜明川东地域特色的城市文化。

"法国著名学者潘什梅尔说，城市既是一个景观，一片经济空间，一种人口密度，也是一个生活中心或劳动中心。更具体点说，是一种气氛，一种特征，一个灵魂。显然，这种气氛、特征和灵魂，就是一个城市的文化。城市文化特色是城市外在形象与精神内质的有机统一，是历史文化与现代文化的有机统一。城市文化特色是长期以来由城市的物质生活、文化传统、民俗风情、社会风气、地理环境、气候条件诸因素综合作用的产物，是城市生命的体现，是城市的灵魂。"[1] 而十八大报告指出，文化是民族的血脉，是人民的精神家园。全面建成小康社会，实现中华民族伟大复兴，必须推动社会主义文化大发展大繁荣，兴起社会主义建设新高潮，提高国家文化软实力，发挥文化引领风尚、教育人民、服务社会、推动发展的作用。

---

[1] 温朝霞：《文化特色：现代城市的灵魂》，《学习与实践》2002 年第 10 期。

主要参考文献

1. 刘铮主编：《生态文明意识培养》，上海交通大学出版社，2012 年版。

2. ［美］约翰·缪尔：《我们的国家公园》，吉林人民出版社，1999 年版。

3. 万以诚等编：《新文明的路标：人类绿色运动史上的经典文献》，吉林人民出版社，1999 年版。

4. ［美］霍尔姆斯·罗尔斯顿：《哲学走向荒野》，刘耳等译，吉林人民出版社，1999 年版。

5. ［美］比尔·麦克基本：《自然的终结》，孙晓春等译，吉林人民出版社，1999 年版。

6. ［德］马克斯·舍勒：《资本主义的未来》，刘小枫编校，罗悌伦等译，生活·读书·新知三联书店，1997 年版。

7. ［法］霍尔巴赫：《自然的体系》（上下），管士滨译，商务印书馆，1964 年版。

8. 蔡禾主编：《城市社会学：理论与视野》，中山大学出版社，2003 年版。

9. ［美］纳什：《大自然的权利：环境伦理学史》，杨通进译，青岛出版社，1999 年版。

10. 俞吾金主编：《国外马克思主义哲学流派新编》（上下），复旦大学出版社，2002 年版。

11. 孙道进：《环境伦理学的哲学困境》，中国社会科学出版社，2007 年版。

12. ［美］刘易斯·芒福德：《技术与文明》，陈允明等译，中国建筑工业出版社，2006 年版。

13. 刘宗超等：《生态文明观与全球资源共享》，经济科学出版社，2000 年版。

14. 陈宗兴主编：《生态文明建设（理论卷/实践卷）》，学习出版社，2014 年版。

15. 中国工程院"中国生态文明建设若干战略问题研究项目组"编：《中国生态文明建设若干战略问题研究》，科学出版社，2016 年版。

16. 黄承梁主编：《生态文明简明知识读本》，中国环境科学出版社，2010 年版。

17. 解振华、冯之浚主编：《生态文明与生态自觉》，浙江教育出版社，2013 年版。

18. 沈满洪：《生态文明建设：思路与出路》，中国环境出版社，2014 年版。

19. 郝清杰、杨瑞、韩秋明：《中国特色社会主义生态文明建设研究》，中国人民大学出版社，2016 年版。

20. 环境保护部环境与经济政策研究中心编：《生态文明建设制度概论》，中国环境科学出版社，2016 年版。

21. 张文太：《生态文明十论》，中国环境出版社，2012 年版。

22. ［美］马立博：《中国环境史：从史前到现代》，关永强、高丽洁译，中国人民大学出版社，2015 年版。

23. 张维真主编：《生态文明：中国特色社会主义的必然选择》，天津人民出版社，2015 年版。

24. 贾卫列、刘宗超：《生态文明：理念与转折》，厦门大学出版社，2010 年版。

25. 余谋昌等：《环境伦理学》，高等教育出版社，2004 年版。

26. 余谋昌：《环境哲学：生态文明的理论基础》，中国环境科学出版社，2010 年版。

27. 余谋昌：《生态文明论》，中央编译出版社，2010 年版。

28. 余谋昌：《地球哲学：地球人文社会科学研究》，社会科学文献出版社，2013 年版。

29. ［美］利奥波德：《沙乡年鉴》，侯文惠译，吉林人民出版社，2000 年版。

30. 卢风等：《应用伦理学导论》，清华大学出版社，2000 年版。

31. 李培超：《自然的伦理尊严》，江西人民出版社，2001 年版。

32. 《马克思恩格斯全集》（第 1—4 卷），人民出版社，1995 年版。

33. 何怀宏：《生态伦理——精神资源与哲学基础》，河北大学出版社，2002 年版。

34. 毛泽东：《毛泽东选集》（第 1—4 卷），人民出版社，1991 年版。

35. 邓小平：《邓小平文选》（第1—3卷），人民出版社，1994年版。

36. 习近平：《习近平谈治国理政》，外文出版社，2014年版。

37. 习近平：《之江新语》，浙江人民出版社，2007年版。

38. 国家林业局编：《建设生态文明建设美丽中国》，中国林业出版社，2014年版。

39. 钱易、何建坤、卢风主编：《生态文明十五件》，科学出版社，2015年版。

40. 马克思：《1844年经济学哲学手稿》，人民出版社，1979年版。

41. 恩格斯：《自然辩证法》，人民出版社，1971年版。

42. 恩格斯：《反杜林论》，人民出版社，1999年版。

43. ［美］赫伯特·马尔库塞：《单向度的人》，刘继译，上海译文出版社，2008年版。

44. ［美］蕾切尔·卡逊：《寂静的春天》，吴国盛评点，科学出版社，2014年版。

45. ［加］莱斯：《自然的控制》，岳长龄、李建华译，重庆出版社，1993年版。

46. ［美］福斯特：《生态危机与资本主义》，耿建新译，上海译文出版社，2006年版。

47. ［英］阿尔弗雷德·怀特海：《自然的概念》，张桂权译，中国城市出版社，2001年版。

48. 国家环境保护总局、中共中央文献研究室编：《新时期环境保护重要文献选编》，中央文献出版社、中国环境科学出版社，2001年版。

49. 《中共中央关于构建社会主义和谐社会若干重大问题的决定》，人民出版社，2006年版。

50. 刘仁胜：《生态马克思主义概论》，中央编译出版社，2007年版。

51. 中国环境报社编：《迈向21世纪——联合国环境与发展大会文献汇编》，中国环境科学出版社，1992年版。

52. 中国21世纪议程编制组编：《中国21世纪议程——中国21世纪人口、环境与发展白皮书》，中国环境出版社，1994年版。

53. 国家环保总局编：《21世纪议程》，中国环境科学出版社，1993年版。

54. 世界环境与发展委员会编：《我们共同的未来》，吉林人民出版社，1997年版。

55. 中共中央编译局中国现实问题研究中心编：《生态文明研究前沿报

告》，华东师范大学出版社，2006年版。

56. 柴艳萍等：《发展的代价：人与自然对抗的结果》，新华出版社，2002年版。

57. 许涤新：《生态经济学》，浙江人民出版社，1987年版。

58. 刘仁胜：《生态马克思主义概论》，中央编译出版社，2007年版。

59. 刘湘溶等：《生态文明：人类可持续发展的必由之路》，湖南师范大学出版社，2003年版。

60. 刘爱军：《生态文明与环境立法》，山东人民出版社，2007年版。